重学Java
设计模式

付政委（小傅哥）著

电子工业出版社
Publishing House of Electronics Industry
北京·BEIJING

内 容 简 介

本书是一本基于互联网真实案例编写的 Java 设计模式实践图书。全书以解决方案为核心，从实际开发业务中抽离出交易、营销、规则引擎、中间件、框架源码等 22 个真实场景，对设计模式进行全面、彻底的分析。帮助读者灵活地使用各种设计模式，从容应对复杂变化的业务需求，编写出易维护、可扩展的代码结构。本书融合了生动有趣的动画插图和实践开发的类结构图，让读者不仅能体会设计模式的概念和原理，更能清楚地知晓落地方法。此外，本书还介绍了 DDD 四层架构、RPC 中间件设计、分布式领域驱动设计和设计模式的结合使用等内容。

本书适合计算机相关行业的研发人员、高等院校计算机专业的学生阅读。无论是初学者，还是中、高级研发人员都能从本书中有所获益。

未经许可，不得以任何方式复制或抄袭本书之部分或全部内容。
版权所有，侵权必究。

图书在版编目（CIP）数据

重学 Java 设计模式/付政委著. —北京：电子工业出版社，2021.4
ISBN 978-7-121-40938-7

Ⅰ. ①重… Ⅱ. ①付… Ⅲ. ①JAVA 语言—程序设计 Ⅳ. ①TP312.8

中国版本图书馆 CIP 数据核字（2021）第 062545 号

责任编辑：宋亚东
印　　刷：北京天宇星印刷厂
装　　订：北京天宇星印刷厂
出版发行：电子工业出版社
　　　　　北京市海淀区万寿路 173 信箱　邮编：100036
开　　本：787×980　1/16　印张：24.25　字数：466 千字
版　　次：2021 年 4 月第 1 版
印　　次：2023 年 5 月第 4 次印刷
定　　价：128.00 元

推荐语

(按姓氏拼音排序)

本书从六大设计原则入手，警示我们在日常开发过程中需要注意代码的编写原则。同时，本书列举了大量生动形象的例子，在遇到相关业务场景时可以把代码写得非常漂亮。原则既是规范，也是日常开发过程中要遵守的约定；设计模式是在业务场景下能够使用的工具。遵守原则并在合适的场景下用合适的工具，你的代码将无懈可击！

cxuan，微信公众号"程序员 cxuan"作者

软件开发中有一个概念叫作"软件复用"。简单来说，软件复用是指在构建一个新的软件时，不需要从零开始，而是通过复用已有的一些框架、第三方库、设计模式和设计原则等现成的物料，快速地构建出来。

软件复用需要设计模式的帮助。在软件开发中，设计模式可以通过封装变化来提高代码的可扩展性和可维护性。

在平时的业务开发中，如果不会设计模式，或许也可以完成项目的功能需求。但是，单纯的增删改查多没意思啊？我们要思考如何写出质量更高的业务代码。另外，Spring、MyBatis 等框架也大量使用了设计模式，如果想厘清它们的原理，设计模式则是必备利器。但设计模式不是"银弹"，不要为了用设计模式而用设计模式。

《重学 Java 设计模式》系列文章的第一篇就成功地把我吸引了，我也是从这个系列文章开始关注小傅哥的。

市面上有关设计模式的书已经有很多了，但还是缺少让人眼前一亮的作品。本书通过有趣的例子，配合形象的图片，结合实战案例讲解设计模式的方式妙极了！文中的每一个细节无不透露着作者的用心。

其实每一种设计模式都不难理解，不光需要我们再学习，最重要的是要不断地实践。如果你细心思考并实践本书中的每一个案例，那么对设计模式的理解一定会更上一层楼！

Guide 哥，GitHub 开源项目 JavaGuide 作者

很久之前看到过一本关于设计模式的电子书，当时看了内容就觉得总结得很棒，如今终于出版了。虽然设计模式晦涩难懂，但作者基于自己多年的经验，将这些知识深入浅出地讲解了出来，实在难得，适合每一位开发者学习。

Hollis，《程序员的三门课》联合作者，微信公众号"Hollis"作者

本书基于互联网真实案例编写，通过交易、营销、规则引擎和中间件等多个场景的设计和开发，让读者对设计模式有全面、彻底的认识，帮助读者灵活地使用各种设计模式。

敖丙，微信公众号"三太子敖丙"作者

设计模式是程序员的基本功，看似用不到，却可以在无形之中增加我们对框架和功能的理解深度。如何灵活地组织代码，将复杂的业务模块解耦？如何抽象出可复用的代码框架？本书结合实际场景和代码实现，深入浅出地讲解设计模式，对于想要提升编程内功的小伙伴来说很有帮助。

付东来，IT 图书《labuladong 的算法小抄》作者

无论为了应对面试，还是为了提高代码质量，抑或是为了读懂源码，设计模式都是必须掌握的。和市面上大多数图书不同的是，本书作者通过大量的真实案例，从 0 到 1 带领读者体验设计模式之美。无论你之前是否学过设计模式，本书都值得一读。

帅地，微信公众号"帅地玩编程"作者

掌握设计模式，对每一位开发者都是至关重要的。本书通过大量真实的业务开发案例，结合诸多常用的框架源码，生动形象地讲述了各种设计模式的思想和应用，非常值得阅读！

魏梦舒，微信公众号"程序员小灰"运营者，《漫画算法：小灰的算法之旅》系列图书作者

项目会迭代和发展，随之代码量也会越来越庞大。代码是否易于维护和理解，显得尤为重要。要实现这一目标，离不开设计模式的灵活运用，本书讲的就是这项重要技能。

小林 coding，微信公众号"小林 coding"作者

《敏捷软件开发》和《设计模式：可复用面向对象软件的基础》这两本书，我刚毕业的时候读了不下十几遍，每读一遍都有不同的感受，当时也没有很多解读这方面的书，只能硬啃。原则提供了做事情的标准和指导思想，模式提供了特定场景的解决方案，其更高层的意义是我们沟通的语言，降低沟通的成本。本书从作者实际业务出发，总结了真实场景的应用案例，可以更好地活学活用，接地气地应用设计模式。

张开涛，《亿级流量网站架构核心技术——跟开涛学搭建高可用高并发系统》作者

前　言

设计模式的概念最早是由克里斯托弗·亚历山大在其所著的《建筑模式语言》中提出的。该书介绍了城市设计的"语言"，提供了253个描述城镇、邻里、住宅、花园、房间及西部构造的模式，而此类"语言"的基本单元就是模式。后来，埃里克·伽玛、约翰·威利斯迪斯、拉尔夫·约翰逊和理查德·赫尔姆四位作者接受了设计模式的概念。1994年，他们出版了《设计模式：可复用面向对象软件的基础》一书，将设计模式的概念应用到程序开发领域中。

可以看出，设计模式本身是一种通用场景的解决标准和方案，而不是实际场景开发落地的指导手册。这种通用的解决标准和方案是研发人员在大量的项目中验证和提炼的结果，如果只是学习理论知识，没有经历过大型的项目开发，则很难理解和使用设计模式。

为什么写作本书

很多研发人员了解过设计模式，但在实际的业务开发中却很少使用。甚至使用了大量的 if…else 实现业务流程，对于一次次的需求迭代和逻辑补充，靠东拼西凑疲于应付。如何掌握和使用设计模式的思想和架构思维，并行之有效地运用到业务场景中，具有现实意义。为了让更多的研发人员不仅能掌握设计模式的概念，而且可以将设计模式运用到实际开发中，特撰写此书。

本书主要内容

本书通过从互联网实际的业务开发中遴选出大量的真实案例场景，包括交易、营销、秒杀等，并结合规则引擎、中间件、框架源码和 RPC 设计等技术点介绍设计模式，帮助开发人员在实际的业务中灵活运用设计模式。

本书共 28 章，主要内容如下：

- 第 1 ~ 3 章，介绍设计模式的原则及落地方法，让读者在学习之前对设计模式有整体的认识。

- 第 4 ~ 25 章，分别通过场景案例讲解设计模式的使用方法，包括多种奖品服务工厂、在线试卷题目混排、MQ 消息体字段适配、多支付渠道场景桥接、差异化规则引擎组合、ORM 中间件设计等。

- 第 26 ~ 28 章，扩展知识，介绍领域驱动设计四层架构、RPC 中间件设计开发和分布式领域驱动架构设计，帮助读者对设计模式和架构设计有整体的认识。

如何阅读本书

本书是一本偏动手实战的技术图书，主要介绍设计模式解决方案的具体落地方法。本书的每一章都会重点突出与该章主题相关的设计模式。同时，由于每一种设计模式都不是孤立存在的，需要结合使用，所以应在具体的项目场景中灵活运用。在阅读的过程中，读者不仅要仔细阅读每一章的文字及案例场景设计，同时更要多阅读代码，或者自己编写代码。

代码运行环境

- JDK v1.8 及以上。

- Maven v3.0 及以上。

- IDEA 版本：IntelliJ IDEA 2018、2019、2020。

- 其他版本：Spring、SpringBoot、MyBatis 等已经配置到 POM 文件中。

源码使用方法

本书配套源码的 GitHub 地址为 https://github.com/fuzhengwei/CodeDesign。Gitee 地址为 https://gitee.com/fustack/CodeDesign。此源码会不断接受反馈并更新。

- 每一章涉及的代码工程结构与源码部分都有相应的名称。例如，cn-bustack-design-7-01，7-01 表示第 7 章第 1 个案例的源码。

- 源码中的标号的第一个数字代表章节。例如，4.0-0、4.0-1、4.0-2 表示第 4 章的多个源码，在构建过程中需要注意，它们之间会有引用关系。

- 第 28 章因为涉及的工程内容是独立的，所以单独提供了一个压缩包，需要解压缩后再使用 IDEA 打开。

致谢

首先要特别感谢我的父母（付井海、徐文杰）、妻子（郭维清），是你们在平常的生活中分担了更多，才让我有更多的时间投入文字创作中，使得这本书与广大读者见面。

在电子工业出版社博文视点的宋亚东编辑的热情推动下，促成了我与电子工业出版社的合作。感谢电子工业出版社博文视点对本书的重视，以及为本书出版所做的一切。

由于作者水平有限，书中不足之处在所难免，敬请专家和读者给予批评指正。

付政委（小傅哥）

读者服务

微信扫码回复：40938

获取本书配套源码资源。

- 获取各种共享文档、线上直播、技术分享等免费资源。
- 加入本书读者交流群，与更多读者互动。
- 获取博文视点学院在线课程、电子书 20 元代金券。

目　录

第 1 章

设计模式介绍

1.1 设计模式是什么

设计模式是系统服务设计中针对常见场景的一种解决方案,可以解决功能逻辑开发中遇到的共性问题。

因为设计模式是一种开发设计指导思想,每一种设计模式都是解决某一类问题的概念模型,所以在实际的使用过程中,不要拘泥于某种已经存在的固定代码格式,而要根据实际的业务场景做出改变。

正因为设计模式的这种特点,所以即使是同一种设计模式,在不同的场景中也有不同的代码实现方式。另外,即便是相同的场景,选择相同的设计模式,不同的研发人员也可能给出不一样的实现方案。

所以,设计模式并不局限于最终的实现方案,而是在这种概念模型下,解决系统设计中的代码逻辑问题。

1.2 谁发明了设计模式

设计模式的概念最早是由克里斯托弗·亚历山大在其著作《建筑模式语言》中提出的。该书介绍了城市设计的"语言",提供了 253 种描述城镇、邻里、住宅、花园、房间及西部构造的模式,而此类"语言"的基本单元就是模式。后来,埃里希·伽玛、约翰·弗利赛德斯、拉尔夫·约翰逊和理查德·赫尔姆四位作者接受了模式的概念。他们于 1994 年出版了《设计模式:可复用面向对象软件的基础》一书,将设计模式的概念应用到程序开发领域中。

有一部分开发人员虽然没有阅读过设计模式的相关书籍和资料,但依旧可以编写出优秀的代码。经过众多项目的锤炼,个人可以提炼出心得体会,而这些体会可能会与设计模式的理念一致,即同样要求高内聚、低耦合、可扩展和可复用。

有些读者可能也有过类似的经历,在学习一些框架的源码时,发现里面的某些设计和自己做业务开发时的编程思想吻合。这些不断提炼的经验、思想、模型,就是设计模式的构建基础。

1.3 设计模式有哪些种类

按照不同的业务领域和场景的复杂程度,以及选择不同的设计模式,在整个系统建设落地中都会有不同的呈现形式。就像出行可以选择不同的交通工具一样,如近距离骑自行车、中短程驾车、远程乘坐高铁或飞机等。

即使有这样差异化的实现方式,也可以把设计模式按照其实现形式归为三类:

- 创建型模式:提供创建对象的机制,提升已有代码的灵活性和可复用性。
- 结构型模式:介绍如何将对象和类组装成较大的结构,并同时保持结构的灵活和高效。
- 行为模式:负责对象间的高效沟通和职责传递委派。

1.4 该如何学习设计模式

设计模式本身是一种指导思想,它没有一种完全固定的实现方式,也不是已经落地的可参考的技术方案。就像建造一座大厦,原料虽然都是砖、石头、水泥、砂浆,都在图纸上设计出了卧室、厨房、卫浴、书房,但每一栋楼的造型都不同,如果按照不同的年代划分,风格将更加迥异。

同样的材料和工人却有着不同的建造结果,是否和程序开发中的三层 MVC 架构、四层 DDD 架构的不同展示形式类似?

很多人没有学会或领会设计模式,正是因为看理论书籍的学习过程是在别人总结的经验上倒推实现方案得来的，没有做到融会贯通。就像即使知道汽车是怎么开的，但如果没驾驶过几千公里，司机能记住的也只是理论，上路后依然会手忙脚乱！

要学会设计模式，就需要从具体的实战案例入手，针对同一个需求，用不同的实现方式来实现。体会设计模式如何把一个类加 if…else 的实现方式优化为可扩展、易维护的服务模型。再通过多次练习和实操，把设计模式的思想学透、学懂。当然，这里还需要一定的刻苦练习，最终才能在设计模式的基础上构建出更加合理的代码。

第 2 章

六大设计原则

2.1　单一职责原则

2.1.1　单一职责原则定义

单一职责原则（Single Responsibility Principle，SRP）又称单一功能原则，是面向对象的五个基本原则（SOLID）之一。它规定一个类应该只有一个发生变化的原因，该原则由罗伯特·C. 马丁（Robert C. Martin）在《敏捷软件开发：原则、模式与实践》一书中提出。

如果需要开发的一个功能需求不是一次性的，且随着业务发展的不断变化而变化，那么当一个 Class 类负责超过两个及以上的职责时，就在需求的不断迭代、实现类持续扩张的情况下，就会出现难以维护、不好扩展、测试难度大和上线风险高等问题。

所谓的职责就是指类变化的原因，也就是业务需求。如果一个类有多于一个的原因被改变，那么这个类就有超过两个及以上的职责。而单一职责约定一个类应该有且仅有一个改变类的原因。

2.1.2　模拟场景

这里通过一个视频网站用户分类的例子，来帮助大家理解单一职责原则的构建方法。当在各类视频网站看电影、电视剧时，网站针对不同的用户类型，会在用户观看时给出不同的服务反馈，如以下三种。

- 访客用户，一般只可以观看 480P 视频，并时刻提醒用户注册会员能观看高清视频。这表示视频业务发展需要拉客，以获取更多的新注册用户。

- 普通会员，可以观看 720P 超清视频，但不能屏蔽视频中出现的广告。这表示视频业务发展需要盈利。

- VIP 会员（属于付费用户），既可以观看 1080P 蓝光视频，又可以关闭或跳过广告。

2.1.3　违背原则方案

下面根据需求场景直接编码，实现一个最简单的基本功能，即根据不同的用户类型，判断用户可以观看视频的类型。

```java
public class VideoUserService {
    public void serveGrade(String userType){
        if ("VIP会员".equals(userType)){
            System.out.println("VIP会员，视频1080P蓝光");
        } else if ("普通会员".equals(userType)){
            System.out.println("普通会员，视频720P超清");
        } else if ("访客用户".equals(userType)){
            System.out.println("访客用户，视频480P高清");
        }
    }
}
```

如上，实现业务功能逻辑的方式非常简单，暂时也不会出什么问题。但是这一个类里包含着多个不同的行为，也就是多种用户职责。如果在这样的类上继续扩展功能或添加逻辑，就会显得非常臃肿。

接下来通过单元测试，再看这个类功能的使用。

```java
@Test
public void test_serveGrade(){
    VideoUserService service = new VideoUserService();
    service.serveGrade("VIP会员");
    service.serveGrade("普通会员");
    service.serveGrade("访客用户");
}
```

因为上面的实现方式是在一个类中用 if…else 判断逻辑，所以在调用方法时是所有的职责用户都使用一个方法实现，作为程序调用入口。对于简单的或者几乎不需要迭代的功能，这种实现也未偿不可。但如果面对频繁迭代的业务需求，这样的代码结构就很难支撑系统迭代，每一次需求的实现都可能会影响其他逻辑，给整个接口服务带来不可控的风险。

2.1.4　单一职责原则改善代码

视频播放是视频网站的核心功能，当核心功能开发完成后，就需要不断地完善用户权限。这样才能更好地运营一家视频网站。

在模拟用户场景中，其实就是在不断地建设用户权益。针对不同的用户类型提供差异化服务，既满足获客需求，又可以让部分用户选择付费。

为了满足这样不断迭代的需求，就不能使用一个类把所有职责行为混为一谈，而是需要提供一个上层的接口类，对不同的差异化用户给出单独的实现类，拆分各自的职责边界。

1. 定义接口

```java
public interface IVideoUserService {
    // 视频清晰级别：480P、720P、1080P
    void definition();
    // 广告播放方式：无广告、有广告
    void advertisement();
}
```

定义出上层接口 IVideoUserService，统一定义需要实现的功能，包括：视频清晰级别接口 definition()、广告播放方式接口 advertisement()。三种不同类型的用户就可以分别实现自己的服务类，做到职责统一。

（1）实现类，访客用户。这个类实现的是访客用户在视频网站中的形态，比如这类用户只能观看 480P 高清视频，同时需要观看广告。

```java
public class GuestVideoUserService implements IVideoUserService {
    public void definition() {
        System.out.println("访客用户，480P 高清视频");
    }
    public void advertisement() {
        System.out.println("访客用户，视频有广告");
    }
}
```

（2）实现类，普通会员。这个类实现的是普通会员在视频网站中的形态，也就是注册用户可以观看 720P 超清视频，另外也需要观看广告。

```java
public class OrdinaryVideoUserService implements IVideoUserService {
    public void definition() {
        System.out.println("普通会员，720P 超清视频");
    }
    public void advertisement() {
        System.out.println("普通会员，视频有广告");
    }
}
```

（3）实现类，VIP 会员。这个类实现的是 VIP 会员在视频网站中的形态。因为这类用户已经是付费用户，所以可以观看更高清的视频，同时不需要观看广告。

```java
public class VipVideoUserService implements IVideoUserService {
    public void definition() {
        System.out.println("VIP 会员，1080P 蓝光视频");
    }
    public void advertisement() {
        System.out.println("VIP 会员，视频无广告");
    }
}
```

综上，每种用户对应的服务职责都有对应的类实现，不会互相干扰。当某一类用户需要添加新的运营规则时，操作起来也可以非常方便。比如，所有的注册用户可以发弹幕、付费用户可以点播等。类关系图如图 2-1 所示。

2. 单元测试

接下来再看现在的类服务的使用方式。

```java
@Test
public void test_VideoUserService(){
    // 访客用户
    IVideoUserService guest = new GuestVideoUserService();
    guest.definition();
    guest.advertisement();
    // 普通会员
    IVideoUserService ordinary = new OrdinaryVideoUserService();
    ordinary.definition();
    ordinary.advertisement();
    // VIP 会员
```

```
    IVideoUserService vip = new VipVideoUserService();
    vip.definition();
    vip.advertisement();
}
```

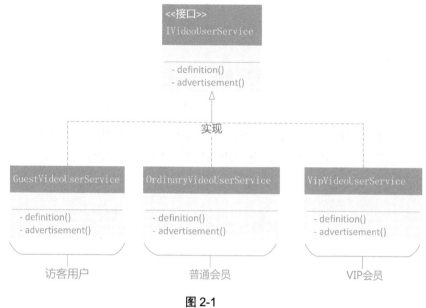

图 2-1

通过利用单一职责原则的代码优化后，现在每个类都只负责自己的用户行为。后续无论扩展新的功能还是需要在某个时刻修改某个用户行为类，都可以非常方便地开发和维护。

在项目开发的过程中，尽可能保证接口的定义、类的实现以及方法开发保持单一职责，对项目后期的迭代和维护会有很大的帮助。

2.2　开闭原则

2.2.1　开闭原则定义

一般认为最早提出开闭原则（Open-Close Principle，OCP）的是伯特兰·迈耶。他在1988 年发表的《面向对象软件构造》中提出的。在面向对象编程领域中，开闭原则规定软件中的对象、类、模块和函数对扩展应该是开放的，但对于修改是封闭的。这意味着应该用抽象定义结构，用具体实现扩展细节，以此确保软件系统开发和维护过程的可靠性。

开闭原则的核心思想也可以理解为面向抽象编程。

2.2.2　模拟场景

对于外部的调用方来说，只要能体现出面向抽象编程，定义出接口并实现其方法，即不修改原有方法体，只通过继承方式进行扩展，都可以体现出开闭原则。

这里计算三种形状的面积，如长方形、三角形、圆形，它们在类中已经按照固定的公式实现，其中圆形面积公式中 π = 3.14。但后续由于 π 值取的精度对于某些场景是不足的，需要扩展，接下来就通过模拟这个场景体现开闭原则。

（1）场景案例代码。

（2）定义接口。分别定义了三种求面积的接口。

```
public interface ICalculationArea {
    /**
     * 计算面积, 长方形
     *
     * @param x 长
     * @param y 宽
     * @return 面积
     */
    double rectangle(double x, double y);
    /**
     * 计算面积, 三角形
     * @param x 边长 x
     * @param y 边长 y
     * @param z 边长 z
     * @return  面积
     *
     * 海伦公式: S = √[p(p-a)(p-b)(p-c)], 其中 p=(a+b+c)/2
     */
    double triangle(double x, double y, double z);
    /**
     * 计算面积, 圆形
     * @param r 半径
     * @return 面积
     *
```

```
 *  圆面积公式：S=πr²
 */
double circular(double r);
}
```

- 长方形面积，长×宽。

- 三角形面积，使用海伦公式，$S = \sqrt{[p(p-a)(p-b)(p-c)]}$，其中 $p = (a+b+c)/2$。

- 圆形面积，$S=πr^2$。

（3）实现类。在实现类中，分别实现三种类型的面积计算，长方形（rectangle）、三角形（triangle）、圆形（circular）。其中，圆形面积的 π 值取的是 3.14D，这也是要扩展精度的方法和体现开闭原则的地方。

```java
public class CalculationArea implements ICalculationArea {
    private final static double π = 3.14D;
    public double rectangle(double x, double y) {
        return x * y;
    }
    public double triangle(double x, double y, double z) {
        double p = (x + y + z) / 2;
        return Math.sqrt(p * (p - x) * (p - y) * (p - z));
    }
    public double circular(double r) {
        return π * r * r;
    }
}
```

2.2.3 违背原则方案

如果不考虑开闭原则，也不思考这种方法在整个工程服务中的使用情况，那么直接修改 π 值就可以了；但这样做就会破坏整个工程服务的稳定性，也会造成一些风险。

例如，用原来精度的 π 值计算出的圆形面积本可以满足需求，但是因为精度加长破坏了原有精度下的稳定性，就像齿轮间的啮合程度、方向盘的间隙等。

```java
private final static double π = 3.141592653D;
public double circular(double r) {
    return π * r * r;
}
```

2.2.4 开闭原则改善代码

按照开闭原则方式实现起来并不复杂，它的主要目的是不能因为个例需求的变化而改变预定的实现类，除非预定的实现类有错误。

实现过程是继承父类扩展需要的方法，同时可以保留原有的方法，新增自己需要的方法。

```
public class CalculationAreaExt extends CalculationArea {
    private final static double π = 3.141592653D;
    @Override
    public double circular(double r) {
        return π * r * r;
    }
}
```

扩展后的方法已经把求圆形面积的精度增长，需要使用此方法的用户可以直接调用。而其他的方法，如长方形面积、三角形面积，则可以继续使用。

2.3 里氏替换原则

2.3.1 里氏替换原则定义

里氏替换原则（Liskov Substitution Principle，LSP）是由麻省理工学院计算机科学系教授芭芭拉·利斯科夫（Barbara Liskov）于 1987 年在"面向对象技术的高峰会议"（OOPSLA）上发表的一篇文章《数据抽象和层次》（*Data Abstraction and Hierarchy*）里提出的，她提出：继承必须确保超类所拥有的性质在子类中仍然成立。

1. 里氏替换原则

如果 S 是 T 的子类型，那么所有 T 类型的对象都可以在不破坏程序的情况下被 S 类型的对象替换。

简单来说，子类可以扩展父类的功能，但不能改变父类原有的功能。也就是说：当子类继承父类时，除添加新的方法且完成新增功能外，尽量不要重写父类的方法。这句话包括了四点含义：

- 子类可以实现父类的抽象方法，但不能覆盖或者重写父类的非抽象方法。

- 子类可以增加自己特有的方法。

- 当子类的方法重载父类的方法时，方法的前置条件（即方法的输入形参）要比父类的方法更宽松。

- 当子类的方法实现父类的方法（重写、重载或实现抽象方法）时，方法的后置条件（即方法的输出或返回值）要比父类的方法更严格或与父类的方法相等。

2. 里氏替换原则的作用

- 里氏替换原则是实现开闭原则的重要方式之一。

- 解决了继承中重写父类造成的可复用性变差的问题。

- 是动作正确性的保证，即类的扩展不会给已有的系统引入新的错误，降低了代码出错的可能性。

- 加强程序的健壮性，同时变更时可以做到非常好的兼容性，提高程序的维护性、可扩展性，降低需求变更时引入的风险。

2.3.2 模拟场景

关于里氏替换的场景，最有名的就是"正方形不是长方形"。同时还有一些关于动物的例子，比如鸵鸟、企鹅都是鸟，但是却不能飞。这样的例子可以非常形象地帮助我们理解里氏替换中关于两个类的继承不能破坏原有特性的含义。

为了从真实的开发场景感受里氏替换原则，这里选择不同种类的银行卡作为场景对象进行学习。

我们会使用各种类型的银行卡，例如储蓄卡、信用卡，还有一些其他特性的银行卡。储蓄卡和信用卡都具备一定的消费功能，但又有一些不同。例如信用卡不宜提现，如果提现可能会产生高额的利息。

下面构建这样一个模拟场景，假设在构建银行系统时，储蓄卡是第一个类，信用卡是第二个类。为了让信用卡可以使用储蓄卡的一些方法，选择由信用卡类继承储蓄卡类，讨论是否满足里氏替换原则产生的一些要点。

2.3.3　违背原则方案

储蓄卡和信用卡在使用功能上类似，都有支付、提现、还款、充值等功能，也有些许不同，例如支付，储蓄卡做的是账户扣款动作，信用卡做的是生成贷款单动作。下面这里模拟先有储蓄卡的类，之后继承这个类的基本功能，以实现信用卡的功能。

1. 储蓄卡

```java
/**
 * 模拟储蓄卡功能
 */
public class CashCard {
    private Logger logger = LoggerFactory.getLogger(CashCard.class);
    /**
     * 提现
     *
     * @param orderId 单号
     * @param amount  金额
     * @return 状态码 0000 成功、0001 失败、0002 重复
     */
    public String withdrawal(String orderId, BigDecimal amount) {
        // 模拟支付成功
        logger.info("提现成功，单号：{} 金额：{}", orderId, amount);
        return "0000";
    }
    /**
     * 储蓄
     *
     * @param orderId 单号
     * @param amount  金额
     */
    public String recharge(String orderId, BigDecimal amount) {
        // 模拟充值成功
        logger.info("储蓄成功，单号：{} 金额：{}", orderId, amount);
        return "0000";
    }
    /**
     * 交易流水查询
     * @return 交易流水
     */
    public List<String> tradeFlow() {
```

```
        logger.info("交易流水查询成功");
        List<String> tradeList = new ArrayList<String>();
        tradeList.add("100001,100.00");
        tradeList.add("100001,80.00");
        tradeList.add("100001,76.50");
        tradeList.add("100001,126.00");
        return tradeList;
    }
}
```

在储蓄卡的功能实现中包括了三个方法：提现、储蓄、交易流水查询，这些是模拟储蓄卡的基本功能。接下来通过继承储蓄卡的功能，实现信用卡服务。

2. 信用卡

```
/**
 * 模拟信用卡功能
 */
public class CreditCard extends CashCard {
    private Logger logger = LoggerFactory.getLogger(CashCard.class);
    @Override
    public String withdrawal(String orderId, BigDecimal amount) {
        // 校验
        if (amount.compareTo(new BigDecimal(1000)) >= 0){
            logger.info("贷款金额校验(限额1000元)，单号：{} 金额：{}", orderId, amount);
            return "0001";
        }
        // 模拟生成贷款单
        logger.info("生成贷款单，单号：{} 金额：{}", orderId, amount);
        // 模拟支付成功
        logger.info("贷款成功，单号：{} 金额：{}", orderId, amount);
        return "0000";
    }
    @Override
    public String recharge(String orderId, BigDecimal amount) {
        // 模拟生成还款单
        logger.info("生成还款单，单号：{} 金额：{}", orderId, amount);
        // 模拟还款成功
        logger.info("还款成功，单号：{} 金额：{}", orderId, amount);
        return "0000";
    }
    @Override
    public List<String> tradeFlow() {
```

```
        return super.tradeFlow();
    }
}
```

信用卡的功能实现是在继承了储蓄卡类后，进行方法重写：支付 withdrawal()、还款 recharge()。其实交易流水可以复用，也可以不用重写这个类。

这种继承父类方式的优点是复用了父类的核心功能逻辑，但是也破坏了原有的方法。此时继承父类实现的信用卡类并不满足里氏替换原则，也就是说，此时的子类不能承担原父类的功能，直接给储蓄卡使用。

2.3.4　里氏替换原则改善代码

储蓄卡和信用卡在功能使用上有些许类似，在实际的开发过程中也有很多共同可复用的属性及逻辑。实现这样的类的最好方式是提取出一个抽象类，由抽象类定义所有卡的共用核心属性、逻辑，把卡的支付和还款等动作抽象成正向和逆向操作。

1. 抽象银行卡类

```
public abstract class BankCard {
    private Logger logger = LoggerFactory.getLogger(BankCard.class);
    private String cardNo;    // 卡号
    private String cardDate;  // 开卡时间
    public BankCard(String cardNo, String cardDate) {
        this.cardNo = cardNo;
        this.cardDate = cardDate;
    }
    abstract boolean rule(BigDecimal amount);
    // 正向入账，加钱
    public String positive(String orderId, BigDecimal amount) {
        // 入款成功，存款、还款
        logger.info("卡号{} 入款成功，单号：{} 金额：{}", cardNo, orderId, amount);
        return "0000";
    }
    // 逆向入账，减钱
    public String negative(String orderId, BigDecimal amount) {
        // 入款成功，存款、还款
        logger.info("卡号{} 出款成功，单号：{} 金额：{}", cardNo, orderId, amount);
        return "0000";
    }
    /**
```

```
 *  交易流水查询
 *
 *  @return 交易流水
 */
public List<String> tradeFlow() {
    logger.info("交易流水查询成功");
    List<String> tradeList = new ArrayList<String>();
    tradeList.add("100001,100.00");
    tradeList.add("100001,80.00");
    tradeList.add("100001,76.50");
    tradeList.add("100001,126.00");
    return tradeList;
}
public String getCardNo() {
    return cardNo;
}
public String getCardDate() {
    return cardDate;
}
}
```

在抽象银行卡类中，提供了基本的卡属性，包括卡号、开卡时间及三个核心方法。正向入账，加钱；逆向入账，减钱。当然，实际的业务开发抽象出来的逻辑会比模拟场景多一些。接下来继承这个抽象类，实现储蓄卡的功能逻辑。

2. 储蓄卡类实现

```
/**
 * 模拟储蓄卡功能
 */
public class CashCard extends BankCard {
    private Logger logger = LoggerFactory.getLogger(CashCard.class);
    public CashCard(String cardNo, String cardDate) {
        super(cardNo, cardDate);
    }
    /**
     * 规则过滤，储蓄卡直接默认通过
     */
    boolean rule(BigDecimal amount) {
        return true;
    }
    /**
```

```
     *  提现
     *
     *  @param orderId  单号
     *  @param amount   金额
     *  @return 状态码  0000 成功、0001 失败、0002 重复
     */
    public String withdrawal(String orderId, BigDecimal amount) {
        // 模拟支付成功
        logger.info("提现成功，单号：{} 金额：{}", orderId, amount);
        return super.negative(orderId, amount);
    }
    /**
     *  储蓄
     *
     *  @param orderId  单号
     *  @param amount   金额
     */
    public String recharge(String orderId, BigDecimal amount) {
        // 模拟充值成功
        logger.info("储蓄成功，单号：{} 金额：{}", orderId, amount);
        return super.positive(orderId, amount);
    }
    /**
     *  风控校验
     *
     *  @param cardNo   卡号
     *  @param orderId  单号
     *  @param amount   金额
     *  @return 状态
     */
    public boolean checkRisk(String cardNo, String orderId, BigDecimal amount) {
        // 模拟风控校验
        logger.info("风控校验，卡号：{} 单号：{} 金额：{}", cardNo, orderId, amount);
        return true;
    }
}
```

储蓄卡类中继承抽象银行卡父类 BankCard，实现的核心功能包括规则过滤 rule、提现 withdrawal、储蓄 recharge 和新增的扩展方法，即风控校验 checkRisk。

这样的实现方式满足了里氏替换的基本原则，既实现抽象类的抽象方法，又没有破坏父类中的原有方法。接下来实现信用卡的功能，信用卡的功能可以继承于储蓄卡，也可以

继承抽象银行卡父类。但无论哪种实现方式，都需要遵从里氏替换原则，不可以破坏父类原有的方法。

3. 信用卡类实现

```java
/**
 * 信用卡
 */
public class CreditCard extends CashCard {
    private Logger logger = LoggerFactory.getLogger(CreditCard.class);
    public CreditCard(String cardNo, String cardDate) {
        super(cardNo, cardDate);
    }
    boolean rule2(BigDecimal amount) {
        return amount.compareTo(new BigDecimal(1000)) <= 0;
    }
    /**
     * 提现，信用卡贷款
     *
     * @param orderId 单号
     * @param amount  金额
     * @return 状态码
     */
    public String loan(String orderId, BigDecimal amount) {
        boolean rule = rule2(amount);
        if (!rule) {
            logger.info("生成贷款单失败，金额超限。单号：{} 金额：{}", orderId, amount);
            return "0001";
        }
        // 模拟生成贷款单
        logger.info("生成贷款单，单号：{} 金额：{}", orderId, amount);
        // 模拟支付成功
        logger.info("贷款成功，单号：{} 金额：{}", orderId, amount);
        return super.negative(orderId, amount);
    }
    /**
     * 还款，信用卡还款
     *
     * @param orderId 单号
     * @param amount  金额
     * @return 状态码
```

```
    */
    public String repayment(String orderId, BigDecimal amount) {
        // 模拟生成还款单
        logger.info("生成还款单, 单号: {} 金额: {}", orderId, amount);
        // 模拟还款成功
        logger.info("还款成功, 单号: {} 金额: {}", orderId, amount);
        return super.positive(orderId, amount);
    }
}
```

信用卡类在继承父类后，使用了公用的属性，即卡号 cardNo、开卡时间 cardDate，同时新增了符合信用卡功能的新方法，即贷款 loan、还款 repayment，并在两个方法中都使用了抽象类的核心功能。

另外，关于储蓄卡中的规则校验方法，新增了自己的规则方法 rule2，并没有破坏储蓄卡中的校验方法。

以上的实现方式都是在遵循里氏替换原则下完成的，子类随时可以替代储蓄卡类。

4. 功能测试

（1）功能测试：储蓄卡。

```
CashCard bankCard = new CashCard("6214567800989876", "2020-10-01");
// 提现
bankCard.withdrawal("100001", new BigDecimal(100));
// 储蓄
bankCard.recharge("100001", new BigDecimal(100));
// 测试结果
08:01:31.670 [main] INFO  cn.bugstack.design.ApiTest - 里氏替换前, CashCard 类:
08:01:31.680 [main] INFO  cn.bugstack.design.CashCard - 提现成功, 单号: 100001 金额: 100
08:01:31.681 [main] INFO  cn.bugstack.design.BankCard - 卡号 6214567800989876 出款成功,
单号: 100001 金额: 100
08:01:31.681 [main] INFO  cn.bugstack.design.CashCard - 储蓄成功, 单号: 100001 金额: 100
08:01:31.681 [main] INFO  cn.bugstack.design.BankCard - 卡号 6214567800989876 入款成功,
单号: 100001 金额: 100
```

（2）功能测试：信用卡。

```
CreditCard creditCard = new CreditCard("6214567800989876", "2020-10-01");
// 支付, 贷款
creditCard.loan("100001", new BigDecimal(1000000));
```

```
// 还款
creditCard.repayment("100001", new BigDecimal(1000000));
// 测试结果
08:03:23.265 [main] INFO  cn.bugstack.design.CreditCard - 生成贷款单, 单号: 100001 金额: 100
08:03:23.268 [main] INFO  cn.bugstack.design.CreditCard - 贷款成功, 单号: 100001 金额: 100
08:03:23.268 [main] INFO  cn.bugstack.design.BankCard - 卡号 6214567800989876 出款成功,
单号: 100001 金额: 100
08:03:23.268 [main] INFO  cn.bugstack.design.CreditCard - 生成还款单, 单号: 100001 金额: 100
08:03:23.268 [main] INFO  cn.bugstack.design.CreditCard - 还款成功, 单号: 100001 金额: 100
08:03:23.268 [main] INFO  cn.bugstack.design.BankCard - 卡号 6214567800989876 入款成功,
单号: 100001 金额: 100
```

（3）功能测试：信用卡替换储蓄卡。

```
CashCard creditCard = new CreditCard("6214567800989876", "2020-10-01");
// 提现
creditCard.withdrawal("100001", new BigDecimal(1000000));
// 储蓄
creditCard.recharge("100001", new BigDecimal(100));
// 测试结果
08:04:15.536 [main] INFO  cn.bugstack.design.CashCard - 提现成功, 单号: 100001 金额:
1000000
08:04:15.536 [main] INFO  cn.bugstack.design.BankCard - 卡号 6214567800989876 出款成功,
单号: 100001 金额: 1000000
08:04:15.536 [main] INFO  cn.bugstack.design.CashCard - 储蓄成功, 单号: 100001 金额: 100
08:04:15.536 [main] INFO  cn.bugstack.design.BankCard - 卡号 6214567800989876 入款成功,
单号: 100001 金额: 100
```

通过以上的测试结果可以看到，储蓄卡功能正常，继承储蓄卡实现的信用卡功能也正常。同时，原有储蓄卡类的功能可以由信用卡类支持，即 CashCard creditCard = new CreditCard(...)。

继承作为面向对象的重要特征，虽然给程序开发带来了非常大的便利，但也引入了一些弊端。继承的开发方式会给代码带来侵入性，可移植能力降低，类之间的耦合度较高。当对父类修改时，就要考虑一整套子类的实现是否有风险，测试成本较高。

里氏替换原则的目的是使用约定的方式，让使用继承后的代码具备良好的扩展性和兼容性。

在日常开发中使用继承的地方并不多，在有些公司的代码规范中也不会允许多层继承，尤其是一些核心服务的扩展。而继承多数用在系统架构初期定义好的逻辑上或抽象出的核心功能里。如果使用了继承，就一定要遵从里氏替换原则，否则会让代码出现问题的概率变得更大。

2.4　迪米特法则原则

2.4.1　迪米特法则定义

1987 年秋天，迪米特法则由美国 Northeastern University 的 Ian Holland 提出，被 UML 的创始者之一 Booch 等人普及。后来，因为经典著作 *The Pragmatic Programmer* 而广为人知。

迪米特法则（Law of Demeter，LoD）又称为最少知道原则（Least Knowledge Principle，LKP），是指一个对象类对于其他对象类来说，知道得越少越好。也就是说，两个类之间不要有过多的耦合关系，保持最少关联性。

迪米特法则有一句经典语录：只和朋友通信，不和陌生人说话。也就是说，有内在关联的类要内聚，没有直接关系的类要低耦合。这样的例子在我们生活中也随处可见，就像家里的水管装修，有洗衣机地漏、卫生间地漏、厨房地漏，但它们最终都汇到同一个污水处理系统里。在平常使用时，我们不会考虑这些水管是怎么关联流向的，只需要考虑最上层的使用即可。

2.4.2　模拟场景

本书通过模拟学生、老师、校长之间关系的例子来说明迪米特法则。老师需要负责具体某一个学生的学习情况，而校长会关心老师所在班级的总体成绩，不会过问具体某一个学生的学习情况。

下面模拟这样的例子，如果校长想知道一个班级的总分和平均分，是应该找老师要，还是跟每一个学生要再进行统计呢？显然是应该找具体的班主任老师。我们在实际开发时，容易忽略这样的真实情况，开发出逻辑错误的程序。

2.4.3　违背原则方案

首先定义一个学生信息类，这个类比较简单，包括学生姓名、考试排名、总分。在实际的业务开发中会更复杂，这里只是简化后的类。

```java
public class Student {
    private String name;        // 学生姓名
    private int rank;           // 考试排名(总排名)
    private double grade;       // 总分

    // ... get/set
}
```

之后再定义出老师类，在老师类里初始化学生的信息，以及提供基本的信息获取接口。

```java
public class Teacher {
    private String name;                    // 老师姓名
    private String clazz;                   // 班级
    private static List<Student> studentList;   // 学生人数
    public Teacher() {
    }
    public Teacher(String name, String clazz) {
        this.name = name;
        this.clazz = clazz;
    }
    static {
        studentList = new ArrayList<>();
        studentList.add(new Student("花花", 10, 589));
        studentList.add(new Student("豆豆", 54, 356));
        studentList.add(new Student("秋雅", 23, 439));
        studentList.add(new Student("皮皮", 2, 665));
        studentList.add(new Student("蛋蛋", 19, 502));
    }
    public static List<Student> getStudentList() {
        return studentList;
    }
    public String getName() {
        return name;
    }
    public String getClazz() {
        return clazz;
    }
}
```

在老师类中初始化了学生信息，同时提供了简单的接口。接下来定义校长类，校长管理全局，并在校长类中获取学生人数、总分、平均分等。

```java
public class Principal {
    private Teacher teacher = new Teacher("丽华", "3年级1班");
    // 查询班级信息，总分、学生人数、平均分
    public Map<String, Object> queryClazzInfo(String clazzId) {
        // 获取班级信息：学生人数、总分、平均分
        int stuCount = clazzStudentCount();
        double totalScore = clazzTotalScore();
        double averageScore = clazzAverageScore();
        // 组装对象，实际业务开发会有对应的类
        Map<String, Object> mapObj = new HashMap<>();
        mapObj.put("班级", teacher.getClazz());
        mapObj.put("老师姓名", teacher.getName());
        mapObj.put("学生人数", stuCount);
        mapObj.put("总分", totalScore);
        mapObj.put("平均分", averageScore);
        return mapObj;
    }
    // 总分
    public double clazzTotalScore() {
        double totalScore = 0;
        for (Student stu : teacher.getStudentList()) {
            totalScore += stu.getGrade();
        }
        return totalScore;
    }
    // 平均分
    public double clazzAverageScore(){
        double totalScore = 0;
        for (Student stu : teacher.getStudentList()) {
            totalScore += stu.getGrade();
        }
        return totalScore / teacher.getStudentList().size();
    }
    // 班级人数
    public int clazzStudentCount(){
        return teacher.getStudentList().size();
    }
}
```

以上就是通过校长管理所有学生，老师只提供了非常简单的信息。虽然可以查询到结

果，但是违背了迪米特法则，因为校长需要了解每个学生的情况。如果所有班级都让校长类统计，代码就会变得非常臃肿，也不易于维护和扩展。

2.4.4　迪米特法则改善代码

从以上的实现方式我们发现，不该让校长直接管理学生，校长应该管理老师，由老师提供相应的学生信息查询服务。那么，接下来我们就把校长要的信息交给老师类去处理。

```java
public class Teacher {
    private String name;                     // 老师姓名
    private String clazz;                    // 班级
    private static List<Student> studentList; // 学生人数
    public Teacher() {
    }
    public Teacher(String name, String clazz) {
        this.name = name;
        this.clazz = clazz;
    }
    static {
        studentList = new ArrayList<>();
        studentList.add(new Student("花花", 10, 589));
        studentList.add(new Student("豆豆", 54, 356));
        studentList.add(new Student("秋雅", 23, 439));
        studentList.add(new Student("皮皮", 2, 665));
        studentList.add(new Student("蛋蛋", 19, 502));
    }
    // 总分
    public double clazzTotalScore() {
        double totalScore = 0;
        for (Student stu : studentList) {
            totalScore += stu.getGrade();
        }
        return totalScore;
    }
    // 平均分
    public double clazzAverageScore(){
        double totalScore = 0;
        for (Student stu : studentList) {
            totalScore += stu.getGrade();
        }
        return totalScore / studentList.size();
```

```
    }
    // 班级人数
    public int clazzStudentCount(){
        return studentList.size();
    }
    public String getName() {
        return name;
    }
    public String getClazz() {
        return clazz;
    }
}
```

在使用迪米特法则后，把原来违背迪米特法则的服务接口交给老师类处理。这样每一位老师都会提供相应的功能，校长类只需要调用使用即可，而不需要了解每一位学生的分数。

接下来再看校长类是如何使用的，如下所示。

```
public class Principal {
    private Teacher teacher = new Teacher("丽华", "3 年级 1 班");
    // 查询班级信息，总分、学生人数、平均分
    public Map<String, Object> queryClazzInfo(String clazzId) {
        // 获取班级信息：学生人数、总分、平均分

        int stuCount = teacher.clazzStudentCount();
        double totalScore = teacher.clazzTotalScore();
        double averageScore = teacher.clazzAverageScore();
        // 组装对象，实际业务开发会有对应的类
        Map<String, Object> mapObj = new HashMap<>();
        mapObj.put("班级", teacher.getClazz());
        mapObj.put("老师姓名", teacher.getName());
        mapObj.put("学生人数", stuCount);
        mapObj.put("总分", totalScore);
        mapObj.put("平均分", averageScore);
        return mapObj;
    }
}
```

校长类直接调用老师类的接口，并获取相应的信息。这样一来，整个功能逻辑就非常清晰了。

使用单元测试验证程序结果。

```
@Test
public void test_Principal() {
    Principal principal = new Principal();
    Map<String, Object> map = principal.queryClazzInfo("3年级1班");
    logger.info("查询结果: {}", JSON.toJSONString(map));
}
// 测试结果
08:54:00.482 [main] INFO  cn.bugstack.design.test.ApiTest - 查询结果: {"学生人数":5,"
平均分":510.2,"班级":"3年级1班","老师姓名":"丽华","总分":2551.0}
```

2.5 接口隔离原则

2.5.1 接口隔离原则定义

《代码整洁之道》的作者 Robert C. Martin 于 2002 年给"接口隔离原则"的定义是：客户端不应该被迫依赖于它不使用的方法（Clients should not be forced to depend on methods they do not use）。该原则还有另外一个定义：一个类对另一个类的依赖应该建立在最小的接口上（The dependency of one class to another one should depend on the smallest possible interface）。

接口隔离原则（Interface Segregation Principle，ISP）要求程序员尽量将臃肿庞大的接口拆分成更小的和更具体的接口，让接口中只包含客户感兴趣的方法。

接口隔离是为了高内聚、低耦合。在实际的业务开发中，通常会先定义好需要开发的接口，并由各个服务类实现。但如果没有经过考虑和设计，就很可能造成一个接口中包括众多的接口方法，而这些接口并不一定在每一个类中都需要实现。这样的接口很难维护，也不易于扩展，每一次修改验证都有潜在的风险。

在具体应用接口隔离原则时，应该根据以下几个规则衡量。

- 接口尽量小，但是要有限度。一个接口只服务于一个子模块或业务逻辑。

- 为依赖接口的类定制服务。只提供调用者需要的方法，屏蔽不需要的方法。

- 了解环境，拒绝盲从。每个项目或产品都有选定的环境因素，环境不同，接口拆分的标准就不同，要深入了解业务逻辑。

- 提高内聚，减少对外交互。让接口用最少的方法完成最多的事情。

2.5.2　模拟场景

对于接口隔离的场景,在平时简单的业务开发中可能不会遇到,也可能体现得不明显。为了让大家更好地理解,举一个《王者荣耀》中英雄技能的例子,如果由你来开发这样的功能,会怎样设计?

《王者荣耀》里有很多英雄,可以分为射手、战士、刺客等,每个英雄有三种技能。这些技能该如何定义,让每个英雄实现相应的技能效果呢? 接下来就分别使用两种不同的方式实现,来体现设计原则的应用。

2.5.3　违背原则方案

首先定义一个技能接口,实现的英雄都需要实现这个接口,进而实现自己的技能。

```java
/*
 * 英雄技能
 */
public interface ISkill {
    // 射箭
    void doArchery();
    // 隐袭
    void doInvisible();
    // 沉默
    void doSilent();
    // 眩晕
    void doVertigo();
}
```

这里提供了四个技能的接口,包括射箭、隐袭、沉默、眩晕,每个英雄都实现这个接口。接下来实现两个英雄:后羿和廉颇。当然,这里为了说明问题进行了简化,英雄技能只有三个,与真实游戏中有所差别。

1. 英雄后羿

在英雄后羿的类中,实现了三个技能,最后一个眩晕的技能是不需要实现的。

```java
public class HeroHouYi implements ISkill{
    @Override
    public void doArchery() {
        System.out.println("后羿的灼目之矢");
```

```
    }
    @Override
    public void doInvisible() {
        System.out.println("后羿的隐身技能");
    }
    @Override
    public void doSilent() {
        System.out.println("后羿的沉默技能");
    }
    @Override
    public void doVertigo() {
        // 无此技能的实现
    }
}
```

2. 英雄廉颇

在英雄廉颇的类中，同样只实现了三个技能，有一个射箭的技能没有实现。

```
public class HeroLianPo implements ISkill{
    @Override
    public void doArchery() {
        // 无此技能的实现
    }
    @Override
    public void doInvisible() {
        System.out.println("廉颇的隐身技能");
    }
    @Override
    public void doSilent() {
        System.out.println("廉颇的沉默技能");
    }
    @Override
    public void doVertigo() {
        System.out.println("廉颇的眩晕技能");
    }
}
```

综上，每个英雄的实现类里都有一个和自己无关的接口实现方法，非常不符合设计模式，也不易于维护。因为不仅无法控制外部的调用，还需要维护对应的文档，来说明这个接口不需要实现。如果有更多这样的接口，就会变得非常麻烦。

2.5.4　接口隔离原则改善代码

按照接口隔离原则的约定，应该在确保合理的情况下，把接口细分。保证一个松散的结构，也就是把技能拆分出来，每个英雄都可以按需继承实现。

接下来分别定义四个技能接口，包括射箭（ISkillArchery）、隐身（ISkillInvisible）、沉默（ISkillSilent）、眩晕（ISkillVertigo），如下所示。

（1）ISkillArchery。

```java
public interface ISkillArchery {
    //灼日之矢
    void doArchery();
}
```

（2）ISkillInvisible。

```java
public interface ISkillInvisible {
    // 隐袭
    void doInvisible();
}
```

（3）ISkillSilent。

```java
public interface ISkillSilent {
    // 沉默
    void doSilent();
}
```

（4）ISkillVertigo。

```java
public interface ISkillVertigo {
    // 眩晕
    void doVertigo();
}
```

有了四个技能细分的接口，英雄的类就可以自由地组合了。

英雄后羿的实现。

```java
public class HeroHouYi implements ISkillArchery, ISkillInvisible, ISkillSilent {
    @Override
    public void doArchery() {
        System.out.println("后羿的灼日之矢");
    }
}
```

```
    @Override
    public void doInvisible() {
        System.out.println("后羿的隐身技能");
    }
    @Override
    public void doSilent() {
        System.out.println("后羿的沉默技能");
    }
}
```

英雄廉颇的实现。

```
public class HeroLianPo implements ISkillInvisible, ISkillSilent, ISkillVertigo {
    @Override
    public void doInvisible() {
        System.out.println("廉颇的隐身技能");
    }
    @Override
    public void doSilent() {
        System.out.println("廉颇的沉默技能");
    }
    @Override
    public void doVertigo() {
        System.out.println("廉颇的眩晕技能");
    }
}
```

现在可以看到这两个英雄的类都按需实现了自己需要的技能接口。这样的实现方式就可以避免一些本身不属于自己的技能还需要不断地用文档的方式进行维护，同时提高了代码的可靠性，在别人接手或者修改时，可以降低开发成本和维护风险。

2.6　依赖倒置原则

2.6.1　依赖倒置原则定义

依赖倒置原则是 Robert C. Martin 于 1996 年在 *C++ Report* 上发表的文章中提出的。

依赖倒置原则（Dependence Inversion Principle，DIP）是指在设计代码架构时，高层模块不应该依赖于底层模块，二者都应该依赖于抽象。抽象不应该依赖于细节，细节应该依赖于抽象。

依赖倒置原则是实现开闭原则的重要途径之一，它降低了类之间的耦合，提高了系统的稳定性和可维护性，同时这样的代码一般更易读，且便于传承。

2.6.2 模拟场景

在互联网的营销活动中，经常为了拉新和促活，会做一些抽奖活动。这些抽奖活动的规则会随着业务的不断发展而调整，如随机抽奖、权重抽奖等。其中，权重是指用户在当前系统中的一个综合排名，比如活跃度、贡献度等。

下面模拟出抽奖的一个系统服务，如果是初次搭建这样的系统会怎么实现？这个系统是否有良好的扩展性和可维护性，同时在变动和新增业务时测试的复杂度是否高？这些都是在系统服务设计时需要考虑的问题。

2.6.3 违背原则方案

下面先用最直接的方式，即按照不同的抽奖逻辑定义出不同的接口，让外部的服务调用。

1. 定义抽奖用户类

```java
public class BetUser {
    private String userName;    // 用户姓名
    private int userWeight;     // 用户权重

    // ... get/set
}
```

这个类就是一个普通的对象类，其中包括了用户姓名和对应的权重，方便满足不同的抽奖方式。

接下来实现两种不同的抽奖逻辑，在一个类中用两个方法实现，如下所示。

```java
public class DrawControl {
    // 随机抽取指定数量的用户，作为中奖用户
    public List<BetUser> doDrawRandom(List<BetUser> list, int count) {
        // 集合数量很小，直接返回
        if (list.size() <= count) return list;
        // 乱序集合
        Collections.shuffle(list);
        // 取出指定数量的中奖用户
        List<BetUser> prizeList = new ArrayList<>(count);
        for (int i = 0; i < count; i++) {
```

```
            prizeList.add(list.get(i));
        }
        return prizeList;
    }
    // 按照权重排序获取指定数量的用户，作为中奖用户
    public List<BetUser> doDrawWeight(List<BetUser> list, int count) {
        // 按照权重排序
        list.sort((o1, o2) -> {
            int e = o2.getUserWeight() - o1.getUserWeight();
            if (0 == e) return 0;
            return e > 0 ? 1 : -1;
        });
        // 取出指定数量的中奖用户
        List<BetUser> prizeList = new ArrayList<>(count);
        for (int i = 0; i < count; i++) {
            prizeList.add(list.get(i));
        }
        return prizeList;
    }
}
```

在这个抽奖逻辑类中包括了两个方法，一个是随机抽奖，另一个是按照权重排序。

- 随机抽取好理解，把集合中的元素使用工具包 Collections.shuffle()进行乱序，之后选取三个元素。当然，除了这样的随机抽取方式，还有其他方式。

- 按照权重排序，这里使用了 list.sort 的方法，并按排序逻辑的方式进行自定义排序。最终选择权重最高的前三名作为中奖用户。

2. 测试结果

```
@Test
public void test_DrawControl(){
    List<BetUser> betUserList = new ArrayList<>();
    betUserList.add(new BetUser("花花", 65));
    betUserList.add(new BetUser("豆豆", 43));
    betUserList.add(new BetUser("小白", 72));
    betUserList.add(new BetUser("笨笨", 89));
    betUserList.add(new BetUser("丑蛋", 10));

    DrawControl drawControl = new DrawControl();
    List<BetUser> prizeRandomUserList = drawControl.doDrawRandom(betUserList, 3);
    logger.info("随机抽奖，中奖用户名单：{}", JSON.toJSON(prizeRandomUserList));

    List<BetUser> prizeWeightUserList = drawControl.doDrawWeight(betUserList, 3);
    logger.info("权重抽奖，中奖用户名单：{}", JSON.toJSON(prizeWeightUserList));
```

```
}
```

这里使用单元测试的方式，在初始化数据后分别调用两个接口方法进行测试。测试结果如下所示。

```
08:46:49.262 [main] INFO  cn.bugstack.design.test.ApiTest - 随机抽奖,中奖用户名单:
[{"userWeight":10,"userName":"丑蛋"},{"userWeight":72,"userName":"小白"},
{"userWeight":43,"userName":"豆豆"}]
08:46:49.335 [main] INFO  cn.bugstack.design.test.ApiTest - 权重抽奖,中奖用户名单:
[{"userWeight":89,"userName":"笨笨"},{"userWeight":72,"userName":"小白"},
{"userWeight":65,"userName":"花花"}]
Process finished with exit code 0
```

从测试结果上看，程序没有问题，验证结果正常。但是这样实现有什么问题呢？

如果程序是一次性的、几乎不变的，那么可以不考虑很多的扩展性和可维护性因素；但如果这些程序具有不确定性，或者当业务发展时需要不断地调整和新增，那么这样的实现方式就很不友好了。

首先，这样的实现方式扩展起来很麻烦，每次扩展都需要新增接口，同时对于调用方来说需要新增调用接口的代码。其次，对于这个服务类来说，随着接口数量的增加，代码行数会不断地暴增，最后难以维护。

2.6.4　依赖倒置原则改善代码

既然上述方式不具备良好的扩展性，那么用依赖倒置、面向抽象编程的方式实现。

首先定义抽奖功能的接口，任何一个实现方都可以实现自己的抽奖逻辑。

1. 抽奖接口

这里只有一个抽奖接口，接口中包括了需要传输的 list 集合，以及中奖用户数量。

```java
public interface IDraw {
    // 获取中奖用户接口
    List<BetUser> prize(List<BetUser> list, int count);
}
```

2. 随机抽奖实现

这部分随机抽奖逻辑与上面的抽奖方式逻辑是一样的，只不过放到接口实现中了。

```java
/*
 * 随机抽取指定数量的用户,作为中奖用户
 */
```

```java
public class DrawRandom implements IDraw {
    @Override
    public List<BetUser> prize(List<BetUser> list, int count) {
        // 集合数量很小，直接返回
        if (list.size() <= count) return list;
        // 乱序集合
        Collections.shuffle(list);
        // 取出指定数量的中奖用户
        List<BetUser> prizeList = new ArrayList<>(count);
        for (int i = 0; i < count; i++) {
            prizeList.add(list.get(i));
        }
        return prizeList;
    }
}
```

3. 权重抽奖实现

权重抽奖也是一样，把这些都放到自己的接口实现中。这样一来，任何一种抽奖都有自己的实现类，既可以不断地完善，也可以新增。

```java
/*
 * 按照权重排序获取指定数量的用户作为中奖名单
 */
public class DrawWeightRank implements IDraw {
    @Override
    public List<BetUser> prize(List<BetUser> list, int count) {
        // 按照权重排序
        list.sort((o1, o2) -> {
            int e = o2.getUserWeight() - o1.getUserWeight();
            if (0 == e) return 0;
            return e > 0 ? 1 : -1;
        });
        // 取出指定数量的中奖用户
        List<BetUser> prizeList = new ArrayList<>(count);
        for (int i = 0; i < count; i++) {
            prizeList.add(list.get(i));
        }
        return prizeList;
    }
}
```

4. 创建抽奖服务

```java
public class DrawControl {
```

```
private IDraw draw;
public List<BetUser> doDraw(IDraw draw, List<BetUser> betUserList, int count) {
    return draw.prize(betUserList, count);
}
}
```

在这个类中体现了依赖倒置的重要性，可以把任何一种抽奖逻辑传递给这个类。这样实现的好处是可以不断地扩展，但是不需要在外部新增调用接口，降低了一套代码的维护成本，并提高了可扩展性及可维护性。

另外，这里的重点是把实现逻辑的接口作为参数传递，在一些框架源码中经常会有这种做法。

5. 测试结果

```
@Test
public void test_DrawControl() {
    List<BetUser> betUserList = new ArrayList<>();
    betUserList.add(new BetUser("花花", 65));
    betUserList.add(new BetUser("豆豆", 43));
    betUserList.add(new BetUser("小白", 72));
    betUserList.add(new BetUser("笨笨", 89));
    betUserList.add(new BetUser("丑蛋", 10));
    DrawControl drawControl = new DrawControl();
    List<BetUser> prizeRandomUserList
        = drawControl.doDraw(new DrawRandom(), betUserList, 3);
    logger.info("随机抽奖，中奖用户名单：{}", JSON.toJSON(prizeRandomUserList));
    List<BetUser> prizeWeightUserList
        = drawControl.doDraw(new DrawWeightRank(), betUserList, 3);
    logger.info("权重抽奖，中奖用户名单：{}", JSON.toJSON(prizeWeightUserList));
}
```

这里与前面代码唯一不同的是新增了实现抽奖的入参 new DrawRandom()、new DrawWeightRank()。在这两个抽奖的功能逻辑作为入参后，扩展起来会非常的方便。

以这种抽象接口为基准搭建起来的框架结构会更加稳定，算程[1]已经建设好，外部只需要实现自己的算子[2]即可，最终把算子交给算程处理。

---

① 算程是一段算法的执行过程。

② 算子是具体算法的执行逻辑。

第 3 章

设计模式如何落地

3.1 设计模式该怎样学

虽然很多人了解过设计模式，但大多知道的只是设计模式的理论，导致即使知道有设计模式，自己开发时也用不上。另外，有人觉得使用设计模式会浪费时间，最终使用一个类加几十行的 if…else 编写代码。虽然这样可以快速地实现业务逻辑，但这样的代码将难以维护，更不具备良好的可扩展性。

所以，为了更好地接受设计模式的思想，本书避开理论设计模式中的简单模型案例，从真实的业务场景中提取相应的开发需求，作为学习指导思路的案例，让读者真真切切地感受到设计模式的魅力。

当设计模式的思想与自己的开发思路融合后，再勤加练习，就能在设计模式的基础上构建出更加合理的代码。

3.2 为什么使用设计模式

首先，不使用设计模式的理由有很多，比如：

- 这个需求很简单，不用设计模式一样可以实现；
- 用设计模式浪费时间，无法满足工期要求；
- 想不到用哪种设计模式，即使知道也不会用。

但如果是一位有追求的程序员，愿意看到自己的代码是一堆 if…else 吗？如果每个模块的功能逻辑实现都是靠复制粘贴，功能上线后一旦出现 Bug，很难及时发现和解决问题。

除了个人对代码质量追求的因素，还有业务快速发展和产品功能迭代的需求因素。如果程序没有经过良好的设计，只是为了应付一次紧急的需求而东拼西凑开发的，接下来的日子就是没日没夜地修修补补。

好的功能设计可以应对快速的需求迭代，在迭代开发的同时不需要大量改动代码。就像火车加一节车厢不需要改动整列火车，插线板可以支持随时插入各种功能插头，签字笔没墨水了可以更换笔芯等一样。对应这样的代码更像是有了一个标准接口，服务是可插拔的。整体的服务功能更像是定义好的机器，所有的功能逻辑都像插入的一个个模块。这样的编码方式就会变得非常易于维护，同时也符合设计模式的思想。设计模式本身来自建筑学，而编码逻辑按照建筑学的方式进行，也就满足了设计模式的基本原则：做出一个可扩展、易维护、好管理的工程代码。这就是为什么应该使用设计模式开发业务需求。

3.3　设计模式的落地经验

很多东西即使摆在我们面前也看不见，就像有句话："人生没有选择，很多选项只是摆设。"

为什么会说到这些呢？因为有些程序员是有视觉盲区或知识盲区的，主要因为程序员的工作是在承接产品需求，除此之外对业务发展、运营思路、ROI、KPI、GMV、DAU 等数据是不关心或关心不到的。

如此一来就会导致一个问题，研发人员和产品经理在对接需求时，虽然在某种程度上达成了共识，但可能某些时候是存在一些目标差异的。而这个差异就是研发人员在做程序设计实现时，是否可以为业务发展和产品迭代留出相应的扩展，以及是否存在过度设计。

所以，当面对一些较简单的业务功能时，产品经理和研发人员之间并不会产生矛盾；一旦面对复杂的和快速迭代的场景需求，简单的实现可能就会变得非常麻烦，从而造成矛盾。而研发人员理解的业务经验往往也驱动着他们最终的编码实现。

使用设计模式并不像解答数学题一样有固定的公式可以套用。设计模式提供的是面对各种复杂场景中常规的解决方案，具体到实际业务中，其逻辑实现是千差万别的。所以，在学习的过程中不能生搬硬套，要活学活用。可以找一些 if…else 特别多的场景，尝试通过设计模式优化代码，这样能真正学会设计模式。

同时，研发人员不仅要关注自己的编码，还要多参加业务人员、产品经理、运营人员的会议，多方面了解业务需求，才能构建出更加合理的程序。

第 4 章

工厂模式

4.1　码农心得

粗暴的开发方式可以归纳为三步：定义属性，创建方法，调用展示。虽然初次实现很快，但不便于后期维护和扩展。

真正好的代码不只为了完成现有功能，更会考虑后续扩展。在结构设计上，讲究松耦合、易读和易扩展。在领域实现上，做到高内聚，不对外暴露实现细节，不被外部干扰。这就像家庭的三居室（MVC）、四居室（DDD）的装修，绝不允许把水电管线裸漏在外面，也不允许把马桶装到厨房，更不会把炉灶安装到卫生间。

> 视觉盲区决定了你的选择。

同样一本书、同样一条路、同样一座城，真的以为生活中有选择吗？有时候很多选项只是摆设，给多少次机会我们选择的都是一模一样的。这不是如何选的问题，而是认知范围决定了下一秒做的事情，下一秒做的事情又影响了再下一秒的决定。就像管中窥豹一样，总有一部分视野是黑色的，会被忽略掉，而这看不到的部分却举足轻重。但人可以学习，可以成长，可以脱胎换骨，可以努力付出，通过一次次的蜕变拓展自己的视野。

4.2　工厂模式介绍

工厂模式也称简单工厂模式，是创建型设计模式的一种，这种设计模式提供了按需创建对象的最佳方式。同时，这种创建方式不会对外暴露创建细节，并且会通过一个统一的接口创建所需对象，如图 4-1 所示，柳州动力机械厂可以生产织布机和缝纫机。

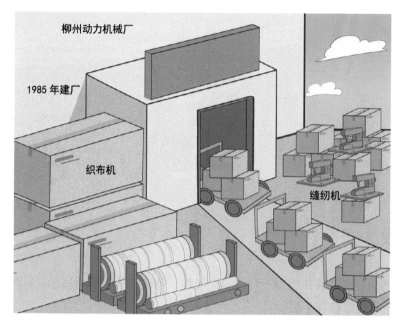

图 4-1

这种设计模式也是 Java 开发中常见的一种模式，它的主要意图是定义一个创建对象的接口，让其子类自己决定将哪一个工厂类实例化，工厂模式使创建过程延迟到子类中进行。

简单地说，就是为了给代码结构提供扩展性，屏蔽每一个功能类中的具体实现逻辑。这种方式便于外部更加简单地调用，同时也是去掉众多 if…else 的最佳手段。当然，这种设计模式也有一些缺点，需要治理。例如需要实现的类比较多、难以维护、开发成本高等，但这些问题都可以通过结合不同的设计模式逐步优化。

4.3　模拟发放多种奖品

为了更贴近真实场景的实际开发，这里模拟互联网运营活动中营销场景的业务需求，如图 4-2 所示。由于营销场景存在复杂性、多变性、临时性，因此在研发设计时需要更加深入地了解业务需求；否则会经常面临各种紧急穿插的需求，让原本简单的增删改查（CRUD）实现变得臃肿不堪、代码结构极其混乱，最终难以维护，也无法防控风险。

图 4-2

　　在营销场景中，经常会约定在用户完成打卡、分享、留言、邀请注册等一系列行为操作后进行返利积分操作。用户再通过这些返利积分兑换商品，从而让整个系统构成一个生态闭环，达到促活和拉新的目的。假设现在有如表 4-1 所示的三种类型的商品接口。

表 4-1

序号	类型	接口
1	优惠券	CouponResult sendCoupon(String uId, String couponNumber, String uuid)
2	实物商品	Boolean deliverGoods(DeliverReq req)
3	第三方兑换卡（爱奇艺）	void grantToken(String bindMobileNumber, String cardId)

从以上接口来看，有如下信息：

- 三种接口返回类型不同，有对象类型、布尔类型和空类型。

- 入参不同，发放优惠券需要防重，兑换卡需要卡 ID，实物商品需要发货位置（对象中含有）。

- 可能会随着后续业务的发展，新增其他的商品类型。因为所有的开发需求都是由业务对市场的拓展带来的。

4.4　违背设计模式实现

如果不考虑程序的任何扩展性，只为了尽快满足需求，那么对这三种奖励的发放只需使用 if…else 语句判断，调用不同的接口即可。我们先按照这样的方式实现业务需求，最后再使用设计模式重构这段代码，方便对照理解。

4.4.1　工程结构

```
cn-bugstack-design-4.0-1
└── src
    ├── main
    │   └── java
    │       └── cn.bugstack.design
    │           ├── AwardReq.java
    │           ├── AwardRes.java
    │           └── PrizeController.java
    └── test
        └── java
            └── cn.bugstack.design.test
                └── ApiTest.java
```

整个工程结构非常简单，包括一个入参对象 AwardReq、一个出参对象 AwardRes，以及奖品发放的服务类 PrizeController。接下来，给出核心抽奖类的实现代码。

4.4.2　if…else 实现需求

```java
public class PrizeController {
    private Logger logger = LoggerFactory.getLogger(PrizeController.class);
    public AwardRes awardToUser(AwardReq req) {
        String reqJson = JSON.toJSONString(req);
        AwardRes awardRes = null;
        try {
            logger.info("奖品发放开始{}。req:{}", req.getuId(), reqJson);
            // 按照不同类型发放商品[1优惠券、2实物商品、3第三方兑换卡(爱奇艺)]
            if (req.getAwardType() == 1) {
                CouponService couponService = new CouponService();
                CouponResult couponResult = couponService.sendCoupon(req.getuId(),
                    req.getAwardNumber(), req.getBizId());
                if ("0000".equals(couponResult.getCode())) {
```

```java
                awardRes = new AwardRes("0000", "发放成功");
            } else {
                awardRes = new AwardRes("0001", couponResult.getInfo());
            }
        } else if (req.getAwardType() == 2) {
            GoodsService goodsService = new GoodsService();
            DeliverReq deliverReq = new DeliverReq();
            deliverReq.setUserName(queryUserName(req.getuId()));
            deliverReq.setUserPhone(queryUserPhoneNumber(req.getuId()));
            deliverReq.setSku(req.getAwardNumber());
            deliverReq.setOrderId(req.getBizId());
            deliverReq.setConsigneeUserName
                (req.getExtMap().get("consigneeUserName"));
            deliverReq.setConsigneeUserPhone
                (req.getExtMap().get("consigneeUserPhone"));
            deliverReq.setConsigneeUserAddress
                (req.getExtMap().get("consigneeUserAddress"));
            Boolean isSuccess = goodsService.deliverGoods(deliverReq);
            if (isSuccess) {
                awardRes = new AwardRes("0000", "发放成功");
            } else {
                awardRes = new AwardRes("0001", "发放失败");
            }
        } else if (req.getAwardType() == 3) {
            String bindMobileNumber = queryUserPhoneNumber(req.getuId());
            IQiYiCardService iQiYiCardService = new IQiYiCardService();
            iQiYiCardService.grantToken(bindMobileNumber, req.getAwardNumber());
            awardRes = new AwardRes("0000", "发放成功");
        }
        logger.info("奖品发放完成{}。", req.getuId());
    } catch (Exception e) {
        logger.error("奖品发放失败{}。req:{}", req.getuId(), reqJson, e);
        awardRes = new AwardRes("0001", e.getMessage());
    }
    return awardRes;
}
private String queryUserName(String uId) {
    return "花花";
}
private String queryUserPhoneNumber(String uId) {
    return "15200101232";
}
```

```
}
```

上述代码使用了 if…else 语句，用非常直接的方式实现了业务需求。如果仅从产品需求角度来说，确实实现了相应的功能逻辑。甚至靠这样简单粗暴的开发方式，也许能让需求提前上线。既然这样的代码可以实现快速交付，又存在什么问题呢？在互联网业务快速迭代的情况下，这段代码会在源源不断的需求中迭代和拓展。如果这些逻辑都用 if…else 填充到一个类里，则非常难以维护。这样的代码使用的时间越久，其重构成本就越高。重构前需要清理所有的使用方，测试回归验证时间加长，带来的风险也会非常高。所以，很多研发人员并不愿意接手这样的代码，如果接手后需求开发又非常紧急，可能根本来不及重构，导致这样的 if…else 语句还会继续增加。

4.4.3 测试验证

下面通过一个单元测试验证上面编写的接口。养成单元测试的好习惯，可以增强代码的质量。

```
@Test
public void test_awardToUser() {
    PrizeController prizeController = new PrizeController();
    System.out.println("\r\n 模拟发放优惠券测试\r\n");
    // 模拟发放优惠券测试
    AwardReq req01 = new AwardReq();
    req01.setuId("10001");
    req01.setAwardType(1);
    req01.setAwardNumber("EGM1023938910232121323432");
    req01.setBizId("791098764902132");
    AwardRes awardRes01 = prizeController.awardToUser(req01);
    logger.info("请求参数：{}", JSON.toJSON(req01));
    logger.info("测试结果：{}", JSON.toJSON(awardRes01));
    System.out.println("\r\n 模拟发放实物商品\r\n");
    // 模拟发放实物商品
    AwardReq req02 = new AwardReq();
    req02.setuId("10001");
    req02.setAwardType(2);
    req02.setAwardNumber("9820198721311");
    req02.setBizId("10230000020112221113");
    Map<String,String> extMap = new HashMap<String,String>();
    extMap.put("consigneeUserName", "谢先生");
    extMap.put("consigneeUserPhone", "15200292123");
```

```
extMap.put("consigneeUserAddress", "吉林省.长春市.双阳区.XX 街道.檀溪苑小区.#18-2109");
req02.setExtMap(extMap);
commodityService_2.sendCommodity
    ("10001","9820198721311","1023000020112221113", extMap);
AwardRes awardRes02 = prizeController.awardToUser(req02);
logger.info("请求参数: {}", JSON.toJSON(req02));
logger.info("测试结果: {}", JSON.toJSON(awardRes02));
System.out.println("\r\n 第三方兑换卡(爱奇艺)\r\n");
AwardReq req03 = new AwardReq();
req03.setuId("10001");
req03.setAwardType(3);
req03.setAwardNumber("AQY1xjkUodl8LO975GdfrYUio");
AwardRes awardRes03 = prizeController.awardToUser(req03);
logger.info("请求参数: {}", JSON.toJSON(req03));
logger.info("测试结果: {}", JSON.toJSON(awardRes03));
}
```

测试模拟发放优惠券。

```
13:51:20.462 [main] INFO  cn.bugstack.design.PrizeController - 奖品发放开始 10001。
req:{"awardNumber":"EGM10239389102321121323432","awardType":1,"bizId":"79109876490213
2","uId":"10001"}
模拟发放优惠券一张: 10001,EGM10239389102321121323432,791098764902132
13:51:20.471 [main] INFO  cn.bugstack.design.PrizeController - 奖品发放完成10001。
13:51:20.473 [main] INFO  cn.bugstack.design.test.ApiTest - 请求参数: {"uId":"10001",
"bizId":"791098764902132","awardNumber":"EGM10239389102321121323432","awardType":1}
13:51:20.475 [main] INFO  cn.bugstack.design.test.ApiTest - 测试结果: {"code":"0000",
"info":"发放成功"}
```

测试模拟发放实物商品。

```
13:51:20.476 [main] INFO  cn.bugstack.design.PrizeController - 奖品发放开始 10001。
req:{"awardNumber":"9820198721311","awardType":2,"bizId":"1023000020112221113","extM
ap":{"consigneeUserName":"谢先生","consigneeUserPhone":"15200292123","consigneeUserA
ddress":"吉林省.长春市.双阳区.XX 街道.檀溪苑小区.#18-2109"},"uId":"10001"}
模拟发放实物商品一个: {"consigneeUserAddress":"吉林省.长春市.双阳区.XX 街道.檀溪苑小
区.#18-2109","consigneeUserName":"谢先生","consigneeUserPhone":"15200292123","orderId":
"1023000020112221113","sku":"9820198721311","userName":"花花","userPhone":"152001012
32"}
13:51:20.480 [main] INFO  cn.bugstack.design.PrizeController - 奖品发放完成10001。
13:51:20.480 [main] INFO  cn.bugstack.design.test.ApiTest - 请求参数: {"extMap":{"con
signeeUserName":"谢先生","consigneeUserAddress":"吉林省.长春市.双阳区.XX 街道.檀溪苑小
区.#18-2109","consigneeUserPhone":"15200292123"},"uId":"10001","bizId":"102300002011
2221113","awardNumber":"9820198721311","awardType":2}
```

13:51:20.480 [main] INFO cn.bugstack.design.test.ApiTest - 测试结果: {"code":"0000", "info":"发放成功"}

测试模拟发放第三方兑换卡（爱奇艺）。

13:51:20.480 [main] INFO cn.bugstack.design.PrizeController - 奖品发放开始 10001。
req:{"awardNumber":"AQY1xjkUodl8LO975GdfrYUio","awardType":3,"uId":"10001"}
模拟发放爱奇艺会员卡一张: 15200101232, AQY1xjkUodl8LO975GdfrYUio
13:51:20.481 [main] INFO cn.bugstack.design.PrizeController - 奖品发放完成 10001。
13:51:20.481 [main] INFO cn.bugstack.design.test.ApiTest - 请求参数: {"uId":"10001", "awardNumber":"AQY1xjkUodl8LO975GdfrYUio","awardType":3}
13:51:20.481 [main] INFO cn.bugstack.design.test.ApiTest - 测试结果: {"code":"0000", "info":"发放成功"}
Process finished with exit code 0

虽然运行结果正常，满足当前所有的业务产品需求，但这样的实现方式不易于扩展，也非常难以维护，风险很高。

4.5　工厂模式重构代码

接下来使用工厂模式优化代码，也算是一次代码重构。当整理代码流程并重构后，会发现代码结构更清晰了，也具备了应对下次新增业务需求的扩展性。

> 注意：以下这段代码重构只是抽离出最核心的部分，方便理解和学习。在实际的业务开发中，还需要额外添加一些其他逻辑，在使用上进行完善，例如调用方式、参数校验和 Spring 注入等。

4.5.1　工程结构

```
cn-bugstack-design-4.0-2
└── src
    └── main
        └── java
            └── cn.bugstack.design
                └── store
                    ├── impl
                    │   ├── CardCommodityService.java
                    │   ├── CouponCommodityService.java
                    │   └── GoodsCommodityService.java
                    └── ICommodity.java
```

```
        └── StoreFactory.java
└── test
    └── java
        └── cn.bugstack.design.test
            └── ApiTest.java
```

从上面的工程结构来看，是否有一种感觉：这样的工程看上去更清晰，类的职责更明确，分层可以更好地扩展，可以通过类名就能大概知道每个类的功能。如果暂时还无法理解为什么要这样修改也没有关系，通过源码进行实战操作几次，就可以慢慢掌握工厂模式的技巧了。

为了便于理解整个工程中相关类的具体作用，可以参考图 4-3。

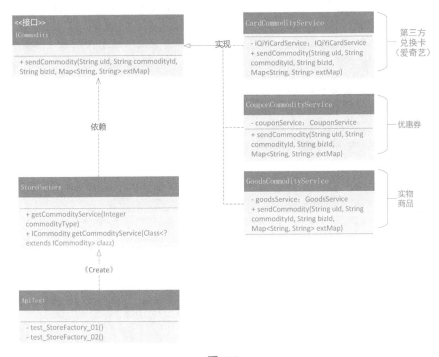

图 4-3

4.5.2　定义发奖接口

```
public interface ICommodity {
    void sendCommodity(String uId, String commodityId, String bizId, Map<String, Str
ing> extMap) throws Exception;
}
```

- 对于所有的奖品，无论是实物商品、优惠券还是第三方兑换卡（爱奇艺），都需要通过程序实现此接口并处理。这样的方式可以保证入参和出参的统一性。

- 接口的入参包括：用户 ID（uId）、奖品 ID（commodityId）、业务 ID（bizId）及扩展字段（extMap），用于处理发放实物商品时的收货地址。

4.5.3 实现三种发奖接口

1. 优惠券

```
public class CouponCommodityService implements ICommodity {
    private Logger logger = LoggerFactory.getLogger(CouponCommodityService.class);
    private CouponService couponService = new CouponService();
    public void sendCommodity(String uId, String commodityId,
        String bizId, Map<String, String> extMap) throws Exception {
        CouponResult couponResult = couponService.sendCoupon
            (uId, commodityId, bizId);
        logger.info("请求参数[优惠券] => uId: {} commodityId: {} bizId: {} extMap:
{}", uId, commodityId, bizId, JSON.toJSON(extMap));
        logger.info("测试结果[优惠券]: {}", JSON.toJSON(couponResult));
        if (!"0000".equals(couponResult.getCode()))
            throw new RuntimeException(couponResult.getInfo());
    }
}
```

2. 实物商品

```
public class GoodsCommodityService implements ICommodity {
    private Logger logger = LoggerFactory.getLogger(GoodsCommodityService.class);
    private GoodsService goodsService = new GoodsService();
    public void sendCommodity(String uId, String commodityId,
        String bizId, Map<String, String> extMap) throws Exception {
        DeliverReq deliverReq = new DeliverReq();
        deliverReq.setUserName(queryUserName(uId));
        deliverReq.setUserPhone(queryUserPhoneNumber(uId));
        deliverReq.setSku(commodityId);
        deliverReq.setOrderId(bizId);
        deliverReq.setConsigneeUserName(extMap.get("consigneeUserName"));
        deliverReq.setConsigneeUserPhone(extMap.get("consigneeUserPhone"));
        deliverReq.setConsigneeUserAddress(extMap.get("consigneeUserAddress"));
        Boolean isSuccess = goodsService.deliverGoods(deliverReq);
        logger.info("请求参数[实物商品] => uId: {} commodityId:
            {} bizId: {} extMap: {}", uId, commodityId, bizId, JSON.toJSON(extMap));
```

```
        logger.info("测试结果[实物商品]: {}", isSuccess);
        if (!isSuccess) throw new RuntimeException("实物商品发放失败");
    }
    private String queryUserName(String uId) {
        return "花花";
    }
    private String queryUserPhoneNumber(String uId) {
        return "15200101232";
    }
}
```

3. 第三方兑换卡（爱奇艺）

```
public class CardCommodityService implements ICommodity {
    private Logger logger = LoggerFactory.getLogger(CardCommodityService.class);
    // 模拟注入
    private IQiYiCardService iQiYiCardService = new IQiYiCardService();
    public void sendCommodity(String uId, String commodityId,
        String bizId, Map<String, String> extMap) throws Exception {
        String mobile = queryUserMobile(uId);
        iQiYiCardService.grantToken(mobile, bizId);
        logger.info("请求参数[爱奇艺兑换卡] => uId: {} commodityId:
            {} bizId: {} extMap: {}", uId, commodityId, bizId, JSON.toJSON(extMap));
        logger.info("测试结果[爱奇艺兑换卡]: success");
    }
    private String queryUserMobile(String uId) {
        return "15200101232";
    }
}
```

- 从上面代码实现中可以看到，每一种奖品的实现都包装到自己的类中，当新增、修改或删除逻辑时，都不会影响其他奖品功能的测试，可以降低回归测试和相应的连带风险。

- 如果有新增的奖品，只需要按照此结构进行填充对应的实现类即可。这样的实现方式非常易于维护和扩展。

- 在统一了入参及出参后，调用方不再需要关心奖品发放的内部逻辑，按照统一的方式即可处理。

4.5.4　创建商店工厂

```
public class StoreFactory {
```

```
/**
 * 奖品类型方式实例化
 * @param commodityType 奖品类型
 * @return              实例化对象
 */
public ICommodity getCommodityService(Integer commodityType) {
    if (null == commodityType) return null;
    if (1 == commodityType) return new CouponCommodityService();
    if (2 == commodityType) return new GoodsCommodityService();
    if (3 == commodityType) return new CardCommodityService();
    throw new RuntimeException("不存在的奖品服务类型");
}
/**
 * 奖品类信息方式实例化
 * @param clazz 奖品类型
 * @return      实例化对象
 */
public ICommodity getCommodityService(Class<? extends ICommodity> clazz)
    throws IllegalAccessException, InstantiationException {
    if (null == clazz) return null;
    return clazz.newInstance();
}
}
```

这是一个商店的工厂实现类，里面提供了两种获取工厂实现类的方法：一种是依赖奖品类型，另一种是根据奖品类信息进行实例化。这两种方式都有自己的使用场景，按需选择即可。在第一种实现方式中用到了 if 判断，这里既可以选择使用 switch 语句，也可以使用 map 结构进行配置（key 是类型值，value 是具体的逻辑实现）。通过商店工厂类获取各种奖品服务，可以非常干净、整洁地处理业务逻辑代码。后续新增的奖品按照这样的结构扩展即可。另外，需要注意关于编码规范和相关工具的检查，比如 p3c 插件，这些插件会检查 if 语句是否有括号包装。本书为了让代码更加简短，也更好地展示核心逻辑，做了简化处理。在实际的业务开发中，可以补全 if 语句后的大括号以及会选择用 equal 比对。

4.5.5 测试验证

编写单元测试。

```
@Test
public void test_StoreFactory_01() throws Exception {
    StoreFactory storeFactory = new StoreFactory();
```

```
    // 1. 优惠券
    ICommodity commodityService_1 = storeFactory.getCommodityService(1);
    commodityService_1.sendCommodity("10001", "EGM1023938910232121323432",
        "791098764902132", null);
    // 2. 实物商品
    ICommodity commodityService_2 = storeFactory.getCommodityService(2);
    commodityService_2.sendCommodity("10001", "9820198721311", "1023000020112221113",
        new HashMap<String, String>() {{
        put("consigneeUserName", "谢先生");
        put("consigneeUserPhone", "15200292123");
        put("consigneeUserAddress", "吉林省.长春市.双阳区.XX 街道.檀溪苑小区.#18-2109");
    }});
    // 3. 第三方兑换卡(爱奇艺)
    ICommodity commodityService_3 = storeFactory.getCommodityService(3);
    commodityService_3.sendCommodity("10001", "AQY1xjkUodl8LO975GdfrYUio", null, null);
}
@Test
public void test_StoreFactory_02() throws Exception {
    StoreFactory storeFactory = new StoreFactory();
    // 1. 优惠券
    ICommodity commodityService
        = storeFactory.getCommodityService(CouponCommodityService.class);
    commodityService.sendCommodity
        ("10001", "EGM1023938910232121323432", "791098764902132", null);
}
```

在以上的单元测试类中，商店工厂类中的两个方法都写好了各自的测试代码。接下来
验证并查看运行结果。

testStoreFactory01()，测试结果。

```
模拟发放优惠券一张: 10001,EGM1023938910232121323432,791098764902132
13:44:59.861 [main] INFO  c.b.d.s.impl.CouponCommodityService - 请 求 参 数 [ 优 惠
券] => uId: 10001 commodityId: EGM1023938910232121323432 bizId: 791098764902132
extMap: null
13:44:59.891 [main] INFO  c.b.d.s.impl.CouponCommodityService - 测试结果 [优惠券]:
{"code":"0000","info":"发放成功"}
模拟发放实物商品一个: {"consigneeUserAddress":"吉林省.长春市.双阳区.XX 街道.檀溪苑小
区.#18-2109","consigneeUserName":"谢先生","consigneeUserPhone":"15200292123",
"orderId":"1023000020112221113","sku":"9820198721311","userName":"花花","userPhone":
"15200101232"}
13:44:59.896 [main] INFO  c.b.d.s.impl.GoodsCommodityService - 请求参数[优惠券] => uId:
10001 commodityId: 9820198721311 bizId: 1023000020112221113 extMap: {"consigneeUser
```

Name":" 谢 先 生 ","consigneeUserAddress":" 吉 林 省 . 长 春 市 . 双 阳 区 .XX 街 道 . 檀 溪 苑 小
区.#18-2109","consigneeUserPhone":"15200292123"}
13:44:59.896 [main] INFO c.b.d.s.impl.GoodsCommodityService - 测试结果[优惠券]: true
模拟发放爱奇艺会员卡一张: 15200101232, null
13:44:59.898 [main] INFO c.b.d.s.impl.CardCommodityService - 请 求 参 数 [爱 奇 艺 兑 换
卡] => uId: 10001 commodityId: AQYlxjkUodl8LO975GdfrYUio bizId: null extMap: null
13:44:59.898 [main] INFO c.b.d.s.impl.CardCommodityService - 测试结果[爱奇艺兑换卡]:
success
Process finished with exit code 0

testStoreFactory02()，测试结果。

模拟发放优惠券一张: 10001,EGM1023938910232121323432,791098764902132
13:45:25.490 [main] INFO c.b.d.s.impl.CouponCommodityService - 请求参数[优惠券] => uId:
10001 commodityId: EGM1023938910232121323432 bizId: 791098764902132 extMap: null
13:45:25.523 [main] INFO c.b.d.s.impl.CouponCommodityService - 测 试 结 果 [优 惠 券]:
{"code":"0000","info":"发放成功"}
Process finished with exit code 0

从运行结果可以看到，这两种获取工厂实现的接口都可以满足业务需求。在实际使用
中按需选择即可。这段重构后的代码既满足了业务方和产品经理的需求，也满足了研发人
员对代码质量的追求。另外，从运行的测试结果也可以看出来，在进行封装后，这样一整
套发放奖品服务有统一的入参、统一的结果。既提高了代码的结构性，也让工程易于维护
和扩展。

4.6 本章总结

从优化过程来看，工厂模式并不复杂。一旦理解和掌握，会发现它更加简单，同时也
可以借助它提升开发效率。同时，不难总结出它的优点：避免创建者与具体的产品逻辑耦
合；满足单一职责，每一个业务逻辑实现都在自己所属的类中完成；满足开闭原则，无须
更改使用调用方就可以在程序中引入新的产品类型。当然，这也会带来一些问题，例如有
非常多的奖品类型，实现的子类会极速扩张，因此需要使用其他的模式进行优化，这些在
后续的设计模式中会逐步介绍。从案例入手学习设计模式往往要比只看理论知识更容易
掌握，因为案例学习是缩短理论到实践的有效方式。如果已经有所收获，一定要尝试实
操，找一段业务代码练习，以验证自己的想法。

第 5 章

抽象工厂模式

5.1 码农心得

> 代码一把梭，兄弟来背锅。

大部分从事开发工作的技术人员，都有一颗把代码写好的初心。除了把编程当作一份工作，同时还具备了一定的工匠精神。但很多时候又很难把初心坚持下去，尤其面对接了烂手的项目、产品功能要得急迫、个人能力不足等问题时，这些原因导致开发的工程代码臃肿不堪，线上事故频出。

> 懂得高并发，可还写不好代码。

这就像家里装修完之后购买家具，花了几十万元买的实木沙发，怎么摆放也不好看！代码写得不好，不一定是基础经验不足，也不一定是产品需求要得急迫。很多时候是自己对编码经验掌握得不足，以及对架构的把控能力不到位。其实，大多数产品的第一个需求往往并不复杂，甚至可以说所见即所得般容易。但在接手开发时，如果不考虑后续是否需要扩展，将来会在哪些模块继续添加功能，这样的"病毒代码"就会随着种下的第一颗劣质种子开始蔓延。

5.2 抽象工厂模式介绍

抽象工厂也可以称作其他工厂的工厂，它可以在抽象工厂中创建出其他工厂，与工厂模式一样，都是用来解决接口选择的问题，同样都属于创建型模式，如图 5-1 所示，五菱公司既可以生产汽车也可以生产口罩。

图 5-1

研发人员可能在业务开发中很少关注这样的设计模式或类似的代码结构，但是这样的场景却一直在我们身边，如下所示。

1. 不同系统内的回车换行

- 在 UNIX 系统里，每行结尾只有<换行>，即 \n；

- 在 Windows 系统里，每行结尾是<换行><回车>，即 \n\r；

- 在 Mac 系统里，每行结尾是<回车>。

2. IDEA 开发工具的差异（Windows\Mac）（如图 5-2 所示）

除了这样显而易见的例子，在业务开发中也时常会遇到类似的问题，需要做兼容处理。但大部分经验不足的开发人员常常直接通过添加 if…else 方式解决，同时留下了很多的代码问题。

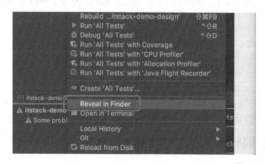

图 5-2

5.3　缓存集群升级场景

很多初创团队的蛮荒期，并没有完整的底层服务。

团队在初建时业务体量不大，在预估的系统服务 QPS 较低、系统压力较小、并发访问量少、近一年没有大动作等条件下，结合快速起步、时间紧迫、成本投入的因素，并不会投入特别多的研发资源构建出非常完善的系统架构。如图 5-3 所示，就像对 Redis 的使用，可能最开始只需要一个单机就可以满足现状。但随着业务超预期的快速发展，系统的负载能力也要随之跟上，原有的单机 Redis 已经无法满足系统的需要。这时就需要建设或者更换更为健壮的 Redis 集群服务，在这个升级的过程中是不能停系统的，并且需要平滑过渡。

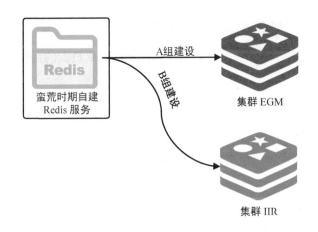

图 5-3

随着系统的升级，可以预见的问题有如下几种：

- 很多服务用到了 Redis，需要一起升级到集群。

- 需要兼容集群 A 和集群 B，便于后续的灾备，并及时切换集群。

- 两套集群提供的接口和方法各有差异，需要进行适配。

- 不能影响目前正常运行的系统。

虽然升级是必须要做的，但怎样执行却显得非常重要。

5.3.1 场景模拟工程

```
cn-bugstack-design-5.0-0
└── src
    └── main
        └── java
            └── cn.bugstack.design
                ├── application
                │   ├── CacheService.java
                │   └── CacheServiceImpl.java
                └── redis
                    ├── cluster
                    │   ├── EGM.java
                    │   └── IIR.java
                    └── RedisUtils.java
```

在以上的场景模拟工程中，包括了如下信息。

- 在业务初期，单机 Redis 服务工具类 RedisUtils 主要负责的是提供早期 Redis 的使用。

- 在业务初期，单机 Redis 服务功能类 CacheService 接口以及它对应的实现类 CacheServiceImpl。

- 随着后续业务的发展，新增加两套 Redis 集群 EGM、IIR，作为互备使用。

接下来分别介绍三个 Redis 服务提供的缓存功能，以及初期的使用方法。同时需要注意这三套 Redis 服务在使用上会有一些不同，包括：接口的名称、入参的信息，这些也是在使用设计模式时需要优化处理的要点。

5.3.2 Redis 单机服务 RedisUtils

```java
public class RedisUtils {
    private Logger logger = LoggerFactory.getLogger(RedisUtils.class);
    private Map<String, String> dataMap = new ConcurrentHashMap<String, String>();
    public String get(String key) {
        logger.info("Redis 获取数据 key: {}", key);
        return dataMap.get(key);
    }
    public void set(String key, String value) {
        logger.info("Redis 写入数据 key: {} val: {}", key, value);
```

```
        dataMap.put(key, value);
    }
    public void set(String key, String value, long timeout, TimeUnit timeUnit) {
        logger.info("Redis写入数据 key: {} val:
            {} timeout: {} timeUnit: {}", key, value, timeout, timeUnit.toString());
        dataMap.put(key, value);
    }
    public void del(String key) {
        logger.info("Redis删除数据 key: {}", key);
        dataMap.remove(key);
    }
}
```

首先需要注意一点，我们是使用 Map 模拟 Redis 的相关功能，这样比较方便测试。这里把关注点放在架构设计上。

5.3.3　Redis 集群服务 EGM

```
public class EGM {
    private Logger logger = LoggerFactory.getLogger(EGM.class);
    private Map<String, String> dataMap = new ConcurrentHashMap<String, String>();
    public String gain(String key) {
        logger.info("EGM获取数据 key: {}", key);
        return dataMap.get(key);
    }
    public void set(String key, String value) {
        logger.info("EGM写入数据 key: {} val: {}", key, value);
        dataMap.put(key, value);
    }
    public void setEx(String key, String value, long timeout, TimeUnit timeUnit) {
        logger.info("EGM写入数据 key: {} val: {} timeout: {} timeUnit: {}", key,
            value, timeout, timeUnit.toString());
        dataMap.put(key, value);
    }
    public void delete(String key) {
        logger.info("EGM删除数据 key: {}", key);
        dataMap.remove(key);
    }
}
```

这里模拟第一个 Redis 集群服务，需要注意观察这里的方法名称及入参信息，与使用单体 Redis 服务时是不同的。有点像 A 用 mac 系统，B 用 Windows 系统，虽然可以做一样的事，但操作方法不同。

5.3.4　Redis 集群服务 IIR

```
public class IIR {
    private Logger logger = LoggerFactory.getLogger(IIR.class);
    private Map<String, String> dataMap = new ConcurrentHashMap<String, String>();
    public String get(String key) {
        logger.info("IIR获取数据 key: {}", key);
        return dataMap.get(key);
    }
    public void set(String key, String value) {
        logger.info("IIR写入数据 key: {} val: {}", key, value);
        dataMap.put(key, value);
    }
    public void setExpire(String key, String value, long timeout, TimeUnit timeUnit) {
        logger.info("IIR写入数据 key: {} val: {} timeout: {} timeUnit: {}", key,
            value, timeout, timeUnit.toString());
        dataMap.put(key, value);
    }
    public void del(String key) {
        logger.info("IIR删除数据 key: {}", key);
        dataMap.remove(key);
    }
}
```

这是另一套 Redis 集群服务，有时在企业开发中可能有两套服务做互相备份。这里也是为了模拟，所以添加两套实现同样功能的不同服务，主要体现抽象工厂模式在这里发挥的作用。

综上可以看到，目前的系统中已经在大量地使用 Redis 服务，但是因为系统不能满足业务的快速发展，因此需要迁移到集群服务中。而这时有两套集群服务需要兼容使用，又要满足所有的业务系统改造且不能影响线上使用。

5.3.5　模拟早期单体 Redis 使用

接下来介绍在模拟的案例中，对单体 Redis 服务的使用方式。后续会通过两种方式将这部分代码扩展为使用 Redis 集群服务。

1. 定义 Redis 使用接口

```
public interface CacheService {
    String get(final String key);
    void set(String key, String value);
    void set(String key, String value, long timeout, TimeUnit timeUnit);
    void del(String key);
}
```

2. 实现 Redis 使用接口

```
public class CacheServiceImpl implements CacheService {
    private RedisUtils redisUtils = new RedisUtils();
    public String get(String key) {
        return redisUtils.get(key);
    }
    public void set(String key, String value) {
        redisUtils.set(key, value);
    }
    public void set(String key, String value, long timeout, TimeUnit timeUnit) {
        redisUtils.set(key, value, timeout, timeUnit);
    }
    public void del(String key) {
        redisUtils.del(key);
    }
}
```

目前，Redis 使用的代码比较简单，在一些体量不大的业务场景中不会有什么问题。但如果体量增加，改造升级的过程就会比较麻烦。因为此时所有的业务系统都有同样的使用方式，所以如果每一个系统都需要通过硬编码的方式进行改造就不那么容易了。此时，可以先思考怎样从单体 Redis 的使用升级到 Redis 集群的使用。

5.4　违背设计模式实现

如果不从全局的升级改造考虑，仅仅是升级自己的系统，那么最快的方式是添加 if…else，把 Redis 集群的使用添加进去。再通过在接口中添加一个使用的 Redis 集群类型，判断当下调用 Redis 时应该使用哪个集群。

可以说这样的改造非常不好，因为这样会需要所有的研发人员改动代码升级。不仅工作量非常大，而且可能存在非常高的风险。这里为了对比代码结构，会先用这种方式升级 Redis 集群服务。

5.4.1 工程结构

```
cn-bugstack-design-5.0-1
└── src
    └── main
        └── java
            └── cn.bugstack.design
                ├── CacheClusterServiceImpl.java
                └── CacheService.java
```

在这个工程结构中只有两个类，一个是定义缓存使用的接口 CacheService，另一个是它的实现类 CacheServiceImpl。因为这里选择的是在接口中添加集群类型，判断使用哪个集群，所以需要重新定义接口，并实现新的集群服务类。

5.4.2 if…else 实现需求

```java
public class CacheClusterServiceImpl implements CacheService {
    private RedisUtils redisUtils = new RedisUtils();
    private EGM egm = new EGM();
    private IIR iir = new IIR();
    public String get(String key, int redisType) {
        if (1 == redisType) {
            return egm.gain(key);
        }
        if (2 == redisType) {
            return iir.get(key);
        }
        return redisUtils.get(key);
    }
    public void set(String key, String value, int redisType) {
        if (1 == redisType) {
            egm.set(key, value);
            return;
        }
        if (2 == redisType) {
            iir.set(key, value);
            return;
        }
        redisUtils.set(key, value);
    }
    public void set(String key, String value, long timeout, TimeUnit timeUnit,
```

```
        int redisType) {
        if (1 == redisType) {
            egm.setEx(key, value, timeout, timeUnit);
            return;
        }
        if (2 == redisType) {
            iir.setExpire(key, value, timeout, timeUnit);
            return;
        }
        redisUtils.set(key, value, timeout, timeUnit);
    }
    public void del(String key, int redisType) {
        if (1 == redisType) {
            egm.delete(key);
            return;
        }
        if (2 == redisType) {
            iir.del(key);
            return;
        }
        redisUtils.del(key);
    }
}
```

这种方式的代码升级并不复杂，看上去也比较简单。主要包括如下内容：

- 给接口添加 Redis 集群使用类型，以控制使用哪套集群服务。

- 如果类型是 1，则使用 EGM 集群；如果类型是 2，则使用 IIR 集群。这在各方法中都有所体现。

- 因为要体现出 Redis 集群升级的过程，所以这里保留了单体 Redis 的使用方式。如果用户传递的 redisType 是不存在的，则会使用 RedisUtils 的方式调用 Redis 服务。这也是一种兼容逻辑，兼容升级过程。

5.4.3　测试验证

接下来通过 JUnit 单元测试的方式验证升级集群后的接口服务。

1. 单元测试

```
@Test
public void test_CacheServiceAfterImpl() {
```

```
CacheService cacheService = new CacheClusterServiceImpl();
cacheService.set("user_name_01", "小傅哥", 1);
String val01 = cacheService.get("user_name_01", 1);
logger.info("缓存集群升级，测试结果：{}", val01);
}
```

2. 测试结果

```
20:16:45.597 [main] INFO  cn.bugstack.design.redis.cluster.EGM - EGM 写入数据 key：
user_name_01 val：小傅哥
20:16:45.601 [main] INFO  cn.bugstack.design.redis.cluster.EGM - EGM 获取数据 key：
user_name_01
20:16:45.601 [main] INFO  cn.bugstack.design.test.ApiTest - 缓存集群升级，测试结果：小傅哥
Process finished with exit code 0
```

从以上的测试结果来看，此次升级已完成，验证通过。但这样的方式需要整个研发组一起硬编码，不易于维护，也增加了测试难度和未知风险。

5.5　抽象工厂模式重构代码

接下来使用抽象工厂模式优化代码，也是一次代码重构。在前文介绍过，抽象工厂的实质就是用于创建工厂的工厂。可以理解为有三个物料加工车间，其中任意两个都可以组合出一个新的生产工厂，用于装备汽车或缝纫机。另外，这里会使用代理类的方式实现抽象工厂的创建过程。而两个 Redis 集群服务相当于两个车间，两个车间可以构成两个工厂。通过代理类的实现方式，可以非常方便地实现 Redis 服务的升级，并且可以在真实的业务场景中做成一个引入的中间件，给各个需要升级的系统使用。 这里还有非常重要的一点，集群 EGM 和集群 IIR 在部分方法提供上略有不同，如方法名和参数，因此需要增加一个适配接口。最终使用这个适配接口承接两套集群服务，做到统一的服务输出。

5.5.1　工程结构

```
cn-bugstack-design-5.0-2
└── src
    ├── main
    │   └── java
    │       └── cn.bugstack.design
    │           ├── factory
    │           │   ├── JDKInvocationHandler.java
    │           │   └── JDKProxyFactory.java
```

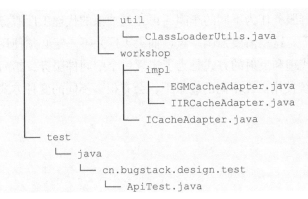

```
                │  ├── util
                │  │   └── ClassLoaderUtils.java
                │  └── workshop
                │      ├── impl
                │      │   ├── EGMCacheAdapter.java
                │      │   └── IIRCacheAdapter.java
                │      └── ICacheAdapter.java
                └── test
                    └── java
                        └── cn.bugstack.design.test
                            └── ApiTest.java
```

整个抽象工厂代码类关系如图 5-4 所示。

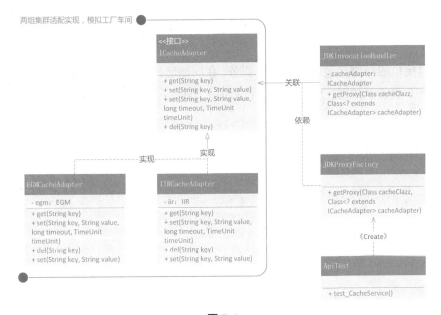

图 5-4

结合以上抽象工厂的工程结构和类关系，简要介绍这部分代码包括的核心内容。整个工程包结构分为三块：工厂包（factory）、工具包（util）和车间包（workshop）。

- 工厂包：JDKProxyFactory、JDKInvocationHandler 两个类是代理类的定义和实现，这部分代码主要通过代理类和反射调用的方式获取工厂及方法调用。

- 工具包：ClassLoaderUtils 类主要用于支撑反射方法调用中参数的处理。

- 车间包：EGMCacheAdapter、IIRCacheAdapter 两个类主要是通过适配器的方式使用两个集群服务。把两个集群服务作为不同的车间，再通过抽象的代理工厂服务把每个车间转换为对应的工厂。这里需要强调一点，抽象工厂并不一定必须使用目前的方式实现。这种使用代理和反射的方式是为了实现一个中间件服务，给所有需要升级 Redis 集群的系统使用。在不同的场景下，会有很多不同的变种方式实现抽象工厂。

5.5.2 定义集群适配器接口

```
public interface ICacheAdapter {
    String get(String key);
    void set(String key, String value);
    void set(String key, String value, long timeout, TimeUnit timeUnit);
    void del(String key);
}
```

适配器接口的作用是包装两个集群服务，在前面已经提到这两个集群服务在一些接口名称和入参方面各不相同，所以需要进行适配。同时在引入适配器后，也可以非常方便地扩展。

5.5.3 实现集群适配器接口

1. EGM 集群：EGMCacheAdapter

```
public class EGMCacheAdapter implements ICacheAdapter {
    private EGM egm = new EGM();
    public String get(String key) {
        return egm.gain(key);
    }
    public void set(String key, String value) {
        egm.set(key, value);
    }
    public void set(String key, String value, long timeout, TimeUnit timeUnit) {
        egm.setEx(key, value, timeout, timeUnit);
    }
    public void del(String key) {
        egm.delete(key);
    }
}
```

2. IIR 集群：IIRCacheAdapter

```java
public class IIRCacheAdapter implements ICacheAdapter {
    private IIR iir = new IIR();
    public String get(String key) {
        return iir.get(key);
    }
    public void set(String key, String value) {
        iir.set(key, value);
    }
    public void set(String key, String value, long timeout, TimeUnit timeUnit) {
        iir.setExpire(key, value, timeout, timeUnit);
    }
    public void del(String key) {
        iir.del(key);
    }
}
```

如果是两个集群服务的统一包装，可以看到这些方法名称或入参都已经统一。例如，IIR 集群的 iir.setExpire 和 EGM 集群的 egm.setEx 都被适配成一个方法名称——set 方法。

5.5.4　代理方式的抽象工厂类

1. 代理抽象工厂 JDKProxyFactory

```java
public class JDKProxyFactory {
    public static <T> T getProxy(Class<T> cacheClazz, Class<? extends ICacheAdapter>
        cacheAdapter) throws Exception {
        InvocationHandler handler = new JDKInvocationHandler
            (cacheAdapter.newInstance());
        ClassLoader classLoader = Thread.currentThread().getContextClassLoader();
        return (T) Proxy.newProxyInstance
            (classLoader, new Class[]{cacheClazz}, handler);
    }
}
```

这里有一点非常重要，就是为什么选择代理方式实现抽象工厂。

因为要把原单体 Redis 服务升级为两套 Redis 集群服务，在不破坏原有单体 Redis 服务和实现类的情况下，也就是 cn-bugstack-design-5.0-0 的 CacheServiceImpl，通过一个代理类的方式实现一个集群服务处理类，就可以非常方便地在 Spring、SpringBoot 等框架中通过注入的方式替换原有的 CacheServiceImpl 实现。这样中间件设计思路的实现方式具备了良好的插拔性，并可以达到多组集群同时使用和平滑切换的目的。

getProxy 方法的两个入参的作用如下：

- Class cacheClazz：在模拟的场景中，不同的系统使用的 Redis 服务类名可能有所不同，通过这样的方式便于实例化后的注入操作。

- Class<? extends ICacheAdapter> cacheAdapter：这个参数用于决定实例化哪套集群服务使用 Redis 功能。

2. 反射调用方法 JDKInvocationHandler

```java
public class JDKInvocationHandler implements InvocationHandler {
    private ICacheAdapter cacheAdapter;
    public JDKInvocationHandler(ICacheAdapter cacheAdapter) {
        this.cacheAdapter = cacheAdapter;
    }
    public Object invoke(Object proxy, Method method, Object[] args) throws Throwable {
        return ICacheAdapter.class.getMethod(method.getName(),
            ClassLoaderUtils.getClazzByArgs(args)).invoke(cacheAdapter, args);
    }
}
```

这部分是工厂被代理实现后的核心处理类，主要包括如下功能：

- 相同适配器接口 ICacheAdapter 的不同 Redis 集群服务实现，其具体调用会在这里体现。

- 在反射调用过程中，通过入参获取需要调用的方法名称和参数，可以调用对应 Redis 集群中的方法。

抽象工厂搭建完成了，这部分抽象工厂属于从中间件设计中抽取出来的最核心的内容，如果需要在实际的业务中使用，则需要扩充相应的代码，如注入的设计、配置的读取、相关监控和缓存使用开关等。

5.5.5 测试验证

1. 单元测试

```java
@Test
public void test_CacheService() throws Exception {
    CacheService proxy_EGM = JDKProxyFactory.getProxy
```

```
         (CacheService.class, EGMCacheAdapter.class);
    proxy_EGM.set("user_name_01", "小傅哥");
    String val01 = proxy_EGM.get("user_name_01");
    logger.info("缓存服务 EGM 测试, proxy_EGM.get 测试结果: {}", val01);
    CacheService proxy_IIR = JDKProxyFactory.getProxy
         (CacheService.class, IIRCacheAdapter.class);
    proxy_IIR.set("user_name_01", "小傅哥");
    String val02 = proxy_IIR.get("user_name_01");
    logger.info("缓存服务 IIR 测试, proxy_IIR.get 测试结果: {}", val02);
}
```

在测试方法中提供了两套集群的工厂获取及相应方法的使用。通过代理的方式 JDKProxyFactory.getProxy(CacheService.class, IIRCacheAdapter.class);获取相应的工厂。这里获取的过程相当于从车间中组合出新的工厂。最终在实际的使用中交给 Spring 进行 Bean 注入，通过这样的方式升级服务集群，就不需要所有的研发人员硬编码了。即使有任何问题，也可以回退到原有的实现方式里。这种可插拔服务的优点是易于维护和可扩展。

2. 测试结果

```
10:05:15.756 [main] INFO  cn.bugstack.design.redis.cluster.EGM - EGM 写入数据 key:
user_name_01 val: 小傅哥
10:05:15.759 [main] INFO  cn.bugstack.design.redis.cluster.EGM - EGM 获取数据 key:
user_name_01
10:05:15.760 [main] INFO  cn.bugstack.design.test.ApiTest - 缓存服务 EGM 测试,
proxy_EGM.get 测试结果: 小傅哥
10:05:15.761 [main] INFO  cn.bugstack.design.redis.cluster.IIR - IIR 写入数据 key:
user_name_01 val: 小傅哥
10:05:15.761 [main] INFO  cn.bugstack.design.redis.cluster.IIR - IIR 获取数据 key:
user_name_01
10:05:15.761 [main] INFO  cn.bugstack.design.test.ApiTest - 缓存服务 IIR 测试, proxy_IIR.
get 测试结果: 小傅哥
Process finished with exit code 0
```

从测试结果来看运行正常，升级完成。这种代码的扩展方式远比硬编码 if…else 好得多，既可扩展又易维护。研发人员的技术栈、技术经验会决定最终的执行结果，有时候如果具备丰富的技能，即使在非常紧急的情况下，也可以做出非常完善的技术方案和落地结果。

5.6　本章总结

　　抽象工厂模式要解决的是在一个产品族存在多个不同类型的产品（Redis 集群、操作系统）的情况下选择接口的问题。而这种场景在业务开发中也非常多见，只不过可能有时候没有将它们抽象出来。如果知道在什么场景下可以通过抽象工程优化代码，那么在代码层级结构以及满足业务需求方面，可以得到很好的完成功能实现并提升扩展性和优雅度。设计模式的使用满足了单一职责、开闭原则和解耦等要求。如果说有什么缺点，那就是随着业务的场景功能不断拓展，可能会加大类实现上的复杂度。但随着其他设计方式的引入，以及代理类和自动生成加载的方式，这种设计上的欠缺也可以解决。

第6章

建造者模式

6.1 码农心得

> 只有标准的研发规范流程，才能写出更好的程序！

一个项目的上线往往要经历业务需求、产品设计、研发实现、测试验证、上线部署后最终对外开量。对研发人员来说，非常重要的一环是研发实现，又包括架构选型、功能设计、设计评审、代码实现、代码评审、单测覆盖率、编写文档及提交测试。所以，如果一个大项目由多人开发，研发人员之间一定要遵守研发规范并互相协作。

代码开发不是炫技，就像盖房子一样，如果不按照图纸修建，随意地造出一间厨房或卫生间是很荒唐的，但研发人员有时却总敲出这样不规范的代码。

6.2 建造者模式介绍

建造者模式的核心目的是通过使用多个简单对象一步步地构建出一个复杂对象，如图 6-1 所示，通过控制操作台，一步步地组装出坦克。

那么，哪里有这样的场景呢？

例如，《王者荣耀》游戏的初始化界面有道路、树木、野怪和守卫塔等。换一个场景选择其他模式时，同样会建设道路、树木、野怪和守卫塔等，但是它们的摆放位置和大小各有不同。这种初始化游戏元素的场景就可以使用建造者模式。

这种根据相同的物料、不同的组装方式产生出具体内容，就是建造者模式的最终意图，即将一个复杂的构建与其表示分离，用同样的构建过程可以创建不同的表示。

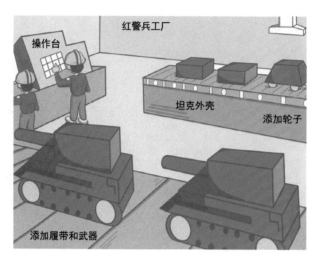

图 6-1

6.3 装修套餐选配场景

这里模拟房屋装修公司设计出一些不同风格样式的装修套餐场景，来体现建造者模式的使用方法，如图 6-2 所示。

图 6-2

很多装修公司都会提供一些套餐服务，一般会有：豪华欧式、轻奢田园和现代简约装修服务套餐等。而这些套餐的背后是不同装修材料和设计风格的组合，例如一级顶、二级顶、多乐士涂料、立邦涂料、圣象地板、德尔地板、马可波罗地砖、东鹏地砖等。按照不同的套餐价格，选取不同的品牌进行组合，最终再结合装修面积给出整体报价。

下面模拟装修公司推出的一些装修服务套餐，按照不同的价格组合品牌，并介绍使用建造者模式实现这一需求。

6.3.1 场景模拟工程

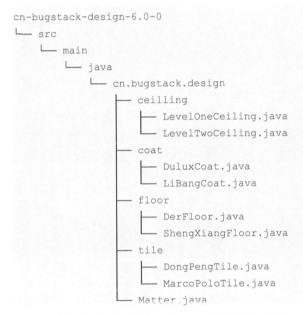

```
cn-bugstack-design-6.0-0
└── src
    └── main
        └── java
            └── cn.bugstack.design
                ├── ceilling
                │   ├── LevelOneCeiling.java
                │   └── LevelTwoCeiling.java
                ├── coat
                │   ├── DuluxCoat.java
                │   └── LiBangCoat.java
                ├── floor
                │   ├── DerFloor.java
                │   └── ShengXiangFloor.java
                ├── tile
                │   ├── DongPengTile.java
                │   └── MarcoPoloTile.java
                └── Matter.java
```

在模拟的装修材料工程中，提供了如下类。

- ceilling（吊顶材料）包：LevelOneCeiling、LevelTwoCeiling；

- coat（涂料材料）包：DuluxCoat、LiBangCoat；

- floor（地板材料）包：DerFloor、ShengXiangFloor；

- tile（地砖材料）包：DongPengTile、MarcoPoloTile。

6.3.2 装修材料接口

装修材料接口提供了基本的方法获取信息，以保证所有不同规格和种类的装修材料都可以按照统一标准被获取。

```java
public interface Matter {
    String scene();         // 场景：地板、地砖、涂料、吊顶
    String brand();         // 品牌
    String model();         // 型号
    BigDecimal price();     // 价格
    String desc();          // 描述
}
```

6.3.3 吊顶材料（ceiling）

1. 一级顶

```java
public class LevelOneCeiling implements Matter {
    public String scene() {
        return "吊顶";
    }
    public String brand() {
        return "装修公司自带";
    }
    public String model() {
        return "一级顶";
    }
    public BigDecimal price() {
        return new BigDecimal(260);
    }
    public String desc() {
        return "造型只做低一级，只有一个层次的吊顶，一般离顶 120~150mm";
    }
}
```

2. 二级顶

```java
public class LevelTwoCeiling  implements Matter {
    public String scene() {
        return "吊顶";
    }
    public String brand() {
        return "装修公司自带";
    }
    public String model() {
        return "二级顶";
    }
```

```
public BigDecimal price() {
    return new BigDecimal(850);
}
public String desc() {
    return "两个层次的吊顶，二级吊顶高度一般往下吊 20cm，如果层高很高，则可以增加每级的厚度";
}
}
```

6.3.4　涂料材料（coat）

1. 多乐士

```
public class DuluxCoat  implements Matter {
    public String scene() {
        return "涂料";
    }
    public String brand() {
        return "多乐士(Dulux)";
    }
    public String model() {
        return "第二代";
    }
    public BigDecimal price() {
        return new BigDecimal(719);
    }
    public String desc() {
        return "多乐士是阿克苏诺贝尔旗下的著名建筑装饰油漆品牌，产品畅销全球 100 多个国家，每年全
            球有 5000 万户家庭使用多乐士油漆。";
    }
}
```

2. 立邦

```
public class LiBangCoat implements Matter {
    public String scene() {
        return "涂料";
    }
    public String brand() {
        return "立邦";
    }
    public String model() {
        return "默认级别";
    }
    public BigDecimal price() {
```

```
        return new BigDecimal(650);
    }
    public String desc() {
        return "立邦始终以开发绿色产品、注重高科技、高品质为目标，以技术力量不断推进科研和开发，
            满足消费者需求。";
    }
}
```

6.3.5　地板材料（floor）

1. 德尔

```java
public class DerFloor implements Matter {
    public String scene() {
        return "地板";
    }
    public String brand() {
        return "德尔(Der)";
    }
    public String model() {
        return "A+";
    }
    public BigDecimal price() {
        return new BigDecimal(119);
    }
    public String desc() {
        return "德尔集团是专业木地板制造商，北京2008年奥运会家装和公装地板供应商。";
    }
}
```

2. 圣象

```java
public class ShengXiangFloor implements Matter {
    public String scene() {
        return "地板";
    }
    public String brand() {
        return "圣象";
    }
    public String model() {
        return "一级";
    }
    public BigDecimal price() {
        return new BigDecimal(318);
```

```
    }
    public String desc() {
        return "圣象地板是中国地板行业著名品牌，拥有中国驰名商标、中国名牌、国家免检、中国环境标
            志认证等多项荣誉。";
    }
}
```

6.3.6　地砖材料（tile）

1. 东鹏

```
public class DongPengTile implements Matter {
    public String scene() {
        return "地砖";
    }
    public String brand() {
        return "东鹏瓷砖";
    }
    public String model() {
        return "10001";
    }
    public BigDecimal price() {
        return new BigDecimal(102);
    }
    public String desc() {
        return "东鹏瓷砖以品质铸就品牌，科技推动品牌，口碑传播品牌为宗旨，2014 年品牌价值 132.35
            亿元，位列建陶行业榜首。";
    }
}
```

2. 马可波罗

```
public class MarcoPoloTile implements Matter {
    public String scene() {
        return "地砖";
    }
    public String brand() {
        return "马可波罗(MARCO POLO)";
    }
    public String model() {
        return "默认";
    }
    public BigDecimal price() {
        return new BigDecimal(140);
```

```
    }
    public String desc() {
        return "马可波罗品牌诞生于 1996 年，作为国内最早品牌化的建陶品牌，以'文化陶瓷'占领市场，享
有'仿古砖至尊'的美誉。";
    }
}
```

以上是本次装修公司所提供的装修配置单，接下来会通过不同的物料组合出不同的服务套餐。

6.4　违背设计模式实现

没有 if…else 解决不了的逻辑，不行就再加一行！

这里先使用不加设计的方式实现功能，之后再通过设计模式优化完善。一般使用这种实现方式的代码都会集中在一个类中，里面包含大量的 if…else 逻辑。既不具有复杂的代码结构，也不具有良好的扩展性。如果应对非常简单的业务，还是可以使用的。

6.4.1　工程结构

```
cn-bugstack-design-6.0-1
└─ src
   └─ main
      └─ java
         └─ cn.bugstack.design
            └─ DecorationPackageController.java
```

对于装修包的类 DecorationPackageController，按照一个类里有多个 if…else 代码的方式实现。

6.4.2　if…else 实现需求

```
public class DecorationPackageController {
    public String getMatterList(BigDecimal area, Integer level) {
        List<Matter> list = new ArrayList<Matter>(); // 装修清单
        BigDecimal price = BigDecimal.ZERO;          // 装修价格
        // 豪华欧式

        if (1 == level) {
            LevelTwoCeiling levelTwoCeiling = new LevelTwoCeiling(); // 吊顶: 二级顶
```

```
        DuluxCoat duluxCoat = new DuluxCoat();                      // 涂料：多乐士
        ShengXiangFloor shengXiangFloor = new ShengXiangFloor();    // 地板：圣象
        list.add(levelTwoCeiling);
        list.add(duluxCoat);
        list.add(shengXiangFloor);
        price = price.add(area.multiply(new BigDecimal("0.2")).multiply
            (levelTwoCeiling.price()));
        price = price.add(area.multiply(new BigDecimal("1.4")).multiply
            (duluxCoat.price()));
        price = price.add(area.multiply(shengXiangFloor.price()));
    }
    // 轻奢田园
    if (2 == level) {
        LevelTwoCeiling levelTwoCeiling = new LevelTwoCeiling();    // 吊顶：二级顶
        LiBangCoat liBangCoat = new LiBangCoat();                   // 涂料：立邦
        MarcoPoloTile marcoPoloTile = new MarcoPoloTile();          // 地砖：马可波罗
        list.add(levelTwoCeiling);
        list.add(liBangCoat);
        list.add(marcoPoloTile);
        price = price.add(area.multiply(new BigDecimal("0.2")).multiply
            (levelTwoCeiling.price()));
        price = price.add(area.multiply(new BigDecimal("1.4")).multiply
            (liBangCoat.price()));
        price = price.add(area.multiply(marcoPoloTile.price()));
    }
    // 现代简约
    if (3 == level) {
        LevelOneCeiling levelOneCeiling = new LevelOneCeiling();    // 吊顶：二级顶
        LiBangCoat liBangCoat = new LiBangCoat();                   // 涂料：立邦
        DongPengTile dongPengTile = new DongPengTile();             // 地砖：东鹏
        list.add(levelOneCeiling);
        list.add(liBangCoat);
        list.add(dongPengTile);
        price = price.add(area.multiply(new BigDecimal("0.2")).multiply
            (levelOneCeiling.price()));
        price = price.add(area.multiply(new BigDecimal("1.4")).multiply
            (liBangCoat.price()));
        price = price.add(area.multiply(dongPengTile.price()));
    }
    StringBuilder detail = new StringBuilder(" \r\n--------------------------
----------------------------\r\n" +
            "装修清单" + "\r\n" +
```

```
                "装修等级: " + level + "\r\n" +
                "装修价格: " + price.setScale(2, BigDecimal.ROUND_HALF_UP) + " 元\r\n" +
                "房屋面积: " + area.doubleValue() + " 平方米\r\n" +
                "材料清单: \r\n");
        for (Matter matter: list) {
            detail.append(matter.scene()).append(": ").append(matter.brand()).append
("、").append(matter.model()).append("、平方米价格: ").append(matter.price()).append
(" 元。\n");
        }
        return detail.toString();
    }
}
```

首先，这段代码要解决的问题是接收入参：房屋面积（area）、装修等级（level），根据不同类型的装修等级选择不同的材料。其次，在实现过程中可以看到每一段 if 代码块中包含着不同的材料（吊顶为二级顶；涂料为立邦；地砖为马可波罗），最终生成装修清单和装修价格。最后，提供获取装修详细信息的方法，返回给调用方，便于客户了解装修清单。

6.4.3　测试验证

接下来，通过 JUnit 单元测试的方式验证接口服务。

1. 单元测试

```
@Test
public void test_DecorationPackageController(){
    DecorationPackageController decoration = new DecorationPackageController();
    // 豪华欧式
    System.out.println(decoration.getMatterList(new BigDecimal("132.52"),1));
    // 轻奢田园
    System.out.println(decoration.getMatterList(new BigDecimal("98.25"),2));
    // 现代简约
    System.out.println(decoration.getMatterList(new BigDecimal("85.43"),3));
}
```

2. 测试结果

```
-------------------------------------------------------
装修清单
装修等级: 1
装修价格: 198064.39 元
```

房屋面积：132.52 平方米
材料清单
吊顶：装修公司自带、二级顶、每平方米价格为 850 元。
涂料：多乐士、第二代、每平方米价格为 719 元。
地板：圣象、一级、每平方米价格为 318 元。

装修清单
装修等级：2
装修价格：119865.00 元
房屋面积：98.25 平方米
材料清单
吊顶：装修公司自带、二级顶、每平方米价格为 850 元。
涂料：立邦、默认级别、每平方米价格为 650 元。
地砖：马可波罗、默认、每平方米价格为 140 元。

装修清单
装修等级：3
装修价格：90897.52 元
房屋面积：85.43 平方米
材料清单
吊顶：装修公司自带、一级顶、每平米价格为 260 元。
涂料：立邦、默认、每平方米价格为 650 元。
地砖：东鹏、10001、每平方米价格为 102 元。
Process finished with exit code 0

看到输出的结果，已经有装修公司提供的报价单的感觉了。虽然以上这段使用 if…else 方式实现的代码可以满足些许功能，但随着公司业务的快速发展，会针对不同的户型提供更多的套餐。这段实现代码将迅速扩增到几千行，甚至不断地修改，最终难以维护。

6.5 建造者模式重构代码

在软件系统开发中，有时会面临一个复杂对象的创建工作，其通常由各个部分的子对象用一定过程构建出来，随着需求的迭代，这个复杂对象的各个部分经常面临重大的变化，但是将它们组合在一起的过程却相对稳定，这种场景就适合用建造者模式。

这里会把构建的过程交给创建者类，而创建者通过使用构建工具包构建出不同的装修套餐。

6.5.1　工程结构

```
cn-bugstack-design-6.0-2
└── src
    ├── main
    │   └── java
    │       └── cn.bugstack.design
    │           ├── Builder.java
    │           ├── DecorationPackageMenu.java
    │           └── IMenu.java
    └── test
        └── java
            └── cn.bugstack.design.test
                └── ApiTest.java
```

建造者模式代码类关系如图 6-3 所示。

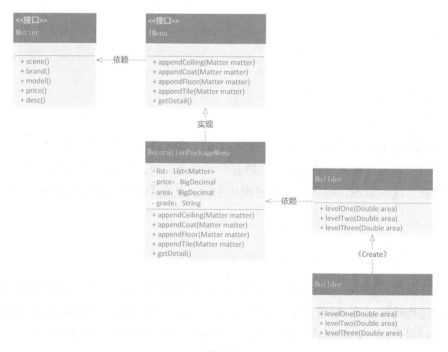

图 6-3

建造者模式代码工程有三个核心类，这三个核心类是建造者模式的具体实现。与使用
if…else 判断方式实现逻辑相比，它额外新增了两个类，具体功能如下：

- Builder：建造者类具体的各种组装，都由此类实现。

- DecorationPackageMenu：是 IMenu 接口的实现类，主要承载建造过程中的填充器，相当于一套承载物料和创建者中间衔接的内容。

也可以从装修材料参考图的视角看待这类工程，更便于理解，如图 6-4 所示。

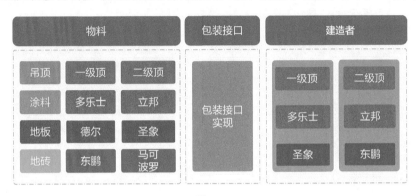

图 6-4

接下来分别介绍几个类的功能的具体实现方式。

6.5.2 定义装修包接口

```
public interface IMenu {
    IMenu appendCeiling(Matter matter); // 吊顶
    IMenu appendCoat(Matter matter);    // 涂料
    IMenu appendFloor(Matter matter);   // 地板
    IMenu appendTile(Matter matter);    // 地砖
    String getDetail();                 // 明细
}
```

接口类定义了填充吊顶、涂料、地板、地砖各种材料的方法，以及最终提供获取全部明细的方法。

6.5.3 实现装修包接口

```
public class DecorationPackageMenu implements IMenu {
    private List<Matter> list = new ArrayList<Matter>(); // 装修清单
    private BigDecimal price = BigDecimal.ZERO;          // 装修价格
    private BigDecimal area;  // 面积
    private String grade;     // 装修等级：豪华欧式、轻奢田园和现代简约
```

```
    private DecorationPackageMenu() {
    }
    public DecorationPackageMenu(Double area, String grade) {
        this.area = new BigDecimal(area);
        this.grade = grade;
    }
    public IMenu appendCeiling(Matter matter) {
        list.add(matter);
        price = price.add(area.multiply(new BigDecimal("0.2")).multiply(matter.
            price()));
        return this;
    }
    public IMenu appendCoat(Matter matter) {
        list.add(matter);
        price = price.add(area.multiply(new BigDecimal("1.4")).multiply(matter.
            price()));
        return this;
    }
    public IMenu appendFloor(Matter matter) {
        list.add(matter);
        price = price.add(area.multiply(matter.price()));
        return this;
    }
    public IMenu appendTile(Matter matter) {
        list.add(matter);
        price = price.add(area.multiply(matter.price()));
        return this;
    }
    public String getDetail() {
        StringBuilder detail = new StringBuilder("\r\n-------------------------------
-----------------------------\r\n" +
                "装修清单: " + "\r\n" +
                "装修等级: " + grade + "\r\n" +
                "装修价格: " + price.setScale(2, BigDecimal.ROUND_HALF_UP) + " 元
                    \r\n" +
                "房屋面积: " + area.doubleValue() + " 平方米\r\n" +
                "材料清单: \r\n");
        for (Matter matter: list) {
            detail.append(matter.scene()).append(": ").append(matter.brand()).append
                ("、").append(matter.model()).append("、每平方米价格: ").append(matter.
                price()).append(" 元。\n");
        }
```

```
        return detail.toString();
    }
}
```

在装修包的实现中，每一种方法都返回了 this 对象本身，可以非常方便地用于连续填充各种物料。同时，在填充时也会根据物料计算相应面积的报价，吊顶和涂料按照面积乘以单价计算。最后，同样提供了统一的获取装修清单的明细方法。

6.5.4 建造者类创建

```
public class Builder {
    public IMenu levelOne(Double area) {
        return new DecorationPackageMenu(area, "豪华欧式")
                .appendCeiling(new LevelTwoCeiling())     // 吊顶：二级顶
                .appendCoat(new DuluxCoat())              // 涂料：多乐士
                .appendFloor(new ShengXiangFloor());      // 地板：圣象
    }
    public IMenu levelTwo(Double area){
        return new DecorationPackageMenu(area, "轻奢田园")
                .appendCeiling(new LevelTwoCeiling())     // 吊顶：二级顶
                .appendCoat(new LiBangCoat())             // 涂料：立邦
                .appendTile(new MarcoPoloTile());         // 地砖：马可波罗
    }
    public IMenu levelThree(Double area){
        return new DecorationPackageMenu(area, "现代简约")
                .appendCeiling(new LevelOneCeiling())     // 吊顶：二级顶
                .appendCoat(new LiBangCoat())             // 涂料：立邦
                .appendTile(new DongPengTile());          // 地砖：东鹏
    }
}
```

最后，在建造者的使用中就已经非常容易了。统一的建造方式通过不同物料填充出不同的装修风格：豪华欧式、轻奢田园和现代简约。如果公司扩展业务，也可以将这部分内容配置到数据库中自动生成，但整体过程仍然可以使用建造者模式的思想进行搭建。

6.5.5 测试验证

1. 单元测试

```
@Test
public void test_Builder(){
```

```
    Builder builder = new Builder();
    // 豪华欧式
    System.out.println(builder.levelOne(132.52D).getDetail());
    // 轻奢田园
    System.out.println(builder.levelTwo(98.25D).getDetail());
    // 现代简约
    System.out.println(builder.levelThree(85.43D).getDetail());
}
```

在单元测试中，使用建造者模式分别创建出三种装修套餐的价格，获取详情信息并进行输出。

- levelOne、levelTwo、levelThree 对应三种装修风格：豪华欧式、轻奢田园和现代简约。

- 入参的信息是房屋面积，最终获取装修报价单。实际的业务场景会更复杂，这里的案例主要展示最核心的逻辑。

2. 测试结果

```
------------------------------------------------
装修清单
装修等级：豪华欧式
装修价格：198064.39 元
房屋面积：132.52 平方米
材料清单
吊顶：装修公司自带、二级顶、每平方米价格为 850 元。
涂料：多乐士、第二代、每平方米价格为 719 元。
地板：圣象、一级、每平方米价格为 318 元。

------------------------------------------------
装修清单
装修等级：轻奢田园
装修价格：119865.00 元
房屋面积：98.25 平方米
材料清单
吊顶：装修公司自带、二级顶、每平方米价格为 850 元。
涂料：立邦、默认、每平方米价格为 650 元。
地砖：马可波罗、默认、每平方米价格为 140 元。

------------------------------------------------
装修清单
装修等级：现代简约
装修价格：90897.52 元
房屋面积：85.43 平方米
```

材料清单
吊顶：装修公司自带、一级顶、每平方米价格为 260 元。
涂料：立邦、默认、每平方米价格为 650 元。
地砖：东鹏、10001、每平方米价格为 102 元。
Process finished with exit code 0

6.6　本章总结

通过上面对建造者模式的使用，可以总结出选择该设计模式的条件：当一些基本材料不变，而其组合经常变化时。此设计模式满足了单一职责原则及可复用的技术，建造者独立、易扩展、便于控制细节风险。出现特别多的物料及组合时，类的不断扩展也会造成难以维护的问题。但这种设计模式可以把重复的内容抽象到数据库中，按照需要配置，减少大量的重复代码。虽然设计模式能带给我们一些设计思想，但在平时的开发中如何清晰地提炼出符合此思路的建造模块是比较困难的。需要经过一些练习，不断承接更多的项目来获得经验。有时代码写得好，往往是通过复杂的业务、频繁的变化和不断的挑战，逐步积累而来的。

第 7 章

原型模式

7.1 码农心得

程序员中有两类人：一类是喜欢编程的人；一类是仅把编程当作工作的人。喜欢编程的人会主动学习，不断丰富自己的知识，也非常喜欢对技术进行深度的探索，力求将所学的知识运用到工作中。

怎样成为喜欢编程的人？

其实无论做哪一行，凡是能达到喜欢这个行业的程度，往往是从这个行业里持续不断地积累并获取成就感开始的。对于编程开发而言，因为自己的一行代码能影响到千千万万的人，能使整个系统更加稳定，能让系统扛过大促、秒杀……这样一行行的代码都是日积月累学习的经验结晶。想源源不断地获得成就感，需要程序员持之以恒地探索知识、运用知识、验证知识，开发更多的核心业务系统。

7.2 原型模式介绍

原型模式主要解决的是创建重复对象的问题，而这部分对象内容本身比较复杂，从数据库或者 RPC 接口中获取相关对象数据的耗时较长，因此需要采用复制的方式节省时间，例如图 7-1 所示的批量复制和生产机器人。

这种场景也经常出现在我们身边，只不过很少有人提炼出这种设计思想，并运用到自己的系统开发中，就像：

- 经常使用 Ctrl+C、Ctrl+V 组合键复制和粘贴代码。

- Java 多数类中提供的 API 方法 Object clone()。

- 细胞的有丝分裂。

图 7-1

　　类似的场景并不少，但在平时的代码开发中并不容易找到这样的设计模式，甚至有时即使遇到了也会忽略。在没有阅读下文之前，可以思考有哪些场景可以用到这种设计模式。

7.3　试卷题目乱序场景

　　如图 7-2 所示，每个人都经历过考试，大部分情况都是在纸质的试卷上答题，随着互联网的兴起，也有一些考试改为上机考试。

　　从时间效率和成本上看，上机考试可以大大降低判卷的人工成本，提高判分效率。上机考试还可以提高考试的公平性，将同样的题目混排，可以更好地降低抄袭的可能性，在这种情况下对应的答案也是混排的。同样的试卷题目，如果是人工判卷，很难实现题目混排，但放在计算机上，无论是生成试卷还是判卷都能轻而易举地实现。下面就来实现这样的功能：同样一张试卷、同样的题目、同样的答案，把题目和答案全部混排。

图 7-2

7.3.1 场景模拟工程

```
cn-bugstack-design-7.0-0
└── src
    └── main
        └── java
            └── cn.bugstack.design
                ├── AnswerQuestion.java
                └── ChoiceQuestion.java
```

在模拟工程中，提供了试卷中两类题目：选择题类（ChoiceQuestion）和问答题类（AnswerQuestion）。如果是实际的业务开发，还会有更多的考试题目类型，读者在练习时可以自行添加。

7.3.2 选择题类

```
public class ChoiceQuestion {
    private String name;                    // 题目名称
```

```java
    private Map<String, String> option;  // 题目选项：A、B、C、D
    private String key;                   // 题目答案：B
    public ChoiceQuestion() {
    }
    public ChoiceQuestion(String name, Map<String, String> option, String key) {
        this.name = name;
        this.option = option;
        this.key = key;
    }
    // ...get/set
}
```

在选择题类（ChoiceQuestion）中，提供了题目名称、题目选项和题目答案三种属性。

7.3.3　问答题类

```java
public class AnswerQuestion {
    private String name;  // 问题
    private String key;   // 答案
    public AnswerQuestion() {
    }
    public AnswerQuestion(String name, String key) {
        this.name = name;
        this.key = key;
    }
    // ...get/set
}
```

在问答题类（AnswerQuestion）中，提供了问题和答案两种属性。

7.4　违背设计模式实现

按照通常的需求迭代过程，往往最开始都是非常简单的，也是非常容易实现的。需求最初的模样，只是给每位考生创建出一张试卷即可，对于这样简单的需求，如果不仔细思考，可能会把所有代码写到一个类里。

7.4.1　工程结构

```
cn-bugstack-design-7.0-1
└── src
```

```
└── main
    └── java
        └── cn.bugstack.design
            └── QuestionBankController.java
```

这个工程的结构只有一个用于生成试卷的控制类 QuestionBankController，接下来看这样的类是如何实现的。

7.4.2　所有需求都写到一个类里

```java
public class QuestionBankController {
    public String createPaper(String candidate, String number) {
        List<ChoiceQuestion> choiceQuestionList = new ArrayList<ChoiceQuestion>();
        List<AnswerQuestion> answerQuestionList = new ArrayList<AnswerQuestion>();
        Map<String, String> map01 = new HashMap<String, String>();
        map01.put("A", "JAVA2 EE");
        map01.put("B", "JAVA2 Card");
        map01.put("C", "JAVA2 ME");
        map01.put("D", "JAVA2 HE");
        map01.put("E", "JAVA2 SE");

        Map<String, String> map02 = new HashMap<String, String>();
        map02.put("A", "JAVA 程序的 main 方法必须写在类里面");
        map02.put("B", "JAVA 程序中可以有多个 main 方法");
        map02.put("C", "JAVA 程序中类名必须与文件名一样");
        map02.put("D", "JAVA 程序的 main 方法中如果只有一条语句，可以不用{}(大括号)括起来");
        Map<String, String> map03 = new HashMap<String, String>();
        map03.put("A", "变量由字母、下划线、数字、$符号随意组成");
        map03.put("B", "变量不能以数字作为开头");
        map03.put("C", "A 和 a 在 java 中是同一个变量");
        map03.put("D", "不同类型的变量，可以起相同的名字");

        Map<String, String> map04 = new HashMap<String, String>();
        map04.put("A", "STRING");
        map04.put("B", "x3x;");
        map04.put("C", "void");
        map04.put("D", "de$f");
        Map<String, String> map05 = new HashMap<String, String>();
        map05.put("A", "31");
        map05.put("B", "0");
```

```
map05.put("C", "1");
map05.put("D", "2");
choiceQuestionList.add
    (new ChoiceQuestion("JAVA 所定义的版本中不包括", map01, "D"));
choiceQuestionList.add(new ChoiceQuestion("下列说法正确的是", map02, "A"));
choiceQuestionList.add
    (new ChoiceQuestion("变量命名规范说法正确的是", map03, "B"));
choiceQuestionList.add
    (new ChoiceQuestion("以下()不是合法的标识符", map04, "C"));
choiceQuestionList.add
    (new ChoiceQuestion("表达式(11+3*8)/4%3 的值是", map05, "D"));
answerQuestionList.add
    (new AnswerQuestion("小红马和小黑马生的小马有几条腿", "4 条腿"));
answerQuestionList.add
    (new AnswerQuestion("铁棒打头疼还是木棒打头疼", "头最疼"));
answerQuestionList.add(new AnswerQuestion("什么床不能睡觉", "牙床"));
answerQuestionList.add
    (new AnswerQuestion("为什么好马不吃回头草", "后面的草没了"));
// 输出结果
StringBuilder detail = new StringBuilder("考生: " + candidate + "\r\n" +
        "考号: " + number + "\r\n" +
        "---------------------------------------\r\n" +
        "一、选择题" + "\r\n\n");
for (int idx = 0; idx < choiceQuestionList.size(); idx++) {
    detail.append("第").append(idx + 1).append("题: ").append
        (choiceQuestionList.get(idx).getName()).append("\r\n");
    Map<String, String> option = choiceQuestionList.get(idx).getOption();
    for (String key : option.keySet()) {
        detail.append(key).append(": ").append(option.get(key)).append
            ("\r\n");
        ;
    }
    detail.append("答案: ").append
        (choiceQuestionList.get(idx).getKey()).append("\r\n\n");
}
detail.append("二、问答题" + "\r\n\n");
```

```
    for (int idx = 0; idx < answerQuestionList.size(); idx++) {
        detail.append("第").append(idx + 1).append("题: ").append
            (answerQuestionList.get(idx).getName()).append("\r\n");
        detail.append("答案: ").append(answerQuestionList.get(idx).
            gctKey()).append("\r\n\n");
    }
    return detail.toString();
    }
}
```

以上的代码主要包括三部分内容：将选择题和问答题创建到集合中，定义详情字符串包装结果，返回结果内容。单从代码阅读角度来看，这样的代码并不复杂，且更易于理解。因为它的编程方式不面向对象，只面向程序过程，业务逻辑需要什么就直接写什么。不考虑扩展性，能运行即可。但这段代码没有实现题目和答案乱序的功能，最终所有人的试卷题目的顺序都是一样的。如果需要增加混排题目功能，则代码实现就会非常混乱。

7.4.3 测试验证

1. 单元测试

```
@Test
public void test_QuestionBankController() {
    QuestionBankController questionBankController = new QuestionBankController();
    System.out.println(questionBankController.createPaper("花花", "1000001921032"));
    System.out.println(questionBankController.createPaper("豆豆", "1000001921051"));
    System.out.println(questionBankController.createPaper("大宝", "1000001921987"));
}
```

在单元测试中，调用了三次创建试卷的方法 questionBankController.createPaper，给三位考生创建了三张试卷。

2. 测试结果

```
考生：花花
考号：1000001921032
------------------------------------------
一、选择题
第 1 题：JAVA 所定义的版本中不包括
A: JAVA2 EE
B: JAVA2 Card
```

C：JAVA2 ME

D：JAVA2 HE

E：JAVA2 SE

答案：D

第2题：下列说法正确的是

A：JAVA 程序的 main 方法必须写在类里面

B：JAVA 程序中可以有多个 main 方法

C：JAVA 程序中类名必须与文件名一样

D：JAVA 程序的 main 方法中如果只有一条语句，可以不用{ }(大括号)括起来

答案：A

第3题：变量命名规范说法正确的是

A：变量由字母、下划线、数字、$符号随意组成

B：变量不能以数字作为开头

C：A 和 a 在 java 中是同一个变量

D：不同类型的变量，可以起相同的名字

答案：B

第4题：以下( )不是合法的标识符

A：STRING

B：x3x；

C：void

D：de$f

答案：C

第5题：表达式(11+3*8)/4%3 的值是

A：31

B：0

C：1

D：2

答案：D

二、问答题

第1题：小红马和小黑马生的小马有几条腿

答案：4 条腿

第2题：铁棒打头疼还是木棒打头疼

答案：头最疼

第3题：什么床不能睡觉

答案：牙床

第4题：为什么好马不吃回头草

答案：后面的草没了

考生：豆豆

考号：1000001921051

一、选择题

第1题：JAVA 所定义的版本中不包括

A：JAVA2 EE

B：JAVA2 Card

C：JAVA2 ME

D：JAVA2 HE

E：JAVA2 SE

答案：D

第 2 题：下列说法正确的是

A：JAVA 程序的 main 方法必须写在类里面

B：JAVA 程序中可以有多个 main 方法

C：JAVA 程序中类名必须与文件名一样

D：JAVA 程序的 main 方法中如果只有一条语句，可以不用{}(大括号)括起来

答案：A

第 3 题：变量命名规范说法正确的是

A：变量由字母、下划线、数字、$符号随意组成

B：变量不能以数字作为开头

C：A 和 a 在 java 中是同一个变量

D：不同类型的变量，可以起相同的名字

答案：B

第 4 题：以下()不是合法的标识符

A：STRING

B：x3x;

C：void

D：de$f

答案：C

第 5 题：表达式(11+3*8)/4%3 的值是

A：31

B：0

C：1

D：2

答案：D

二、问答题

第 1 题：小红马和小黑马生的小马有几条腿

答案：4 条腿

第 2 题：铁棒打头疼还是木棒打头疼

答案：头最疼

第 3 题：什么床不能睡觉

答案：牙床

第 4 题：为什么好马不吃回头草

答案：后面的草没了

考生：大宝

考号：1000001921987

一、选择题

第 1 题：JAVA 所定义的版本中不包括

A：JAVA2 EE

B：JAVA2 Card

C：JAVA2 ME

D：JAVA2 HE

E：JAVA2 SE

答案：D

第 2 题：下列说法正确的是

A：JAVA 程序的 main 方法必须写在类里面

B：JAVA 程序中可以有多个 main 方法

C：JAVA 程序中类名必须与文件名一样

D：JAVA 程序的 main 方法中如果只有一条语句，可以不用{}(大括号)括起来

答案：A

第 3 题：变量命名规范说法正确的是

A：变量由字母、下划线、数字、$符号随意组成

B：变量不能以数字作为开头

C：A 和 a 在 java 中是同一个变量

D：不同类型的变量，可以起相同的名字

答案：B

第 4 题：以下()不是合法的标识符

A：STRING

B：x3x;

C：void

D：de$f

答案：C

第 5 题：表达式(11+3*8)/4%3 的值是

A：31

B：0

C：1

D：2

答案：D

二、问答题

第 1 题：小红马和小黑马生的小马有几条腿

答案：4 条腿

第 2 题：铁棒打头疼还是木棒打头疼

答案：头最疼

第 3 题：什么床不能睡觉

答案：牙床

第 4 题：为什么好马不吃回头草

答案：后面的草没了

Process finished with exit code 0

以上是花花、豆豆和大宝三位考生的试卷：每个人的试卷内容是一样的，三个人的题目及答案顺序也一样，没有达到混排的要求。而且以上这样的代码很难扩展，随着题目的不断增加及乱序功能的补充，都会让这段代码变得越来越混乱。另外，这三张试卷本身题目一致，但在程序的实现方面，每次都需要创建题目信息，这相当于反复从数据库或者远程 RPC 接口中获取数据，会浪费服务资源。

7.5 原型模式重构代码

原型模式主要解决的问题是创建大量的重复对象，而这里模拟的场景同样是需要给不同的考生创建相同的试卷，但在创建过程中，这些试卷的题目不应该每次都从数据库或者远程 RPC 接口中获取。这些操作都是非常耗时的，而且随着创建对象的增多，将严重降低创建效率。

另外，在解决获取相同试卷题目的问题后，还需要将试卷的题目与答案混排。而这种混排的过程就可以使用原型模式。在原型模式中，需要的重要技术手段是复制，而在需要用到复制的类中需要实现 implements Cloneable 接口。

7.5.1 工程结构

```
cn-bugstack-design-7.0-2
└── src
    ├── main
    │   └── java
    │       └── cn.bugstack.design
    │           ├── util
    │           │   ├── Topic.java
    │           │   └── TopicRandomUtil.java
    │           ├── QuestionBank.java
    │           └── QuestionBankController.java
    └── test
        └── java
            └── cn.bugstack.design.test
                └── ApiTest.java
```

原型模式代码类关系如图 7-3 所示。

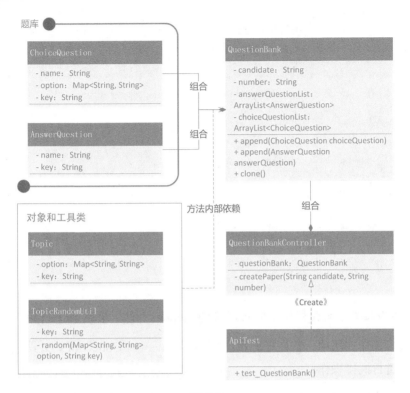

图 7-3

重构后的整个工程结构并不复杂，主要包括如下内容：

- 题目类 ChoiceQuestion、AnswerQuestion 被用在题库创建中；

- 针对每一张试卷，都会复制。复制完成后，将试卷的题目及相应的答案混排。这里提供了工具包 TopicRandomUtil。

- 核心的题库类 QuestionBank 主要负责将各个题目进行组装，最终输出试卷。

7.5.2　题目混排工具包

```
public class TopicRandomUtil {
    /**
     * 混排 Map 元素，记录对应答案 key
     * @param option 题目
     * @param key     答案
     * @return Topic 混排后 {A=c., B=d., C=a., D=b.}
     */
```

```
static public Topic random(Map<String, String> option, String key) {
    Set<String> keySet = option.keySet();
    ArrayList<String> keyList = new ArrayList<String>(keySet);
    Collections.shuffle(keyList);
    HashMap<String, String> optionNew = new HashMap<String, String>();
    int idx = 0;
    String keyNew = " ";
    for (String next : keySet) {
        String randomKey = keyList.get(idx++);
        if (key.equals(next)) {
            keyNew = randomKey;
        }
        optionNew.put(randomKey, option.get(next));
    }
    return new Topic(optionNew, keyNew);
}
}
```

考题答案混排的工具包提供了实现混排的 random 方法。其核心逻辑如下：

- 在混排操作方法中，首先把题目选项使用 Java 中 Collections 工具包里的 shuffle 方法进行混排操作；

- 记录混排后正确答案的位置 key.equals(next)，最终返回新的题目选项单 Topic；

- 混排的过程也就是把 A 的选项内容给 B、把 B 的选项内容给 C，同时把正确答案位置标记出来。

7.5.3　题库复制对象类

```
public class QuestionBank implements Cloneable {
    private String candidate; // 考生
    private String number;     // 考号
    private ArrayList<ChoiceQuestion> choiceQuestionList
        = new ArrayList<ChoiceQuestion>();
    private ArrayList<AnswerQuestion> answerQuestionList
        = new ArrayList<AnswerQuestion>();
    public QuestionBank append(ChoiceQuestion choiceQuestion) {
        choiceQuestionList.add(choiceQuestion);
        return this;
    }
    public QuestionBank append(AnswerQuestion answerQuestion) {
```

```java
        answerQuestionList.add(answerQuestion);
        return this;
    }
    @Override
    public Object clone() throws CloneNotSupportedException {
        QuestionBank questionBank = (QuestionBank) super.clone();
        questionBank.choiceQuestionList
            = (ArrayList<ChoiceQuestion>) choiceQuestionList.clone();
        questionBank.answerQuestionList
            = (ArrayList<AnswerQuestion>) answerQuestionList.clone();
        // 题目混排
        Collections.shuffle(questionBank.choiceQuestionList);
        Collections.shuffle(questionBank.answerQuestionList);
        // 答案混排
        ArrayList<ChoiceQuestion> choiceQuestionList
            = questionBank.choiceQuestionList;
        for (ChoiceQuestion question : choiceQuestionList) {
            Topic random = TopicRandomUtil.random
                (question.getOption(), question.getKey());
            question.setOption(random.getOption());
            question.setKey(random.getKey());
        }
        return questionBank;
    }
    public void setCandidate(String candidate) {
        this.candidate = candidate;
    }
    public void setNumber(String number) {
        this.number = number;
    }
    @Override
    public String toString() {
        StringBuilder detail = new StringBuilder("考生: " + candidate + "\r\n" +
                "考号: " + number + "\r\n" +
                "---------------------------------------------\r\n" +
                "一、选择题" + "\r\n\n");
        for (int idx = 0; idx < choiceQuestionList.size(); idx++) {
            detail.append("第").append(idx + 1).append("题: ").append
                (choiceQuestionList.get(idx).getName()).append("\r\n");
            Map<String, String> option = choiceQuestionList.get(idx).getOption();
            for (String key : option.keySet()) {
                detail.append(key).append(": ").append(option.get(key)).append("
```

```
        \r\n");;
    }
    detail.append("答案: ").append(choiceQuestionList.get(idx).getKey().
        append("\r\n\n");
}
detail.append("二、问答题" + "\r\n\n");
for (int idx = 0; idx < answerQuestionList.size(); idx++) {
    detail.append("第").append(idx + 1).append("题: ").append
        (answerQuestionList.get(idx).getName()).append("\r\n");
    detail.append("答案: ").append(answerQuestionList.get(idx).getKey().
        append("\r\n\n");
}
    return detail.toString();
    }
}
```

这个类中的操作内容主要包括以下三个方面：

- 两个 append()对各项题目的添加有点像在建造者模式中使用的方式——添加装修材料。

- clone()的核心操作是复制对象，这里的复制不仅包括对象本身，也包括两个集合。只有这样的复制才能确保在操作复制对象时不影响原对象。

- 混排操作在 list 集合中有一个方法——Collections.shuffle，可以将原有集合的顺序打乱，输出一个新的顺序。这里使用此方法对题目进行混排操作。

7.5.4　初始化试卷数据

```
public class QuestionBankController {
    private QuestionBank questionBank = new QuestionBank();
    public QuestionBankController() {
        Map<String, String> map01 = new HashMap<String, String>();
        map01.put("A", "JAVA2 EE");
        map01.put("B", "JAVA2 Card");
        map01.put("C", "JAVA2 ME");
        map01.put("D", "JAVA2 HE");
        map01.put("E", "JAVA2 SE");
        Map<String, String> map02 = new HashMap<String, String>();
        map02.put("A", "JAVA 程序的 main 方法必须写在类里面");
        map02.put("B", "JAVA 程序中可以有多个 main 方法");
        map02.put("C", "JAVA 程序中类名必须与文件名一样");
```

```
        map02.put("D", "JAVA 程序的 main 方法中如果只有一条语句, 可以不用{}(大括号)括起来");
        Map<String, String> map03 = new HashMap<String, String>();
        map03.put("A", "变量由字母、下划线、数字、$符号随意组成");
        map03.put("B", "变量不能以数字作为开头");
        map03.put("C", "A 和 a 在 java 中是同一个变量");
        map03.put("D", "不同类型的变量, 可以起相同的名字");
        Map<String, String> map04 = new HashMap<String, String>();
        map04.put("A", "STRING");
        map04.put("B", "x3x;");
        map04.put("C", "void");
        map04.put("D", "de$f");
        Map<String, String> map05 = new HashMap<String, String>();
        map05.put("A", "31");
        map05.put("B", "0");
        map05.put("C", "1");
        map05.put("D", "2");
        questionBank.append(new ChoiceQuestion
            ("JAVA 所定义的版本中不包括", map01, "D"))
                .append(new ChoiceQuestion("下列说法正确的是", map02, "A"))
                .append(new ChoiceQuestion("变量命名规范说法正确的是", map03, "B"))
                .append(new ChoiceQuestion("以下()不是合法的标识符",map04, "C"))
                .append(new ChoiceQuestion("表达式(11+3*8)/4%3 的值是", map05, "D"))
                .append(new AnswerQuestion("小红马和小黑马生的小马有几条腿", "4 条腿"))
                .append(new AnswerQuestion("铁棒打头疼还是木棒打头疼", "头最疼"))
                .append(new AnswerQuestion("什么床不能睡觉", "牙床"))
                .append(new AnswerQuestion("为什么好马不吃回头草", "后面的草没了"));
    }
    public String createPaper(String candidate, String number)
        throws CloneNotSupportedException {
        QuestionBank questionBankClone = (QuestionBank) questionBank.clone();
        questionBankClone.setCandidate(candidate);
        questionBankClone.setNumber(number);
        return questionBankClone.toString();
    }
}
```

这个类的内容就比较简单了，主要提供对试卷内容的模式初始化操作（所有考生的试卷一样，但题目顺序不一致）。

对外部提供创建试卷的方法，在创建的过程中使用的是复制的方式（QuestionBank）questionBank.clone();，并最终返回试卷信息。

7.5.5 测试验证

1. 单元测试

```
@Test
public void test_QuestionBank() throws CloneNotSupportedException {
    QuestionBankController questionBankController = new QuestionBankController();
    System.out.println(questionBankController.createPaper("花花", "1000001921032"));
    System.out.println(questionBankController.createPaper("豆豆", "1000001921051"));
    System.out.println(questionBankController.createPaper("大宝", "1000001921987"));
}
```

2. 测试结果

考生：花花

考号：1000001921032

一、选择题

第 1 题：以下 () 不是合法的标识符

A：void

B：de$f

C：x3x;

D：STRING

答案：A

第 2 题：表达式 (11+3*8)/4%3 的值是

A：1

B：31

C：0

D：2

答案：D

第 3 题：变量命名规范说法正确的是

A：不同类型的变量，可以起相同的名字

B：变量不能以数字作为开头

C：变量由字母、下划线、数字、$符号随意组成

D：A 和 a 在 java 中是同一个变量

答案：B

第 4 题：JAVA 所定义的版本中不包括

A：JAVA2 HE

B：JAVA2 ME

C：JAVA2 Card

D：JAVA2 EE

E：JAVA2 SE

答案：A

第 5 题：下列说法正确的是

A：JAVA 程序的 main 方法中如果只有一条语句，可以不用{}(大括号)括起来

B：JAVA 程序的 main 方法必须写在类里面

C：JAVA 程序中可以有多个 main 方法

D：JAVA 程序中类名必须与文件名一样

答案：B

二、问答题

第 1 题：小红马和小黑马生的小马有几条腿

答案：4 条腿

第 2 题：为什么好马不吃回头草

答案：后面的草没了

第 3 题：铁棒打头疼还是木棒打头疼

答案：头最疼

第 4 题：什么床不能睡觉

答案：牙床

考生：豆豆

考号：1000001921051

一、选择题

第 1 题：变量命名规范说法正确的是

A：不同类型的变量，可以起相同的名字

B：A 和 a 在 java 中是同一个变量

C：变量由字母、下划线、数字、$符号随意组成

D：变量不能以数字作为开头

答案：D

第 2 题：以下()不是合法的标识符

A：de$f

B：STRING

C：void

D：x3x;

答案：C

第 3 题：JAVA 所定义的版本中不包括

A：JAVA2 ME

B：JAVA2 SE

C：JAVA2 EE

D：JAVA2 Card

E：JAVA2 HE

答案：E

第 4 题：下列说法正确的是

A：JAVA 程序的 main 方法中如果只有一条语句，可以不用{}(大括号)括起来

B：JAVA 程序中类名必须与文件名一样

C：JAVA 程序中可以有多个 main 方法

D：JAVA 程序的 main 方法必须写在类里面

答案：D

第 5 题：表达式(11+3*8)/4%3 的值是

A：0

B：2

C：31

D：1

答案：B

二、问答题

第 1 题：小红马和小黑马生的小马有几条腿

答案：4 条腿

第 2 题：铁棒打头疼还是木棒打头疼

答案：头最疼

第 3 题：为什么好马不吃回头草

答案：后面的草没了

第 4 题：什么床不能睡觉

答案：牙床

考生：大宝

考号：1000001921987

一、选择题

第 1 题：以下 ( ) 不是合法的标识符

A：x3x；

B：STRING

C：void

D：de$f

答案：C

第 2 题：下列说法正确的是

A：JAVA 程序中类名必须与文件名一样

B：JAVA 程序的 main 方法必须写在类里面

C：JAVA 程序的 main 方法中如果只有一条语句，可以不用 {} (大括号) 括起来

D：JAVA 程序中可以有多个 main 方法

答案：B

第 3 题：变量命名规范说法正确的是

A：A 和 a 在 java 中是同一个变量

B：不同类型的变量，可以起相同的名字

C：变量不能以数字作为开头

D：变量由字母、下划线、数字、$符号随意组成

答案：C

第 4 题：表达式 (11+3*8)/4%3 的值是

A：31

B：2

C：0

D：1

答案：B

第 5 题：JAVA 所定义的版本中不包括

A：JAVA2 ME

B：JAVA2 Card

C：JAVA2 HE

D：JAVA2 EE

E：JAVA2 SE

答案：C

二、问答题

第1题：为什么好马不吃回头草

答案：后面的草没了

第2题：什么床不能睡觉

答案：牙床

第3题：小红马和小黑马生的小马有几条腿

答案：4 条腿

第4题：铁棒打头疼还是木棒打头疼

答案：头最疼

```
Process finished with exit code 0
```

从以上的输出结果可以看到，每位考生的题目和答案都是有差异的，如图 7-4 所示。

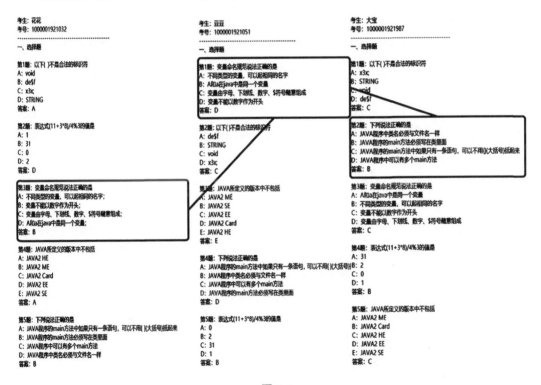

图 7-4

7.6 本章总结

　　以上的实际业务场景模拟了原型模式在开发中的作用。因为原型模式的使用频率不是很高，所以如果有一些特殊场景需要使用，可以按照此设计模式优化。另外，原型设计模式的优点包括：便于通过克隆方式创建复杂对象，也可以避免重复初始化，不需要与类中所属的其他类耦合等。但也有一些缺点，如果对象中包括了循环引用的复制，以及类中深度使用对象的复制，都会使此模式变得非常麻烦。设计模式终究是一种设计思想，只有在不同的场景中合理地运用才能提升整体架构的质量。永远不要想着生硬地套用设计模式，否则将会导致过渡设计，并在满足业务反复变化的需求时造成开发浪费，增加维护成本。另外，初期是代码的优化，中期是设计模式的使用，后期是把控全局服务的搭建。只有不断地加强自己对全局能力的把控，才能加深自己对细节处理的理解。

第8章

单例模式

8.1 码农心得

> 方向不对，努力白费。

有些人平常也付出了很多时间学习，但没有取得多少效果。很多研发人员问我，该怎样学习一个之前没有接触过的技术？以我个人的经验，先不要学太多理论性的内容，而是要多尝试实践操作验证。这就像买了自行车，是先拆了看看运转原理是什么，还是先骑起来转几圈呢？

> 书不是看的，是用的。

关于新知识的学习方法，有很多初入研发编程行业的人员会有疑虑，就像明明看了、看的时候也懂了，但到实际使用的时候却用不上？其实这涉及对知识的理解程度，更重要的是动手实践能力。有的研发人员往往把看视频学习当作看电影，把看书学习当作看故事，在学习过程中没有经过深度思考，也没有实践操作，所以也就没有学会这些知识。只有把它用起来，逐字逐句地深挖，一点一滴地探求，把各项遇到的盲点全部扫清，才能真正掌握这些技能。

8.2 单例模式介绍

单例模式是整个设计中比较简单的模式，即使没有看过设计模式的相关资料，也会经常用在实际业务的编码开发中。因为在编程开发中经常会遇到这种场景——需要保证一个类只有一个实例，哪怕多线程同时访问，而且需要提供一个全局访问此实例的点。可以总结出一条经验，单例模式主要解决的是一个全局使用的类，被频繁地创建与销毁，从而提升代码的整体性能，如图 8-1 所示，孙悟空可以用猴毛实例化变出很多只猴子。

图 8-1

8.3　案例场景介绍

单例模式适用的场景非常简单，是在日常开发中能遇到的，如数据库的连接池不会反复创建，Spring 中一个单例模式 Bean 的生成和使用，代码中需要设置全局的一些属性并保存。

8.4　七种单例模式实现方式

单例模式的实现方式比较多，主要分为在实现上是否支持懒汉模式，是否支持在线程安全中运用各项技巧。当然，也有一些场景不需要考虑懒汉模式的情况，会直接使用 static 静态类或属性和方法的方式，供外部调用。

接下来通过不同方式的实现，讲解单例模式。

8.4.1　静态类使用

```
public class Singleton_00 {
```

```
public static Map<String,String> cache = new ConcurrentHashMap<String, String>();
}
```

这种静态类方式在日常的业务开发中很常见,它可以在第一次运行时直接初始化 Map
类,同时也不需要直到延迟加载再使用。在不需要维持任何状态的情况下,仅仅用于全局
访问,使用静态类方式更加方便。在需要被继承及维持一些特定状态的情况下,适合使用
单例模式。

8.4.2　懒汉模式(线程不安全)

```
public class Singleton_01 {
    private static Singleton_01 instance;
    private Singleton_01() {
    }
    public static Singleton_01 getInstance(){
        if (null != instance) return instance;
        instance = new Singleton_01();
        return instance;
    }
}
```

单例模式有一个特点是不允许外部直接创建,也就是 new Singleton_01(),因此这里
在默认的构造函数上添加了私有属性 private。虽然采用此种方式的单例满足了懒汉模式,
但是如果有多个访问者同时获取对象实例,就会造成多个同样的实例并存,没有达到单例
的要求。

8.4.3　懒汉模式(线程安全)

```
public class Singleton_02 {
    private static Singleton_02 instance;
    private Singleton_02() {
    }
    public static synchronized Singleton_02 getInstance(){
        if (null != instance) return instance;
        instance = new Singleton_02();
        return instance;
    }
}
```

此种模式虽然是安全的,但由于把锁加到方法中后,所有的访问因为需要锁占用,导
致资源浪费。除非在特殊情况下,否则不建议用此种方式实现单例模式。

8.4.4 饿汉模式（线程安全）

```java
public class Singleton_03 {
    private static Singleton_03 instance = new Singleton_03();
    private Singleton_03() {
    }
    public static Singleton_03 getInstance() {
        return instance;
    }
}
```

这种方式与开头的第一个实例化 Map 基本一致，在程序启动时直接运行加载，后续有外部需要使用时获取即可。这种方式并不是懒加载，也就是说无论程序中是否用到这样的类，都会在程序启动之初进行创建。这种方式造成的问题就像一款游戏软件，可能游戏地图还没有打开，但是程序已经将这些地图全部实例化。在手机上最明显的体验就是打开游戏提示内存满了，造成手机卡顿。

8.4.5 使用类的内部类（线程安全）

```java
public class Singleton_04 {
    private static class SingletonHolder {
        private static Singleton_04 instance = new Singleton_04();
    }
    private Singleton_04() {
    }
    public static Singleton_04 getInstance() {
        return SingletonHolder.instance;
    }
}
```

使用类的静态内部类实现的单例模式，既保证了线程安全，又保证了懒汉模式，同时不会因为加锁而降低性能。这主要是因为 JVM 虚拟机可以保证多线程并发访问的正确性，也就是一个类的构造方法在多线程环境下可以被正确地加载。这也是推荐使用的一种单例模式。

8.4.6 双重锁校验（线程安全）

```java
public class Singleton_05 {
    private static volatile Singleton_05 instance;
```

```
    private Singleton_05() {
    }
    public static Singleton_05 getInstance(){
        if(null != instance) return instance;
        synchronized (Singleton_05.class){
            if (null == instance){
                instance = new Singleton_05();
            }
        }
        return instance;
    }
}
```

双重锁的方式是方法级锁的优化，减少了获取实例的耗时。同时，这种方式也满足了懒汉模式。

8.4.7　CAS "AtomicReference"（线程安全）

```
public class Singleton_06 {
    private static final AtomicReference<Singleton_06> INSTANCE
        = new AtomicReference<Singleton_06>();
    private static Singleton_06 instance;
    private Singleton_06() {
    }
    public static final Singleton_06 getInstance() {
        for (; ; ) {
            Singleton_06 instance = INSTANCE.get();
            if (null != instance) return instance;
            INSTANCE.compareAndSet(null, new Singleton_06());
            return INSTANCE.get();
        }
    }
    public static void main(String[] args) {
        // cn.bugstack.design.Singleton_06@2b193f2d
        System.out.println(Singleton_06.getInstance());
        // cn.bugstack.design.Singleton_06@2b193f2d
        System.out.println(Singleton_06.getInstance());
    }
}
```

Java 并发库提供了很多原子类支持并发访问的数据安全性，如：AtomicInteger、AtomicBoolean、AtomicLong 和 AtomicReference。AtomicReference<V> 可以封装引用一

个 V 实例，上面支持并发访问的单例模式就是利用了这种特性。使用 CAS 的好处是不需要使用传统的加锁方式，而是依赖 CAS 的忙等算法、底层硬件的实现保证线程安全。相对于其他锁的实现，没有线程的切换和阻塞也就没有了额外的开销，并且可以支持较大的并发。当然，CAS 也有一个缺点就是忙等，如果一直没有获取到，会陷于死循环。

8.4.8　Effective Java 作者推荐的枚举单例（线程安全）

```java
public enum Singleton_07 {
    INSTANCE;
    public void test(){
        System.out.println("hi~");
    }
}
```

Joshua J. Bloch 是美国著名的程序员，他为 Java 平台设计并实现了许多功能，曾担任 Google 公司的首席 Java 架构师，是 Effective Java 的作者。

Joshua J. Bloch 推荐使用枚举的方式解决单例模式，此种方式可能是平时最少用到的。这种方式解决了最主要的线程安全、自由串行化和单一实例问题。调用方式如下：

```java
@Test
public void test() {
    Singleton_07.INSTANCE.test();
```

这种写法虽然在功能上与共有域的方法接近，但是它更简洁。即使在面对复杂的串行化或反射攻击时，也无偿地提供了串行化机制，绝对防止对此实例化。虽然这种方式还没有被广泛采用，但是单元素的枚举类型已经成为实现 Singleton 的最佳方法。

同时，我们也要知道在存在继承的场景下，此种方式是不可用的。

8.5　本章总结

虽然单例模式只是一个很平常的模式，但在各种的实现上却需要用到 Java 的基本功，包括懒汉模式、饿汉模式、线程是否安全、静态类、内部类、加锁和串行化等。在日常开发中，如果可以确保此类是全局可用的，则不需要懒汉模式，那么直接创建并给外部调用即可。但如果有很多的类，有些需要在用户触发一定的条件后才显示，那么一定要用懒汉模式。对于线程的安全，可以按需选择。

第 9 章

适配器模式

9.1　码农心得

研发人员在编程开发时，除了编写正常流程，更多的时候会考虑异常流程。就像脑筋急转弯：树上有 7 只鸟，打死 1 只树上还剩下几只？我们可能会说，其他鸟飞走了，树上没有了。但在实际的编程开发中会考虑更多的情况，比如剩下 6 只鸟是真鸟还是假鸟、它们听力有没有障碍、有没有被绑在树上、枪声是否把其余 6 只震晕等。而这些奇怪的情况往往也是用户的行为体现到程序编码里的反映。

有些程序员在工作一段时间后都会想办法提升自己的技术栈能力，也是为了后续可以写出更好的程序。通常会尝试阅读一些源码，如 Spring、MyBatis、Dubbo 等。但在阅读时会发现，这件事并不那么容易。因为一个框架源码随着不断地迭代，会变得越来越复杂；同时，在框架代码中不仅用到很多的设计模式，其至有时根本不是一个模式的单独使用，而是多种设计模式的综合运用。这与大部分研发人员平时开发的 CRUD 不一样，如果都是从上到下用 if 语句也就谈不上什么框架了。就像在 Spring 的源码中搜索关键字 Adapter，就会出现很多实现类，例如 UserCredentialsDataSourceAdapter。所以，阅读源码的学习复杂度就会增加。为了学会这些知识，需要研发人员不断地夯实基础，通过实践验证，把合适的技术运用到自己的业务代码中。

9.2　适配器模式介绍

适配器模式的主要作用是把原本不兼容的接口通过适配修改做到统一，方便调用方使用，如图 9-1 所示，变速箱通过不同齿轮之间的啮合，实现与不同转速的齿轮适配。

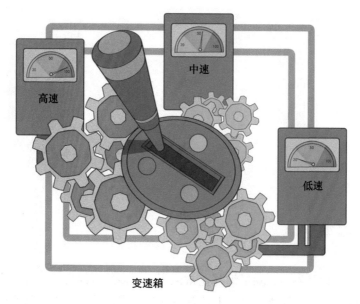

图 9-1

　　就像日常生活中用到的万能充电器、数据线和笔记本的转换接头，它们都为适配各种不同的接口进行了兼容，如图 9-2 所示。

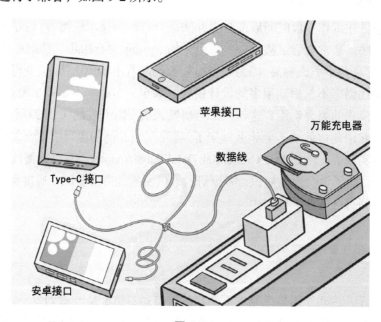

图 9-2

除了日常生活中出现的各种物件适配的场景，在业务代码的开发中会有哪些场景呢？

在业务开发中，经常需要做不同接口的兼容，尤其是中台服务。中台需要把各个业务线的类型服务统一包装，再对外提供接口。

9.3　MQ 消息体兼容场景

随着公司业务的不断扩展，基础架构系统逐步成型，业务运营就需要开始做新用户的拉新和老用户的促活，从而保障 DAU 的增速，以及最终实现 ROI 转换，如图 9-3 所示。

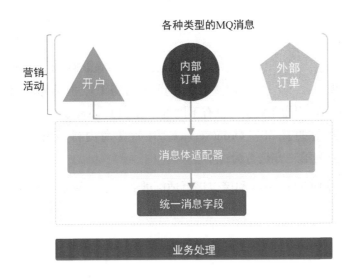

图 9-3

这时就需要做一些营销系统，常见的有裂变、拉客，如邀请一位用户开户，或者邀请一位用户下单，平台就会返利，并且多邀多得。同时，随着拉新量的增多，平台开始设置每月首单返现等奖励。

开发这样一个营销系统就会遇到各种各样的 MQ 消息或接口，如果逐个开发，会耗费很高的成本，同时后期的扩展也有一定的难度。此时会希望有一个系统，配置后就能把外部的 MQ 接入，这些 MQ 就像上面提到的注册开户消息、商品下单消息等。而适配器的思想也恰恰可以运用在这里。需要强调的是，适配器不只可以适配接口，还可以适配一些属性信息。

9.3.1　场景模拟工程

```
cn-bugstack-design-9.0-0
└── src
    └── main
        └── java
            └── cn.bugstack.design
                ├── mq
                │   ├── create_account.java
                │   ├── OrderMq.java
                │   └── POPOrderDelivered.java
                └── service
                    ├── OrderService.java
                    └── POPOrderService.java
```

这里模拟了三个不同类型的 MQ 消息：create_account、OrderMq 和 POPOrderDelive-red。在消息体中有一些必要的字段，如用户 ID、时间和业务 ID，但是每个 MQ 的字段名称并不同，就像用户 ID 在不同的 MQ 里也有不同的字段 uId、userId 等一样。另外，这里还提供了两种不同类型的接口：OrderService 用于查询内部订单的下单数量，POPOrderService 用于查询第三方是否为首单。

后面需要把这些不同类型的 MQ 和接口进行适配兼容，这种场景在开发中也很常见。

9.3.2　注册开户 MQ

```java
public class create_account {
    private String number;        // 开户编号
    private String address;       // 开户地
    private Date accountDate;      // 开户时间
    private String desc;          // 开户描述
    // ... get/set
}
```

在注册开户 MQ 消息体中，提供了四个核心属性：开户编号、开户地、开户时间和开户描述。

9.3.3　内部订单 MQ

```java
public class OrderMq {
    private String uid;           // 用户 ID
```

```
    private String sku;              // 商品编号
    private String orderId;          // 订单 ID
    private Date createOrderTime;    // 下单时间
    // ... get/set
}
```

在内部订单 MQ 的消息体中，提供了四个核心属性：用户 ID、商品编号、订单 ID 和下单时间。

9.3.4　第三方订单 MQ

```
public class POPOrderDelivered {
    private String uId;              // 用户 ID
    private String orderId;          // 订单号
    private Date orderTime;          // 下单时间
    private Date sku;                // 商品编号
    private Date skuName;            // 商品名称
    private BigDecimal decimal;      // 商品金额
    // ... get/set
}
```

在第三方订单 MQ 的消息体中，提供了六个核心属性：用户 ID、订单号、下单时间、商品编号、商品名称和商品金额。

9.3.5　查询用户内部下单数量接口

```
public class OrderService {
    private Logger logger = LoggerFactory.getLogger(POPOrderService.class);
    public long queryUserOrderCount(String userId){
        logger.info("内部商家，查询用户的下单数量：{}", userId);
        return 10L;
    }
}
```

这个接口主要用于查询用户在内部商家的下单数量。

9.3.6　查询用户第三方下单首单接口

```
public class POPOrderService {
    private Logger logger = LoggerFactory.getLogger(POPOrderService.class);
    public boolean isFirstOrder(String uId) {
        logger.info("POP 商家，查询用户的订单是否为首单：{}", uId);
```

```
        return true;
    }
}
```

这个接口主要用于查询第三方订单是否为首单。

以上几项是不同的 MQ 及其接口的实现，后面将给这些 MQ 消息和接口做相应的适配，使程序的调用逻辑达到统一。

9.4　违背设计模式实现

在大部分时候，各种 MQ 消息都在创建一个类用于消费，将它的 MQ 消息属性转换给自己的方法。

接下来同样先给出这种方式的实现过程，但是这里存在一个很大的问题：当 MQ 消息越来越多时，甚至达到几十个、几百个 MQ 消息后，中台服务应如何优化呢？

9.4.1　工程结构

```
cn-bugstack-design-9.0-1
└── src
    └── main
        └── java
            └── cn.bugstack.design
                └── create_accountMqService.java
                └── OrderMqService.java
                └── POPOrderDeliveredService.java
```

这个工程中需要接收三个 MQ 消息，所以就有了三个对应的类 create_accountMqService、OrderMqService、POPOrderDeliveredService。这和平时的代码几乎一样，如果 MQ 消息数量不多，则这种写法没什么问题；但如果是中台服务，随着对接服务数量的增加，需要考虑用一些设计模式来解决。

9.4.2　MQ 接收消息实现

```
public class create_accountMqService {
    public void onMessage(String message) {
        create_account mq = JSON.parseObject(message, create_account.class);
        mq.getNumber();
```

```
        mq.getAccountDate();
        // ... 处理自己的业务
    }
}
public class OrderMqService {
    public void onMessage(String message) {
        OrderMq mq = JSON.parseObject(message, OrderMq.class);
        mq.getUid();
        mq.getOrderId();
        mq.getCreateOrderTime();
        // ... 处理自己的业务
    }
}
public class POPOrderDeliveredService {
    public void onMessage(String message) {
        POPOrderDelivered mq = JSON.parseObject(message, POPOrderDelivered.class);
        mq.getuId();
        mq.getOrderId();
        mq.getOrderTime();
        // ... 处理自己的业务
    }
}
```

　　这三组 MQ 的消费类都是一样的，从这里也能看到它们的字段在使用上有一些相似。研发人员能够针对不规则的需求，按照统一的标准处理，降低开发成本，提高研发效率。

9.5　适配器模式重构代码

　　适配器模式解决的主要问题是如何针对多种差异化类型的接口实现统一输出。在介绍工厂方法模式时，也提到过不同种类的奖品处理，其实也是适配器模式的应用。在本节中，还会再体现另外一个多种 MQ 消息接收的场景。把不同类型的消息中的属性字段做统一处理，便于减少后续人工硬编码方式对 MQ 的接收。如果没有开发过接收 MQ 消息的业务，会对这样的场景有些不理解。建议先了解 MQ 消息，即使没有了解，也不会影响对思路的理解。再者，本文展示的 MQ 兼容的核心部分，也是处理适配不同的类型字段。如果接收MQ 消息后，在配置不同的消费类时不希望逐个开发消费 MQ 的类，那么可以使用代理类的方式处理。

9.5.1 工程结构

```
cn-bugstack-design-9.0-2
└── src
    └── main
        └── java
            └── cn.bugstack.design
                ├── impl
                │   ├── InsideOrderService.java
                │   └── POPOrderAdapterServiceImpl.java
                ├── MQAdapter.java
                ├── OrderAdapterService.java
                └── RebateInfo.java
```

适配器代码类关系如图 9-4 所示。

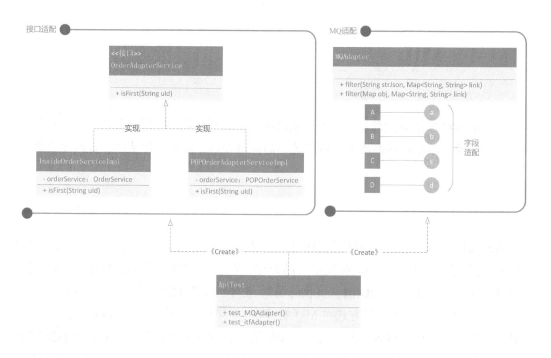

图 9-4

适配器模式的工程结构提供了两种适配方式的代码：接口适配（OrderAdapterService）和 MQ 适配（MQAdapter）。之所以不只做接口适配的案例，因为这样的开发很常见。所以把适配的思想应用到 MQ 消息体上，增加对多设计模式的认知。先做 MQ 适配，接收各种各样的 MQ 消息。当业务发展得很快时，需要下单用户满足首单条件时才给予奖励，在这种场景下再增加对接口适配的操作。

9.5.2　MQ 适配

为了满足产品功能的需求，提取此项功能中必须的字段信息，单独创建一个类 RebateInfo。后续所有的 MQ 信息都需要提供这些属性。

```
public class RebateInfo {
    private String userId;  // 用户 ID
    private String bizId;   // 业务 ID
    private Date bizTime;   // 业务时间
    private String desc;    // 业务描述
    // ... get/set
}
```

MQ 消息中会有多种多样的类型属性，虽然它们都同样提供给使用方，但是如果都这样接入，那么当 MQ 消息特别多时就会很耗时。所以，在这个案例中定义了通用的 MQ 消息体，后续把所有接入进来的消息进行统一的处理。

MQ 消息统一适配类。

```
public class MQAdapter {
    public static RebateInfo filter(String strJson, Map<String, String> link) throws
        NoSuchMethodException, InvocationTargetException, IllegalAccessException {
        return filter(JSON.parseObject(strJson, Map.class), link);
    }
    public static RebateInfo filter(Map obj, Map<String, String> link) throws NoSuch
        MethodException, InvocationTargetException, IllegalAccessException {
        RebateInfo rebateInfo = new RebateInfo();
        for (String key : link.keySet()) {
            Object val = obj.get(link.get(key));
            RebateInfo.class.getMethod("set" + key.substring(0, 1).toUpperCase() +
                key.substring(1), String.class).invoke(rebateInfo, val.toString());
        }
        return rebateInfo;
    }
}
```

这个类里的方法非常重要，主要用于把不同类型的 MQ 中的各种属性映射成需要的属性并返回。就像一个属性中有用户 ID uId，将其映射到需要的 userId，做统一处理。而这个处理过程需要把映射管理传递给 Map<String, String> link，也就是准确地描述了当前 MQ 中某个属性名称，映射为指定的某个属性名称。接收到的 MQ 消息基本是 JSON 格式，可以转换为 MAP 结构。最后，使用反射调用的方式对类型赋值。

9.5.3　MQ 消息适配测试验证

1. 单元测试

```
@Test
public void test_MQAdapter() throws NoSuchMethodException, IllegalAccessException,
    InvocationTargetException {
    create_account create_account = new create_account();
    create_account.setNumber("100001");
    create_account.setAddress("河北省.廊坊市.广阳区.大学里职业技术学院");
    create_account.setAccountDate(new Date());
    create_account.setDesc("在校开户");
    HashMap<String, String> link01 = new HashMap<String, String>();
    link01.put("userId", "number");
    link01.put("bizId", "number");
    link01.put("bizTime", "accountDate");
    link01.put("desc", "desc");
    RebateInfo rebateInfo01 = MQAdapter.filter(create_account.toString(), link01);
    System.out.println("mq.create_account(适配前)" + create_account.toString());
    System.out.println("mq.create_account(适配后)" + JSON.toJSONString
        (rebateInfo01));
    System.out.println("");

    OrderMq orderMq = new OrderMq();
    orderMq.setUid("100001");
    orderMq.setSku("10928092093111123");
    orderMq.setOrderId("100008890193847111");
    orderMq.setCreateOrderTime(new Date());
    HashMap<String, String> link02 = new HashMap<String, String>();
    link02.put("userId", "uid");
    link02.put("bizId", "orderId");
    link02.put("bizTime", "createOrderTime");
    RebateInfo rebateInfo02 = MQAdapter.filter(orderMq.toString(), link02);
    System.out.println("mq.orderMq(适配前)" + orderMq.toString());
    System.out.println("mq.orderMq(适配后)" + JSON.toJSONString(rebateInfo02));
}
```

这里分别模拟传入了两个不同的 MQ 消息，并设置字段的映射关系。在实际业务开发场景中，可以把这种映射配置关系交给配置文件或数据库后台，以减少编码。

2. 测试结果

```
mq.create_account(适配前){"accountDate":1591024816000,"address":"河北省.廊坊市.广阳区.
大学里职业技术学院","desc":"在校开户","number":"100001"}
mq.create_account(适配后){"bizId":"100001","bizTime":1591077840669,"desc":"在校
开户","userId":"100001"}
mq.orderMq(适配前){"createOrderTime":1591024816000,"orderId":"100000890193847111",
"sku":"10928092093111123","uid":"100001"}
mq.orderMq(适配后){"bizId":"100000890193847111","bizTime":1591077840669,"userId":
"100001"}
Process finished with exit code 0
```

可以看到，同样的字段值在实现适配前后，分别有统一的字段属性，开发时也就非常的简单了。另外，有一个非常重要的地方，除了反射的使用，还可以加入代理类，把映射的配置交给代理类，不需要手动创建类的每一个 MQ。

9.5.4 接口适配需求阐述

随着业务的发展，营销活动本身会修改，不再只是接入 MQ 就发放奖励。因为拉新的数量越来越多，需要做一些限制。因此增加了只有首单用户才发放奖励的规定，也就是每月、每年的首单或新人首次下单才发放奖励，而不是之前每一次下单都发放奖励。这时就需要对这种方式进行限制，而此时 MQ 中并没有判断首单的属性。只能通过接口进行查询，而拿到的接口如表 9-1 所示。

表 9-1

接口	描述
cn.bugstack.design.service.OrderService.queryUserOrderCount(String userId)	出参 long，查询订单数量
cn.bugstack.design.service.OrderService.POPOrderService.isFirstOrder(String uId)	出参 boolean，判断是否首单

两个接口的判断逻辑和使用方式不同，不同的接口提供方也有不同的出参。一个是直接判断是否为首单，另一个需要根据订单数量判断，因此，这里需要通过适配器的模式实现。虽然使用 if 语句也可以实现，但是这样的写法会导致后期难以维护。

9.5.5 定义统一适配接口

```
public interface OrderAdapterService {
```

```
boolean isFirst(String uId);
}
```

接口的实现需要完成此接口定义的方法，并把具体的逻辑包装到指定的类中，满足单一职责。

9.5.6　分别实现两个不同的接口

1. 内部商品接口

```
public class InsideOrderService implements OrderAdapterService {
    private OrderService orderService = new OrderService();
    public boolean isFirst(String uId) {
        return orderService.queryUserOrderCount(uId) <= 1;
    }
}
```

2. 第三方商品接口

```
public class POPOrderAdapterServiceImpl implements OrderAdapterService {
    private POPOrderService popOrderService = new POPOrderService();
    public boolean isFirst(String uId) {
        return popOrderService.isFirstOrder(uId);
    }
}
```

这两种接口都实现了各自的判断方式，尤其对于提供订单数量的接口，需要自己判断当前接到 MQ 时订单数量是否小于或等于 1，以此判断是否为首单。

> 注意：在实际的业务开发中，由于下单消息的延时，可能这种方式是不准确的。本书主要为了体现不同接口的统一适配。

最终，两种不同类型的服务接口都可以按照统一的标准判断是否为首单。

9.5.7　接口适配验证

1. 单元测试

```
@Test
public void test_itfAdapter() {
    OrderAdapterService popOrderAdapterService = new POPOrderAdapterServiceImpl();
    System.out.println("判断首单，接口适配(POP)： " + popOrderAdapterService.isFirst
        ("100001"));
    OrderAdapterService insideOrderService = new InsideOrderService();
```

```
    System.out.println("判断首单，接口适配(自营)：" + insideOrderService.isFirst
        ("100001"));
}
```

2. 测试结果

```
23:25:47.076 [main] INFO  o.i.d.design.service.POPOrderService - POP 商家，查询用户的订
单是否为首单：100001
判断首单，接口适配(POP)：true
23:25:47.079 [main] INFO  o.i.d.design.service.POPOrderService - 自营商家，查询用户的订
单是否为首单：100001
判断首单，接口适配(自营)：false
Process finished with exit code 0
```

从测试结果来看，此时的接口已经统一包装，外部使用者不需要关心内部的具体逻辑。而且在调用时，只需要传入统一的参数即可，这样就能满足适配的作用。

9.6　本章总结

从本章可以看出，即使不使用适配器模式，也可以实现这些功能。但是使用了适配器模式可以让代码更干净、整洁，减少大量重复的判断和使用，同时也让代码更易于维护和扩展。尤其对于 MQ 等多种消息体中有不同属性的同类值（abc="123"、def="123"），进行适配再加上代理类，就可以使用简单的配置方式接入对方提供的 MQ 消息，而不需要重复地开发，非常利于扩展。

本书在介绍某种设计模式时，虽然会在一些章节中涉及其他类型的设计模式，但不会重点讲解，避免喧宾夺主。在实际的使用中，往往很多设计模式是综合使用的，并不会单一出现。

第 10 章

桥接模式

10.1　码农心得

> 为什么你的代码里有那么多 if···else?

同样的业务逻辑、同样的功能需求,为何会写出来那么多的 if···else? 很多时候,一些程序员在初次承接业务需求时,往往编码技术还不熟练,使用面向过程的方式编码。这种方式在项目初期确实能快速完成交付,但是后期在维护和扩展时将十分痛苦。因为一段代码的可读性越差,它的后期维护成本就越高。

> 合理地运用设计模式可以剔除大部分 if···else 代码。

如果在代码中出现篇幅较多的 if···else,大部分原因是研发人员没有考虑使用设计模式进行优化,就像同类服务的不同接口适配包装、同类物料不同组合的建造者、多种奖品组合的营销工厂等。设计模式可以让代码中原本使用 if 判断的地方,变成一组一组的业务逻辑类和面向对象的实现过程。

要想把工程开发好,就要多从实际场景思考,解决代码复杂逻辑中的痛点,使用最合适的设计模式优化。

10.2　桥接模式介绍

桥接模式的主要作用是通过将抽象部分与实现部分分离,将多种可匹配的使用进行组合。其核心实现是在 A 类中含有 B 类接口,通过构造函数传递 B 类的实现,这个 B 类就是设计的桥。手机通过"桥"(蓝牙)可以连接玩具车、电视、冰箱和空调等智能家居,如图 10-1 所示。

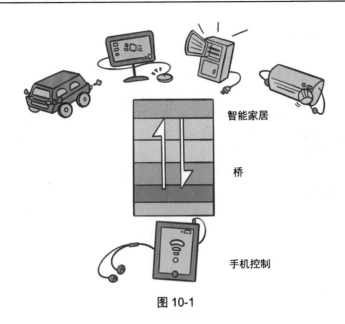

图 10-1

这样的桥接模式存在于日常开发中的哪些场景里呢？包括 JDBC 多种驱动程序的实现、同品牌类型的台式机和笔记本电脑、业务实现中的多类接口同组过滤服务等。这些场景都比较适合用桥接模式实现，因为在一些组合中，如果每一个类都实现不同的服务，可能会出现笛卡儿积，而使用桥接模式就可以变得非常简单。

10.3　多支付和多模式组合场景

在支付服务行业中，有微信、支付宝及一些其他支付服务，但是对于商家来说，并不能只接受某一种支付方式。如果商家只支持使用微信或支付宝付款，那么就会让顾客为难，商品销量也会受到影响。

这时就出现了第三方平台，它们把市面上的多种支付服务都集中到自己平台中，再把这些平台提供给店铺、超市等商家使用，同时支持人脸支付、指纹支付和密码支付等多种方式，如图 10-2 所示。

下面的案例模拟一个第三方平台承接各种支付功能，同时使用人脸支付让用户支付起来更加容易。这里就出现了多支付与多模式的组合使用，如果给每一种支付方式都实现一种支付模式，即使是继承类的方式也需要开发多个功能类，并且随着后面接入了更多的支付服务或支付方式，将呈现爆炸式扩展。

这种场景该如何实现呢？

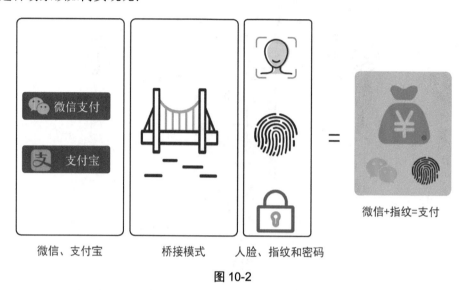

微信、支付宝　　　桥接模式　　　人脸、指纹和密码

微信+指纹=支付

图 10-2

10.4　违背设计模式实现

下面先用违背设计模式的方式实现。

10.4.1　工程结构

```
cn-bugstack-design -7-01
└── src
    └── main
        └── java
            └── cn.bugstack.demo.design
                └── PayController.java
```

在这个工程结构中只有一个服务类 PayController，里面都是 if…else，它实现了支付类型和支付模式的全部功能。

10.4.2　代码实现

```
public class PayController {
    private Logger logger = LoggerFactory.getLogger(PayController.class);
    public boolean doPay(String uId, String tradeId, BigDecimal amount, int channel
```

```
Type, int modeType) {
    // 微信支付
    if (1 == channelType) {
        logger.info(" 模 拟 微 信 渠 道 支 付 划 账 开 始 。uId：{} tradeId：{} amount：
{}", uId, tradeId, amount);

            if (1 == modeType) {
                logger.info("密码支付，风控校验环境安全");
            } else if (2 == modeType) {
                logger.info("人脸支付，风控校验脸部识别");
            } else if (3 == modeType) {
                logger.info("指纹支付，风控校验指纹信息");

            }
        }
        // 支付宝支付
        else if (2 == channelType) {
            logger.info(" 模 拟 支 付 宝 渠 道 支 付 划 账 开 始 。uId：{} tradeId：{} amount：
{}", uId, tradeId, amount);

            if (1 == modeType) {
                logger.info("密码支付，风控校验环境安全");
            } else if (2 == modeType) {
                logger.info("人脸支付，风控校验脸部识别");
            } else if (3 == modeType) {
                logger.info("指纹支付，风控校验指纹信息");

            }
        }
        return true;
    }
}
```

在 PayController 类中，有一个支付服务功能，提供必要字段：用户 ID、交易 ID、金额、渠道和模式，传递给 doPay 方法，以及控制支付类型。以上的 if…else 应该是最差的一种写法，因为即使写 if…else，也应该以优化的方式写，尽可能减少使用次数。

10.4.2　测试验证

1. 单元测试

```
@Test
public void test_pay() {
    PayController pay = new PayController();
    System.out.println("\r\n模拟测试场景：微信支付、人脸方式。");
    pay.doPay("weixin_1092033111", "100000109893", new BigDecimal(100), 1, 2);
```

```
    System.out.println("\r\n 模拟测试场景：支付宝支付、指纹方式。");
    pay.doPay("jlu19dlxo111","100000109894",new BigDecimal(100), 2, 3);
}
```

以上分别测试了两种不同的支付类型和支付模式：微信人脸支付和支付宝指纹支付。

2. 测试结果

模拟测试场景：微信支付、人脸方式。

```
14:12:00.125 [main] INFO  cn.bugstack.design.PayController - 模拟微信渠道支付划账开始。
uId: weixin_1092033111 tradeId: 100000109893 amount: 100
14:12:00.128 [main] INFO  cn.bugstack.design.PayController - 人脸支付，风控校验脸部识别
模拟测试场景：支付宝支付、指纹方式。
14:12:00.129 [main] INFO  cn.bugstack.design.PayController - 模拟支付宝渠道支付划账开始。
uId: jlu19dlxo111 tradeId: 100000109894 amount: 100
14:12:00.129 [main] INFO  cn.bugstack.design.PayController - 指纹支付，风控校验指纹信息
Process finished with exit code 0
```

从测试结果看，已经满足了不同支付类型和支付模式的组合，但是这样的代码在后面的维护以及扩展过程中都会变得非常复杂。

10.5　桥接模式重构代码

从上面的 if…else 实现方式来看，这是两种不同类型的相互组合。可以把支付类型和支付模式分离，通过抽象类依赖实现类的方式进行桥接。按照这种方式拆分后，支付方式与支付模式可以单独使用，当需要组合时，只需要把模式传递给各类支付方式。

桥接模式的关键是选择桥接点拆分，看能否找到这样类似的相互组合，如果没有就不用必须使用桥接模式。

10.5.1　工程结构

```
cn-bugstack-design-10.0-2
└── src
    ├── main
    │   └── java
    │       └── cn.bugstack.design.pay
    │           ├── channel
    │           │   ├── Pay.java
    │           │   ├── WxPay.java
```

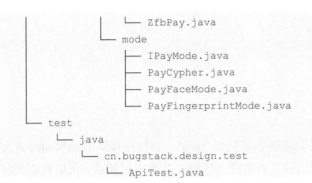

```
                    └── ZfbPay.java
                └── mode
                    ├── IPayMode.java
                    ├── PayCypher.java
                    ├── PayFaceMode.java
                    └── PayFingerprintMode.java
    └── test
        └── java
            └── cn.bugstack.design.test
                └── ApiTest.java
```

桥接模式代码类关系如图 10-3 所示。

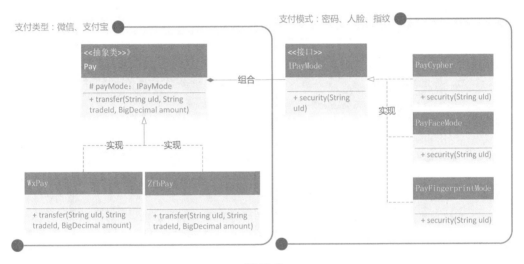

图 10-3

- 左侧的 **Pay** 是一个抽象类，下面是它的两种支付类型：微信支付和支付宝支付。

- 右侧 IPayMode 是一个接口，下面是它的三种支付模式：密码支付、人脸支付和指纹支付。

- 支付类型 × 支付模式 ＝ 相应的组合。

> **注意**：针对不同的支付模式，人脸支付和指纹支付校验逻辑也有差异，可以使用适配器模式进行处理，这里并非本节重点所以不做介绍，可以阅读适配器模式章节。

10.5.2 支付类型桥接抽象类

```
public abstract class Pay {
```

131

```
    protected Logger logger = LoggerFactory.getLogger(Pay.class);
    protected IPayMode payMode;
    public Pay(IPayMode payMode) {
        this.payMode = payMode;
    }
    public abstract String transfer(String uId, String tradeId, BigDecimal amount);
}
```

在这个类中定义了支付类型需要实现的划账接口 transfer 和桥接接口 IPayMode，并在构造函数中实现用户方自行选择支付方式。如果没有接触过此类支付需求，可以重点关注 **IPayMode payMode**，这部分是桥接模式的核心。

10.5.3　两种支付类型的实现

1. 微信支付

```
public class WxPay extends Pay {
    public WxPay(IPayMode payMode) {
        super(payMode);
    }
    public String transfer(String uId, String tradeId, BigDecimal amount) {
        logger.info("模拟微信渠道支付划账开始。uId: {} tradeId: {} amount: {}", uId,
            tradeId, amount);
        boolean security = payMode.security(uId);
        logger.info("模拟微信渠道支付风控校验。uId: {} tradeId: {} security: {}", uId,
            tradeId, security);
        if (!security) {
            logger.info("模拟微信渠道支付划账拦截。uId: {} tradeId: {} amount: {}", uId,
                tradeId, amount);
            return "0001";
        }
        logger.info("模拟微信渠道支付划账成功。uId: {} tradeId: {} amount: {}", uId,
            tradeId, amount);
        return "0000";
    }
}
```

2. 支付宝支付

```
public class ZfbPay extends Pay {
    public ZfbPay(IPayMode payMode) {
```

```
        super(payMode);
    }
    public String transfer(String uId, String tradeId, BigDecimal amount) {
        logger.info("模拟支付宝渠道支付划账开始。uId: {} tradeId: {} amount: {}", uId,
            tradeId, amount);
        boolean security = payMode.security(uId);
        logger.info("模拟支付宝渠道支付风控校验。uId: {} tradeId: {} security: {}", uId,
            tradeId, security);
        if (!security) {
            logger.info("模拟支付宝渠道支付划账拦截。uId: {} tradeId: {} amount: {}",
                uId, tradeId, amount);
            return "0001";
        }
        logger.info("模拟支付宝渠道支付划账成功。uId: {} tradeId: {} amount: {}",
            uId, tradeId, amount);
        return "0000";
    }
}
```

这里分别模拟了调用第三方的两种支付渠道：微信和支付宝。当然，作为支付综合平台，可能不只接入了这两种渠道，还会有其他渠道。另外，可以看到，在支付时分别调用了风控的接口进行校验，也就是不同的模式支付（人脸、指纹），都需要通过指定的风控校验，才能保证支付安全。

10.5.4　定义支付模式接口

```
public interface IPayMode {
    boolean security(String uId);
}
```

任何一种支付模式，包括人脸、指纹和密码，都会通过风控校验不同程度的安全信息，这里定义一个安全校验接口。

10.5.5　三种支付模式风控（人脸、指纹和密码）

1. 人脸

```
public class PayFaceMode implements IPayMode{
    protected Logger logger = LoggerFactory.getLogger(PayCypher.class);
```

```java
    public boolean security(String uId) {
        logger.info("人脸支付, 风控校验脸部识别");
        return true;
    }
}
```

2. 指纹

```java
public class PayFingerprintMode implements IPayMode{
    protected Logger logger = LoggerFactory.getLogger(PayCypher.class);
    public boolean security(String uId) {
        logger.info("指纹支付, 风控校验指纹信息");
        return true;
    }
}
```

3. 密码

```java
public class PayCypher implements IPayMode{
    protected Logger logger = LoggerFactory.getLogger(PayCypher.class);
    public boolean security(String uId) {
        logger.info("密码支付, 风控校验环境安全");
        return true;
    }
}
```

这里实现了人脸、指纹和密码三种支付模式的风控校验,在用户选择不同支付模式时,会进行相应的风控拦截,以保障支付安全。

10.5.6 测试验证

1. 单元测试

```java
@Test
public void test_pay() {
    System.out.println("\r\n模拟测试场景: 微信支付、人脸方式。");
    Pay wxPay = new WxPay(new PayFaceMode());
    wxPay.transfer("weixin_1092033111", "100000109893", new BigDecimal(100));
    System.out.println("\r\n模拟测试场景: 支付宝支付、指纹方式。");
    Pay zfbPay = new ZfbPay(new PayFingerprintMode());
    zfbPay.transfer("jlu19dlxo111", "100000109894",new BigDecimal(100));
}
```

与上面的 if…else 实现方式相比，这里的调用方式变得整洁、干净和易用：new WxPay（new PayFaceMode()）、new ZfbPay(new PayFingerprintMode()）。外部使用接口的用户不需要关心具体的实现，只要按需选择使用即可。以上优化主要针对桥接模式的使用进行重构 if 逻辑部分。对于调用部分，可以使用抽象工厂或策略模式配合 MAP 结构。在 Map 结构中，Key 作为逻辑名称、Value 作为逻辑实现。通过这种方式把服务配置到 Map 键值对中，可以更方便地获取和使用，从而避免大量使用 if…else。因为这里主要展示桥接模式，所以就不再额外多加代码，避免喧宾夺主。

2. 测试结果

模拟测试场景：微信支付、人脸方式

```
23:07:17.795 [main] INFO  cn.bugstack.design.pay.channel.Pay - 模拟微信渠道支付划账开始。
uId: weixin_1092033111 tradeId: 100000109893 amount: 100
23:07:17.798 [main] INFO  cn.bugstack.design.pay.mode.PayCypher - 人脸支付，风控校验脸部识别
23:07:17.798 [main] INFO  cn.bugstack.design.pay.channel.Pay - 模拟微信渠道支付风控校验。
uId: weixin_1092033111 tradeId: 100000109893 security: true
23:07:17.798 [main] INFO  cn.bugstack.design.pay.channel.Pay - 模拟微信渠道支付划账成功。
uId: weixin_1092033111 tradeId: 100000109893 amount: 100
```

模拟测试场景：支付宝支付、指纹方式

```
23:07:17.799 [main] INFO  cn.bugstack.design.pay.channel.Pay - 模拟支付宝渠道支付划账开始。uId: jlu19dlxo111 tradeId: 100000109894 amount: 100
23:07:17.799 [main] INFO  cn.bugstack.design.pay.mode.PayCypher - 指纹支付，风控校验指纹信息
23:07:17.799 [main] INFO  cn.bugstack.design.pay.channel.Pay - 模拟支付宝渠道支付风控校验。uId: jlu19dlxo111 tradeId: 100000109894 security: true
23:07:17.799 [main] INFO  cn.bugstack.design.pay.channel.Pay - 模拟支付宝渠道支付划账成功。uId: jlu19dlxo111 tradeId: 100000109894 amount: 100
Process finished with exit code 0
```

从测试结果来看，内容也是一样的，但是整体的实现方式有了很大的变化。所以，有时不能只看结果，也要看具体的实现过程。

10.6　本章总结

通过模拟微信与支付宝两种支付类型在不同支付模式下的组合使用，体现了桥接模式的精髓。这种设计模式简化了代码的开发，给后续的需求迭代增加了很好的扩展性。

从桥接模式的实现形式来看，它满足了单一职责和开闭原则，让每一部分内容都很

清晰，易于维护和扩展。但如果实现的是高内聚的代码，则会很复杂。所以在选择重构代码时，需要考虑整体的设计。如果运用的设计模式不合理，也会让代码变得难以开发和维护。

任何一种设计模式的选择和使用都应该以符合场景为主，不能刻意使用。由于业务的复杂性，可能需要用到多种设计模式，才能将代码设计得更加合理。但这种经验需要从实际的项目中总结经验，并且不断地实践运用。

第 11 章

组合模式

11.1 码农心得

前几年只要有人问该学哪种开发语言，或者哪种语言最好，肯定讨论得特别火热，有人支持 PHP，有人建议用 Java，也有人推荐 C++和 C#。近几年，大家似乎并不会为此讨论得面红耳赤了，大多数时候只是开开玩笑。

在软件开发行业中，很多时候一些开发语言是共存的，依靠多种语言编写出的程序共同打造整个生态圈。研发人员选择的方式也更偏向于在不同领域选择适合的架构，搭配对应的编程语言，而不是一味地追求某种语言的好坏。这里可以给很多初学编程的读者一些提议，不要刻意地认为某种语言好，某种语言不好，应该在合适的场景下选择最需要的语言。选择主要学习哪种语言，可以参考招聘网站的需求量和薪资水平再综合做出决定。

编程开发不是炫技。

总会有人喜欢在项目开发中用一些新特性，试试自己新学的知识。这样并非不好，甚至可以说是热爱学习的人的创新和实践方式。但编程除了用新特性，还需要考虑整体的扩展性、可读性和可维护等方面。就像找了装修队，其中有一个工人喜欢炫技，在卫生间的淋浴花洒正下方安装了马桶。

11.2 组合模式介绍

如图 11-1 所示，使用乐高玩具，通过一系列的连接组织出一棵结构树。而这种通过把相似对象或方法组合成一组可被调用的结构树对象的设计思路，称为组合模式。

图 11-1

这种设计方式可以让服务组节点进行自由组合并对外提供服务，例如有三个原子校验功能服务（A：身份证；B：银行卡；C：手机号）并对外提供调用。有些调用方需要使用AB 组合，有些调用方需要使用 CBA 组合，还有一些调用方可能只使用三者中的一个。这时就可以使用组合模式构建服务，对于不同类型的调用方配置不同的组织关系树，而这个树形结构可以配置到数据库中，通过程序图形界面控制树形结构的创建和修改。

所以，不同的设计模式用得恰到好处，可以让代码逻辑非常清晰且易于扩展，同时也可以降低团队人员学习项目的成本。

11.3 决策树场景模拟

如图 11-2 所示为一个简化版的营销规则决策树，根据性别、年龄的不同组合，发放不同类型的优惠券，目的是刺激消费，对精准用户进行促活。

虽然我们可能没有开发过营销项目，但可能时时刻刻都在被营销着。例如，男生喜欢经常浏览机械键盘、笔记本电脑和汽车装饰等，商家会推荐此类商品的信息或优惠通知。女生喜欢浏览衣服、化妆品和箱包等，商家会推荐此类商品的信息或促销消息。虽然用户进入的是同一款软件，但最终展示的内容会略有不同，这些都是营销的案例。对于不常使用电商软件的用户，商家可能还会稍微加大折扣的力度，来增加用户黏性。

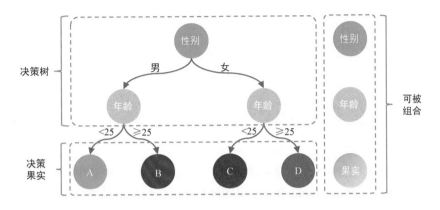

图 11-2

这里模拟一个类似的决策场景，体现组合模式在其中起到的作用。另外，组合模式不仅可以运用于规则决策树，还可以做服务包装，将不同的接口进行组合配置，对外提供服务能力，降低开发成本。

11.4　违背设计模式实现

这里举一个关于 if⋯else 诞生的例子，介绍运营伙伴与研发人员之间的故事导致的事故，如表 11-1 所示。

表 11-1

日期	需求	紧急程度	程序员(话外音)
星期一，早上	哥哥，老板说要做一下营销活动，给男生和女生发不同的优惠券	很紧急，下班就要	行吧，也不难，加一下判断就上线
星期二，下午	哥哥，上线后效果非常好。老板要让咱们按照年轻、中年和老年加一下判断，准确刺激消费	超紧急，明天就要	也不难，加就加吧
星期三，晚上	喂，睡了吗？老板说咱们这次活动很成功，是否可以再细分一下，把单身、结婚和有娃的都加上不同的判断。这样更能刺激用户消费	贼紧急，最快上线	已经意识到 if⋯else 越来越多了
星期四，凌晨	哇！你们太棒了，上线真快。嘻嘻！有个小请求，需要调整一下年龄段，因为现在学生谈恋爱时更容易买某某东西。要改一下值！辛苦辛苦！	老板在等着呢	一大堆值要修改，哎！这么多 if⋯else 了
星期五，半夜	喂！坏了，怎么发的优惠券不对了，有客诉了，很多女生都来投诉。你快看看。老板他……	一头汗，哎，值的位置粘错了	流下了悔恨的泪水

11.4.1　工程结构

```
cn-bugstack-design-11.0-1
└── src
    └── main
        └── java
            └── cn.bugstack.design
                └── EngineController.java
```

　　上面的工程结构非常简单，把判断逻辑使用 if…else 写到一个类中。使用面向过程的优点是代码实现得快，但缺点也很多：不好维护和扩展，出了问题难以排查，新加功能的风险较高等。

11.4.2　代码实现

```java
public class EngineController {
    private Logger logger = LoggerFactory.getLogger(EngineController.class);
    public String process(final String userId, final String userSex,
        final int userAge) {
        logger.info("if…else 实现方式判断用户结果。userId: {} userSex: {} userAge: {}",
            userId, userSex, userAge);
        if ("man".equals(userSex)) {
            if (userAge < 25) {
                return "果实 A";
            }
            if (userAge >= 25) {
                return "果实 B";
            }
        }
        if ("woman".equals(userSex)) {
            if (userAge < 25) {
                return "果实 C";
            }
            if (userAge >= 25) {
                return "果实 D";
            }
        }
        return null;
    }
}
```

如果不考虑可扩展性和可维护性，上面的代码实现起来是最快的，而且从代码结构上看也便于理解。但非常不建议用这种方式实现代码逻辑，因为 if 语句嵌套太多，随着功能逻辑的扩展，会有越来越多的 if 语句，最终就是常说的一片烂代码。

11.4.3　测试验证

1. 单元测试

```
@Test
public void test_EngineController() {
    EngineController engineController = new EngineController();
    String process = engineController.process("Oli09pLkdjh", "man", 29);
    logger.info("测试结果: {}", process);
}
```

这里模拟了一个用户 ID，并传输性别为 man、年龄为 29，预期结果为果实 B。

2. 测试结果

```
22:35:07.320 [main] INFO  cn.bugstack.design.EngineController - if…else 实现方式判断用
户结果。userId: Oli09pLkdjh userSex: man userAge: 29
22:35:07.324 [main] INFO  cn.bugstack.design.test.ApiTest - 测试结果: 果实 B
Process finished with exit code 0
```

从测试结果来看，程序运行正常并且符合预期，只不过实现方式并不是我们推荐的。接下来会采用组合模式优化这部分代码。

11.5　组合模式重构代码

重构代码的改动量相对来说会比较大，为了把不同类型的决策节点和最终的果实组装成一棵可被程序运行的决策树，需要做适配设计和工厂方法调用，具体会体现在定义接口和抽象类、初始化配置决策节点（性别、年龄）上。建议多阅读几遍这部分代码，最好动手实践。

11.5.1　工程结构

```
cn-bugstack-design-11.0-2
└── src
    └── main
```

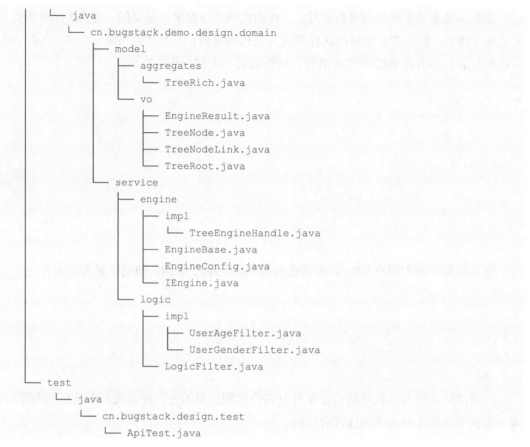

```
    └ java
        └ cn.bugstack.demo.design.domain
            ├ model
            │   ├ aggregates
            │   │   └ TreeRich.java
            │   └ vo
            │       ├ EngineResult.java
            │       ├ TreeNode.java
            │       ├ TreeNodeLink.java
            │       └ TreeRoot.java
            └ service
                ├ engine
                │   ├ impl
                │   │   └ TreeEngineHandle.java
                │   ├ EngineBase.java
                │   ├ EngineConfig.java
                │   └ IEngine.java
                └ logic
                    ├ impl
                    │   ├ UserAgeFilter.java
                    │   └ UserGenderFilter.java
                    └ LogicFilter.java
    └ test
        └ java
            └ cn.bugstack.design.test
                └ ApiTest.java
```

组合模式代码类关系如图 11-3 所示。

整个类图关系包括了树形结构原子模块实现关系、树形结构执行引擎两部分内容。树形结构原子模块实现关系从 LogicFilter 开始定义适配的决策过滤器，BaseLogic 是对接口的实现，以提供最基本的通用方法。UserAgeFilter 和 UserGenerFilter 是两个具体的实现类，用于判断年龄和性别。树形结构执行引擎是对这棵可以被组织出来的决策树进行执行的引擎，同样定义了引擎接口和基础的配置，在配置里面设定了需要的模式决策节点。另外，在类图中插入了一个树形结构关系模拟树形结构，由树的 7 个节点 1、11、12、111、112、121、122 左右串联，组合出一棵二叉关系树。

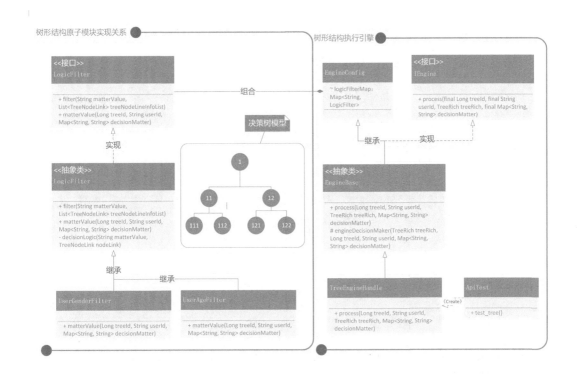

图 11-3

11.5.2 决策树对象类

决策树对象类如表 11-2 所示。

表 11-2

包路径	类	介绍
model.aggregates	TreeRich	聚合对象：包含组织树信息
model.vo	EngineResult	决策结果：返回对象信息
model.vo	TreeNode	树节点：包括叶子节点、果实节点
model.vo	TreeNodeLink	树节点链路关系
model.vo	TreeRoot	树根信息

以上是在 model 包下的对象，用于描述决策树的各项信息类，包括：聚合对象、决策结果、树节点、树节点链路关系和树根信息。

11.5.3 树节点逻辑过滤器接口

```
public interface LogicFilter {
    /**
     * 逻辑决策器
     *
     * @param matterValue            决策值
     * @param treeNodeLineInfoList 决策节点
     * @return 下一个节点 Id
     */
    Long filter(String matterValue, List<TreeNodeLink> treeNodeLineInfoList);
    /**
     * 获取决策值方法
     *
     * @param decisionMatter 决策物料
     * @return 决策值
     */
    String matterValue(Long treeId, String userId, Map<String, String> decisionMatter);
}
```

这部分定义了适配的通用接口和相应的方法：逻辑决策器方法、获取决策值方法，让每一个提供决策能力的节点都必须实现此接口，保证统一性。

11.5.4 决策抽象类提供基础服务

```
public abstract class BaseLogic implements LogicFilter {
    @Override
    public Long filter(String matterValue, List<TreeNodeLink> treeNodeLinkList) {
        for (TreeNodeLink nodeLine : treeNodeLinkList) {
            if (decisionLogic(matterValue, nodeLine)) return nodeLine.getNodeIdTo();
        }
        return 0L;
    }
    @Override
    public abstract String matterValue(Long treeId, String userId, Map<String, String>
        decisionMatter);
    private boolean decisionLogic(String matterValue, TreeNodeLink nodeLink) {
        switch (nodeLink.getRuleLimitType()) {
            case 1:
                return matterValue.equals(nodeLink.getRuleLimitValue());
            case 2:
```

```
            return Double.parseDouble(matterValue) > Double.parseDouble
                (nodeLink. getRuleLimitValue());
        case 3:
            return Double.parseDouble(matterValue) < Double.parseDouble
                (nodeLink.getRuleLimitValue());
        case 4:
            return Double.parseDouble(matterValue) <= Double.parseDouble
                (nodeLink.getRuleLimitValue());
        case 5:
            return Double.parseDouble(matterValue) >= Double.parseDouble
                (nodeLink.getRuleLimitValue());
        default:
            return false;
    }
  }
}
```

在抽象方法中实现了接口方法，同时定义了基本的决策方法：1、2、3、4、5，等于、小于、大于、小于或等于、大于或等于的判断逻辑。同时定义了抽象方法，让每一个实现接口的类都必须按照规则提供决策值，这个决策值用于进行逻辑比对。

11.5.5　树节点逻辑实现类

1. 年龄节点

```
public class UserAgeFilter extends BaseLogic {
    @Override
    public String matterValue
        (Long treeId, String userId, Map<String, String> decisionMatter) {
        return decisionMatter.get("age");
    }
}
```

2. 性别节点

```
public class UserGenderFilter extends BaseLogic {
    @Override
    public String matterValue
        (Long treeId, String userId, Map<String, String> decisionMatter) {
        return decisionMatter.get("gender");
    }
}
```

以上两个决策逻辑的节点获取值的方式都非常简单，只获取用户的入参即可。实际的业务开发可能需要通过数据库、RPC 接口和缓存运算等各种方式获取产品需要的信息。

11.5.6　决策引擎接口定义

```
public interface IEngine {
    EngineResult process(final Long treeId, final String userId, TreeRich treeRich,
        final Map<String, String> decisionMatter);
}
```

对于调用方来说，也同样需要定义统一的接口操作，这样的好处是便于后续扩展出不同类型的决策引擎，也就是建造不同的决策工厂。

11.5.7　决策节点配置

```
public class EngineConfig {
    static Map<String, LogicFilter> logicFilterMap;
    static {
        logicFilterMap = new ConcurrentHashMap<>();
        logicFilterMap.put("userAge", new UserAgeFilter());
        logicFilterMap.put("userGender", new UserGenderFilter());
    }
    public Map<String, LogicFilter> getLogicFilterMap() {
        return logicFilterMap;
    }
    public void setLogicFilterMap(Map<String, LogicFilter> logicFilterMap) {
        this.logicFilterMap = logicFilterMap;
    }
}
```

这里可以将服务的决策节点配置到 Map 结构中，这样的 Map 结构可以抽取到 XML 或数据库中，就可以方便地在 ERP 界面中配置服务了。当需要变更时，不用改动代码，便于管理。

11.5.8　基础决策引擎功能

```
public abstract class EngineBase extends EngineConfig implements IEngine {
    private Logger logger = LoggerFactory.getLogger(EngineBase.class);
    @Override
    public abstract EngineResult process(Long treeId, String userId, TreeRich treeRich,
```

```
Map<String, String> decisionMatter);
    protected TreeNode engineDecisionMaker(TreeRich treeRich, Long treeId, String
        userId, Map<String, String> decisionMatter) {
        TreeRoot treeRoot = treeRich.getTreeRoot();
        Map<Long, TreeNode> treeNodeMap = treeRich.getTreeNodeMap();
        // 规则树根 ID
        Long rootNodeId = treeRoot.getTreeRootNodeId();
        TreeNode treeNodeInfo = treeNodeMap.get(rootNodeId);
        //节点类型[NodeType]; 1 叶子、2 果实
        while (treeNodeInfo.getNodeType().equals(1)) {
            String ruleKey = treeNodeInfo.getRuleKey();
            LogicFilter logicFilter = logicFilterMap.get(ruleKey);
            String matterValue
                = logicFilter.matterValue(treeId, userId, decisionMatter);
            Long nextNode
                = logicFilter.filter(matterValue, treeNodeInfo.getTreeNodeLinkList());
            treeNodeInfo = treeNodeMap.get(nextNode);
            logger.info("决策树引擎=>{} userId: {} treeId: {} treeNode: {} ruleKey:
                {} matterValue: {}", treeRoot.getTreeName(), userId, treeId,
                treeNodeInfo.getTreeNodeId(), ruleKey, matterValue);
        }
        return treeNodeInfo;
    }
}
```

　　这里主要提供决策树流程的处理过程，有点像通过链路的关系（性别、年龄）在二叉树中寻找果实节点的过程。同时提供一个抽象方法，执行决策流程的方法，供外部做具体的实现。

11.5.9　决策引擎的实现

```
public class TreeEngineHandle extends EngineBase {
    @Override
    public EngineResult process(Long treeId, String userId, TreeRich treeRich, Map
        <String, String> decisionMatter) {
        // 决策流程
        TreeNode treeNode = engineDecisionMaker(treeRich, treeId, userId, decisionM-
```

```
        atter);
    // 决策结果
    return new EngineResult(userId, treeId, treeNode.getTreeNodeId(), treeNode.
        getNodeValue());
    }
}
```

这里对于决策引擎的实现就非常简单了，通过传递进来的必要信息——决策树信息、决策物料值，做具体的树形结构决策。

11.5.10 初始化决策树数据

```java
@Before
public void init() {
    // 节点: 1
    TreeNode treeNode_01 = new TreeNode();
    treeNode_01.setTreeId(10001L);
    treeNode_01.setTreeNodeId(1L);
    treeNode_01.setNodeType(1);
    treeNode_01.setNodeValue(null);
    treeNode_01.setRuleKey("userGender");
    treeNode_01.setRuleDesc("用户性别[男/女]");
    // 链接: 1->11
    TreeNodeLink treeNodeLink_11 = new TreeNodeLink();
    treeNodeLink_11.setNodeIdFrom(1L);
    treeNodeLink_11.setNodeIdTo(11L);
    treeNodeLink_11.setRuleLimitType(1);
    treeNodeLink_11.setRuleLimitValue("man");
    // 链接: 1->12
    TreeNodeLink treeNodeLink_12 = new TreeNodeLink();
    treeNodeLink_12.setNodeIdFrom(1L);
    treeNodeLink_12.setNodeIdTo(12L);
    treeNodeLink_12.setRuleLimitType(1);
    treeNodeLink_12.setRuleLimitValue("woman");
    List<TreeNodeLink> treeNodeLinkList_1 = new ArrayList<>();
    treeNodeLinkList_1.add(treeNodeLink_11);
    treeNodeLinkList_1.add(treeNodeLink_12);
```

```
treeNode_01.setTreeNodeLinkList(treeNodeLinkList_1);
// 节点：11
TreeNode treeNode_11 = new TreeNode();
treeNode_11.setTreeId(10001L);
treeNode_11.setTreeNodeId(11L);
treeNode_11.setNodeType(1);
treeNode_11.setNodeValue(null);
treeNode_11.setRuleKey("userAge");
treeNode_11.setRuleDesc("用户年龄");
// 链接：11->111
TreeNodeLink treeNodeLink_111 = new TreeNodeLink();
treeNodeLink_111.setNodeIdFrom(11L);
treeNodeLink_111.setNodeIdTo(111L);
treeNodeLink_111.setRuleLimitType(3);
treeNodeLink_111.setRuleLimitValue("25");
// 链接：11->112
TreeNodeLink treeNodeLink_112 = new TreeNodeLink();
treeNodeLink_112.setNodeIdFrom(11L);
treeNodeLink_112.setNodeIdTo(112L);
treeNodeLink_112.setRuleLimitType(5);
treeNodeLink_112.setRuleLimitValue("25");
List<TreeNodeLink> treeNodeLinkList_11 = new ArrayList<>();
treeNodeLinkList_11.add(treeNodeLink_111);
treeNodeLinkList_11.add(treeNodeLink_112);
treeNode_11.setTreeNodeLinkList(treeNodeLinkList_11);
// 节点：12
TreeNode treeNode_12 = new TreeNode();
treeNode_12.setTreeId(10001L);
treeNode_12.setTreeNodeId(12L);
treeNode_12.setNodeType(1);
treeNode_12.setNodeValue(null);
treeNode_12.setRuleKey("userAge");
treeNode_12.setRuleDesc("用户年龄");
// 链接：12->121
TreeNodeLink treeNodeLink_121 = new TreeNodeLink();
treeNodeLink_121.setNodeIdFrom(12L);
```

```
treeNodeLink_121.setNodeIdTo(121L);
treeNodeLink_121.setRuleLimitType(3);
treeNodeLink_121.setRuleLimitValue("25");
// 链接: 12->122
TreeNodeLink treeNodeLink_122 = new TreeNodeLink();
treeNodeLink_122.setNodeIdFrom(12L);
treeNodeLink_122.setNodeIdTo(122L);
treeNodeLink_122.setRuleLimitType(5);
treeNodeLink_122.setRuleLimitValue("25");
List<TreeNodeLink> treeNodeLinkList_12 = new ArrayList<>();
treeNodeLinkList_12.add(treeNodeLink_121);
treeNodeLinkList_12.add(treeNodeLink_122);
treeNode_12.setTreeNodeLinkList(treeNodeLinkList_12);
// 节点: 111
TreeNode treeNode_111 = new TreeNode();
treeNode_111.setTreeId(10001L);
treeNode_111.setTreeNodeId(111L);
treeNode_111.setNodeType(2);
treeNode_111.setNodeValue("果实A");
// 节点: 112
TreeNode treeNode_112 = new TreeNode();
treeNode_112.setTreeId(10001L);
treeNode_112.setTreeNodeId(112L);
treeNode_112.setNodeType(2);
treeNode_112.setNodeValue("果实B");
// 节点: 121
TreeNode treeNode_121 = new TreeNode();
treeNode_121.setTreeId(10001L);
treeNode_121.setTreeNodeId(121L);
treeNode_121.setNodeType(2);
treeNode_121.setNodeValue("果实C");
// 节点: 122
TreeNode treeNode_122 = new TreeNode();
treeNode_122.setTreeId(10001L);
treeNode_122.setTreeNodeId(122L);
treeNode_122.setNodeType(2);
```

```
treeNode_122.setNodeValue("果实 D");
// 树根
TreeRoot treeRoot = new TreeRoot();
treeRoot.setTreeId(10001L);
treeRoot.setTreeRootNodeId(1L);
treeRoot.setTreeName("规则决策树");
Map<Long, TreeNode> treeNodeMap = new HashMap<>();
treeNodeMap.put(1L, treeNode_01);
treeNodeMap.put(11L, treeNode_11);
treeNodeMap.put(12L, treeNode_12);
treeNodeMap.put(111L, treeNode_111);
treeNodeMap.put(112L, treeNode_112);
treeNodeMap.put(121L, treeNode_121);
treeNodeMap.put(122L, treeNode_122);
treeRich = new TreeRich(treeRoot, treeNodeMap);
}
```

> **注意**：这部分是组合模式非常重要的使用，在已经建造好的决策树关系下，可以创建出树的各个节点，以及对节点间使用链路进行串联，如图 11-4 所示。即使后续需要做任何业务的扩展，都可以在里面添加相应的节点，并做动态化的配置。这部分手动组合的方式可以提取到数据库中，也可以扩展到图形界面配置操作。

11.5.11　测试验证

1. 单元测试

```
@Test
public void test_tree() {
    logger.info("决策树组合结构信息：\r\n" + JSON.toJSONString(treeRich));
    IEngine treeEngineHandle = new TreeEngineHandle();
    Map<String, String> decisionMatter = new HashMap<>();
    decisionMatter.put("gender", "man");
    decisionMatter.put("age", "29");
    EngineResult result = treeEngineHandle.process(10001L, "Oli09pLkdjh", treeRich,
        decisionMatter);
    logger.info("测试结果：{}", JSON.toJSONString(result));
}
```

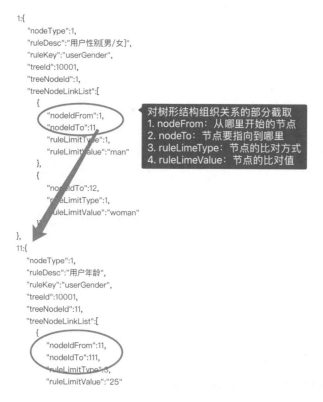

1:{
    "nodeType":1,
    "ruleDesc":"用户性别[男/女]",
    "ruleKey":"userGender",
    "treeId":10001,
    "treeNodeId":1,
    "treeNodeLinkList":[
        {
            "nodeIdFrom":1,
            "nodeIdTo":11,
            "ruleLimitType":1,
            "ruleLimitValue":"man"
        },
        {
            "nodeIdTo":12,
            "ruleLimitType":1,
            "ruleLimitValue":"woman"
        }
    ]
},
11:{
    "nodeType":1,
    "ruleDesc":"用户年龄",
    "ruleKey":"userGender",
    "treeId":10001,
    "treeNodeId":11,
    "treeNodeLinkList":[
        {
            "nodeIdFrom":11,
            "nodeIdTo":111,
            "ruleLimitType":3,
            "ruleLimitValue":"25"
        }
    ]
}

对树形结构组织关系的部分截取
1. nodeFrom：从哪里开始的节点
2. nodeTo：节点要指向到哪里
3. ruleLimeType：节点的比对方式
4. ruleLimeValue：节点的比对值

图 11-4

在单元测试中，提供了通过组合模式创建出的流程决策树，调用时传入了决策树的 ID。在业务开发中，可以很方便地解耦决策树与业务的绑定关系，按需传入决策树 ID 即可。这里的入参提供了需要决策的信息男（man）、年龄（29 岁）的参数信息。另外，以下数据也可以模拟测试。

果实 A：gender=man、age=22
果实 B：gender=man、age=29
果实 C：gender=woman、age=22
果实 D：gender=woman、age=29

2. 测试结果

```
23:53:29.790 [main] INFO  cn.bugstack.design.test.ApiTest - 决策树组合结构信息:
{ " treeNodeMap " :{112:{ " nodeType " :2, " nodeValue " :" 果实 B ", " treeId " :10001, " treeNo
deId " :112},1:{ " nodeType " :1, " ruleDesc " :" 用户性别[男/女] ", " ruleKey " :" userGender ",
" treeId " :10001, " treeNodeId " :1, " treeNodeLinkList " :[{ " nodeIdFrom " :1, " nodeIdTo " :
11, " ruleLimitType " :1, " ruleLimitValue " :" man " },{ " nodeIdTo " :12, " ruleLimitType " :1,
```

"ruleLimitValue":"woman"}]},121:{"nodeType":2,"nodeValue":"果实 C","treeId":
10001,"treeNodeId":121},122:{"nodeType":2,"nodeValue":"果实 D","treeId":10001,
"treeNodeId":122},11:{"nodeType":1,"ruleDesc":"用户年龄","ruleKey":"userAge",
"treeId":10001,"treeNodeId":11,"treeNodeLinkList":[{"nodeIdFrom":11,"nodeIdTo":
111,"ruleLimitType":3,"ruleLimitValue":"25"},{"nodeIdFrom":11,"nodeIdTo":112,
"ruleLimitType":5,"ruleLimitValue":"25"}]},12:{"nodeType":1,"ruleDesc":"用户年
龄","ruleKey":"userAge","treeId":10001,"treeNodeId":12,"treeNodeLinkList":[{
"nodeIdFrom":12,"nodeIdTo":121,"ruleLimitType":3,"ruleLimitValue":"25"},{"no
deIdFrom":12,"nodeIdTo":122,"ruleLimitType":5,"ruleLimitValue":"25"}]},111:{
"nodeType":2,"nodeValue":"果实 A","treeId":10001,"treeNodeId":111}},"treeRoot":{
"treeId":10001,"treeName":"规则决策树","treeRootNodeId":1}}
23:53:29.797 [main] INFO c.b.d.d.service.engine.EngineBase - 决策树引擎 => 规则决策
树 userId: Oli09pLkdjh treeId: 10001 treeNode: 11 ruleKey: userGender matterValue: man
23:53:29.797 [main] INFO c.b.d.d.service.engine.EngineBase - 决策树引擎 => 规则决策
树 userId: Oli09pLkdjh treeId: 10001 treeNode: 112 ruleKey: userAge matterValue: 29
23:53:29.800 [main] INFO cn.bugstack.design.test.ApiTest - 测试结果: {"nodeId":112,
"nodeValue":"果实 B","success":true,"treeId":10001,"userId":"Oli09pLkdjh"}
Process finished with exit code 0

从测试结果可以得出程序运行正常，这与使用 if…else 编码风格实现的结果是一致的。但代码经过组合模式重构后，非常便于业务功能的拓展和代码维护。此外，整体的组织关系框架及调用决策流程已经搭建完成，如果阅读到此还没有完全理解，可以参考源代码工程结构并运行调试。

11.6　本章总结

从以上的决策树场景来看，组合模式主要解决的是在不同结构的组织下，一系列简单逻辑节点或者扩展的复杂逻辑节点对外部的调用仍然可以非常简单。这种设计模式保证了开闭原则，无须更改模型结构就可以提供新的逻辑节点，并配合组织出新的关系树。当然，如果是一些功能差异化非常大的接口，则包装起来也会变得比较困难，但也并非不能很好地处理，只不过需要做一些适配和特定的开发。

第 12 章

装饰器模式

12.1 码农心得

很多人在编程时，除了可以把功能按照固定的流程编写出来，很难思考整个功能服务的扩展性和可维护性。尤其在一些大型的功能搭建方面，缺乏驾驭能力，从而导致最终的代码不能尽善尽美。

12.2 装饰器模式介绍

如图 12-1 所示，装饰器模式就像俄罗斯套娃，它的核心是在不改变原有类的基础上给类新增功能。对于不改变原有类，可能有的人会想到继承、AOP 切面，虽然这些方式都可以实现，但是使用装饰器模式是另外一种更灵活的思路，能够避免继承导致的子类过多问题，也可以避免 AOP 带来的复杂性问题。

很多熟悉的场景都用到了装饰器模式，例如是否熟悉 new BufferedReader(new FileReader(" "));这段代码？大家在学习 Java 开发的字节流、字符流和文件流的内容时都见到过，一层嵌套一层，字节流转字符流等。这就是使用装饰器模式的一种体现。

图 12-1

12.3　单点登录场景模拟

本案例模拟一个单点登录权限功能扩充的场景，如图 12-2 所示。

图 12-2

在业务开发的初期，往往运营人员使用的是 ERP 系统，只需要登录账户验证即可，验证通过后即可访问 ERP 的所有资源。但随着业务的不断发展，团队里开始出现专门的运营人员、营销人员和数据人员,每类人员对 ERP 的使用需求不同,有些需要创建活动,有些只是查看数据。同时，为了保证数据的安全，不会让每位运营人员都有最高的权限。

那么，以往使用的 SSO 是一个组件化通用的服务，不能在里面添加需要的用户访问验证功能。这时就可以使用装饰器模式扩充原有的单点登录服务，同时也保证原有功能不受破坏，可以继续使用。

12.3.1　工程结构

```
cn-bugstack-design-12.0-0
└── src
    └── main
        └── java
            └── cn.bugstack.design
                ├── HandlerInterceptor.java
                └── SsoInterceptor.java
```

这里模拟的是 Spring 类 HandlerInterceptor，实现接口功能 SsoInterceptor 模拟的单点登录拦截服务。为了避免引入太多的 Spring 内容，影响对设计模式的理解，这里使用了同名的类和方法，尽可能减少外部的依赖。

12.3.2　模拟 Spring 的 HandlerInterceptor

```java
public interface HandlerInterceptor {
    boolean preHandle(String request, String response, Object handler);
}
```

实际的单点登录开发会基于 org.springframework.web.servlet.HandlerInterceptor 实现。这里为了减少对 Spring 包的引入，自己实现一个这样的功能类。

12.3.3　模拟单点登录功能

```java
public class SsoInterceptor implements HandlerInterceptor{
    public boolean preHandle(String request, String response, Object handler) {
        // 模拟获取 cookie
        String ticket = request.substring(1, 8);
        // 模拟校验
        return ticket.equals("success");
    }
}
```

这里的模拟实现非常简单，只是截取字符串，在实际使用时，需要从

HttpServletRequest request 对象中获取 cookie 信息，解析 ticket 值并校验。在返回的里面也非常简单，只要获取到了 success，就认为是允许登录。实际的业务代码会更加复杂，这里只是简单模拟了整个过程，方便学习。

12.4　违背设计模式实现

继承类的实现方式是一种比较通用的方式，通过继承后重写方法，并将逻辑覆盖进去。对于一些简单的且不需要持续维护和扩展的场景，此种方式的实现并不会有什么问题，也不会导致子类过多。

12.4.1　工程结构

```
cn-bugstack-design-12.0-1
└── src
    └── main
        └── java
            └── cn.bugstack.design
                └── LoginSsoDecorator.java
```

以上的工程结构非常简单，只是通过 LoginSsoDecorator 继承 SsoInterceptor，重写方法功能。

12.4.2　代码实现

```java
public class LoginSsoDecorator extends SsoInterceptor {
    private static Map<String, String> authMap
        = new ConcurrentHashMap<String, String>();
    static {
        authMap.put("huahua", "queryUserInfo");
        authMap.put("doudou", "queryUserInfo");
    }
    @Override
    public boolean preHandle(String request, String response, Object handler) {
        // 模拟获取 cookie
        String ticket = request.substring(1, 8);
        // 模拟校验
        boolean success = ticket.equals("success");
        if (!success) return false;
```

```
    String userId = request.substring(8);
    String method = authMap.get(userId);
    // 模拟方法校验
    return "queryUserInfo".equals(method);
  }
}
```

这部分代码的实现方式是通过继承类后重写方法,将个人可访问方法的功能添加到方法中。这段代码比较清晰,如果面对比较复杂的业务流程,代码就会很变得混乱。注意,这里已经设定好两个可以访问的用户 ID:huahua、doudou,会在测试中使用。

12.4.3 测试验证

1. 单元测试

```
@Test
public void test_LoginSsoDecorator() {
    LoginSsoDecorator ssoDecorator = new LoginSsoDecorator();
    String request = "1successhuahua";
    boolean success = ssoDecorator.preHandle(request, "ewcdqwt40liuiu", "t");
    System.out.println("登录校验:" + request + (success ? " 放行" : " 拦截"));
}
```

这里模拟的内容相当于登录过程中的校验操作,判断用户是否可登录以及是否可访问方法。

2. 测试结果

```
登录校验:1successhuahua 放行
Process finished with exit code 0
```

从测试结果来看满足预期,已经对用户 huahua 做了放行。在学习的过程中,可以尝试模拟单点登录并继承扩展功能。

12.5 装饰器模式重构代码

装饰器主要解决的是直接继承时因功能的不断横向扩展导致子类膨胀的问题,而使用装饰器模式比直接继承更加灵活,同时也不再需要维护子类。

在装饰器模式中,有四点比较重要:

- 抽象构件角色（Component）：定义抽象接口；
- 具体构件角色（ConcreteComponent）：实现抽象接口，可以是一组；
- 装饰角色（Decorator）：定义抽象类并继承接口中的方法，保证一致性；
- 具体装饰角色（ConcreteDecorator）：扩展装饰具体的实现逻辑。

通过以上四种实现装饰器模式，主要核心内容会体现在抽象类的定义和实现方面。

12.5.1 工程结构

```
cn-bugstack-design-12.0-2
└── src
    └── main
        └── java
            └── cn.bugstack.design
                ├── LoginSsoDecorator.java
                └── SsoDecorator.java
```

装饰器模式代码类关系如图 12-3 所示。

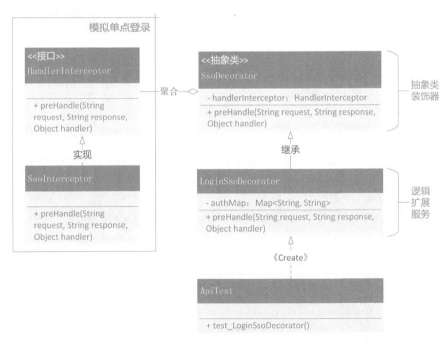

图 12-3

以上是装饰器模式实现的类图结构，重点的类是 SsoDecorator，它表示一个抽象类主要完成了对接口 HandlerInterceptor 的继承。当装饰角色继承接口后，会提供构造函数 SsoDecorator(HandlerInterceptor handlerInterceptor)，入参是继承的接口实现类，可以很方便地扩展出不同的功能组件。

12.5.2　抽象类装饰角色

```java
public abstract class SsoDecorator implements HandlerInterceptor {
    private HandlerInterceptor handlerInterceptor;
    private SsoDecorator(){}
    public SsoDecorator(HandlerInterceptor handlerInterceptor) {
        this.handlerInterceptor = handlerInterceptor;
    }
    public boolean preHandle(String request, String response, Object handler) {
        return handlerInterceptor.preHandle(request, response, handler);
    }
}
```

在装饰类中，有三点需要注意：继承了处理接口，提供了构造函数，覆盖了方法 preHandle。以上三点是装饰器模式的核心处理部分，可以替换对子类继承的方式，实现逻辑功能的扩展。

12.5.3　装饰角色逻辑实现

```java
public class LoginSsoDecorator extends SsoDecorator {
    private Logger logger = LoggerFactory.getLogger(LoginSsoDecorator.class);
    private static Map<String, String> authMap
        = new ConcurrentHashMap<String, String>();
    static {
        authMap.put("huahua", "queryUserInfo");
        authMap.put("doudou", "queryUserInfo");
    }
    public LoginSsoDecorator(HandlerInterceptor handlerInterceptor) {
        super(handlerInterceptor);
    }
    @Override
    public boolean preHandle(String request, String response, Object handler) {
        boolean success = super.preHandle(request, response, handler);
        if (!success) return false;
        String userId = request.substring(8);
```

```
        String method = authMap.get(userId);
        logger.info("模拟单点登录方法访问拦截校验：{} {}", userId, method);
        // 模拟方法校验
        return "queryUserInfo".equals(method);
    }
}
```

在具体的装饰类实现中，继承了装饰类 SsoDecorator，现在可以扩展方法 preHandle 的功能。在具体的实现代码中可以看到，这里只关心扩展部分的功能，同时不会影响原有类的核心服务，也不会因为使用继承方式而导致出现多余子类，增加了整体的灵活性。

12.5.4　测试验证

1. 单元测试

```
@Test
public void test_LoginSsoDecorator() {
    LoginSsoDecorator ssoDecorator = new LoginSsoDecorator(new SsoInterceptor());
    String request = "1successhuahua";
    boolean success = ssoDecorator.preHandle(request, "ewcdqwt40liuiu", "t");
    System.out.println("登录校验：" + request + (success ? "放行" : "拦截"));
}
```

这里测试了装饰器模式的使用，通过将原有单点登录类 new SsoInterceptor()传递给装饰器，让装饰器可以执行扩充的功能。同时，传递者和装饰器都可以是多组的。在实际的业务开发中，往往由于有太多类型的子类要实现，导致不易于维护，可以使用装饰器模式替代。

2. 测试结果

```
23:01:02.315 [main] INFO  cn.bugstack.design.LoginSsoDecorator - 模拟单点登录方法访问拦
截校验：huahua queryUserInfo
登录校验：1successhuahua 放行

Process finished with exit code 0
```

测试结果符合预期，扩展了对方法拦截的校验性。如果在学习的过程中用过单点登录，那么可以适当地在里面采用扩展装饰器模式练习。另外，还有一种场景也可以使用装饰器。例如，之前实现某个接口接收单个消息，但由于外部的升级变为发送 list 集合消息，但又不希望所有的代码类都修改这部分逻辑，就可以使用装饰器模式进行适配 list 集合，给使用者的依然是 for 循环后的单个消息。

12.6　本章总结

　　装饰器模式满足单一职责原则,可以在自己的装饰类中完成功能逻辑的扩展而不影响主类,同时可以按需在运行时添加和删除这部分逻辑。另外,装饰器模式和继承父类重写方法在某些时候要按需选择,并非某个方式就是最好的。装饰器模式实现的重点是对抽象类继承接口方式的使用,同时设定被继承的接口可以通过构造函数传递其实现类,由此增加扩展性,并重写方法中可以通过父类实现的功能。装饰器模式就像夏天热时穿短裤,冬天冷时穿棉裤,下雨时穿雨衣一样,我们本身并没有被改变,而外形却用不同的服饰表现。生活中的场景比比皆是,如果能够将生活中的例子融入代码实现中,往往会创造出更加优雅的实现方式。

第 13 章

外观模式

13.1 码农心得

> 如果你感到容易，则一定有人为你承担了不容易。

这句话更像是描述生活场景的，面对许多的磕磕绊绊，总有人为你提供躲雨的屋檐和避风的港湾。其实，在编程开发的团队中也一样有人只负责 CRUD 中的简单调用，使用团队里的中、高级程序员开发出来的核心服务和接口。对于刚进入 IT 行业的新人来说，锻炼一下是可以接受的。随着工作得越来越久，如果一直做这种事情就很难成长，要努力做一些更有难度的项目，以此来提高个人的技术能力。

> 没有最好的编程语言，语言只是工具。

刀枪棍棒、斧钺钩叉，都是"语言"；五郎八卦棍、少林十二路谭腿、洪家铁线拳，都是"设计"。记得《叶问》里有一句台词。金山找：今天我北方拳术，输给你南方拳术了。叶问：你错了，不是南北拳的问题，是你的问题。所以，当编程开发时间久了，就不会特别在意用的是哪种语言，而是会为目标服务，用最好的设计能力提供完美的服务。这也是研发人员的价值所在！

13.2 外观模式介绍

如图 13-1 所示，物流公司的货物从上架到分拣出库，对外部的送货人和取货人来说，他们并不需要知道仓库内的工作。这种模式称为外观模式，也叫门面模式。它主要解决的是降低调用方使用接口时的复杂逻辑组合。在调用方与实际的接口提供方之间添加了一个中间层，向包装逻辑提供 API 接口。有时外观模式也被用在中间件层，用服务中的通用性复杂逻辑包装中间件层，让使用方可以只关心业务开发，简化调用。

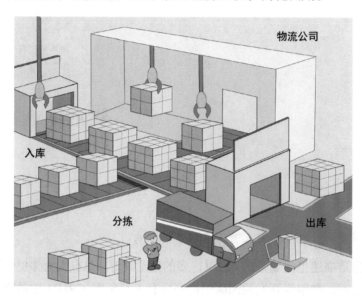

图 13-1

这种设计模式在设计产品功能时也经常会遇到，例如以往注册成为一家网站的用户时，往往要添加很多信息，包括姓名、昵称、手机号、QQ、邮箱和住址等，但现在只需要一步即可，无论是手机号还是微信，都提供了这种登录服务。对于服务端应用开发来说，以前是提供了一整套的接口，现在注册时并没有这些信息，那么服务端就需要包装接口，在前端调用注册时，服务端各个渠道获取相应的用户信息。如果获取不到，会让用户后续补全，以此来提高用户的注册量和活跃度。

13.3 中间件场景模拟

本章模拟一个将所有服务接口添加白名单的场景，如图 13-2 所示。

在项目不断壮大发展的过程中，每一次发版上线都需要测试，而这部分测试验证一般会通过白名单开量或切量的方式验证。如果在每一个接口中都添加这种逻辑，就会非常麻烦且不易维护。另外，这是一类具备通用逻辑的共性需求，非常适合开发成组件，以此治理服务，从而让研发人员可以将精力放在业务功能逻辑的开发上。

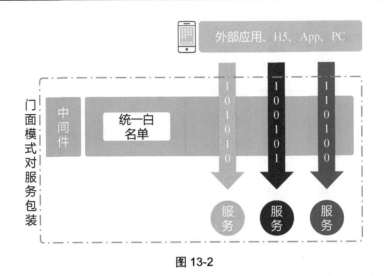

图 13-2

　　一般情况下，外观模式通常用在复杂的场景中，或有多个接口需要包装以统一对外提供服务时。此种使用方式相对简单，在日常的业务开发中也是最常用的。本例把这种设计思路放到中间件层，让服务变得可以统一控制。

13.3.1 场景模拟工程

```
cn-bugstack-design-13.0-0
└── src
    ├── main
    │   ├── java
    │   │   └── cn.bugstack.design
    │   │       ├── domain
    │   │       │   └── UserInfo.java
    │   │       ├── web
    │   │       │   └── HelloWorldController.java
    │   │       └── HelloWorldApplication.java
    │   └── resources
    │       └── application.yml
    └── test
        └── java
            └── cn.bugstack.design
                └── ApiTest.java
```

　　这是一个 SpringBoot 的 HelloWorld 工程，在工程中提供了查询用户信息的接口 HelloWorldController.queryUserInfo，为后续扩展此接口的白名单过滤做准备。

13.3.2　定义基础查询接口

```
@RestController
public class HelloWorldController {
    @Value("${server.port}")
    private int port;
    /**
     * key：需要从入参取值的属性字段，如果是对象，则从对象中取值；如果是单个值，则直接使用
     * returnJson：预设拦截时返回值，是返回对象的 JSON 文件
     *
     * http://localhost:8080/api/queryUserInfo?userId=1001
     * http://localhost:8080/api/queryUserInfo?userId=小团团
     */
    @RequestMapping(path = "/api/queryUserInfo", method = RequestMethod.GET)
    public UserInfo queryUserInfo(@RequestParam String userId) {
        return new UserInfo("虫虫:" + userId, 19, "天津市南开区旮旯胡同100号");
    }
}
```

这里提供了一个基本的查询服务，通过入参 userId 查询用户信息，后续需要扩展白名单功能。白名单是指只有指定用户才可以查询，其他用户不能查询。

13.3.3　设置 Application 启动类

```
@SpringBootApplication
@Configuration
public class HelloWorldApplication {
    public static void main(String[] args) {
        SpringApplication.run(HelloWorldApplication.class, args);
    }
}
```

这里是通用的 SpringBoot 启动类。需要添加的是一个配置注解@Configuration，便于后续读取白名单配置。

13.4　违背设计模式实现

最简单的做法是直接修改代码。累加 if 块既是实现需求最快也是最慢的方式，快是指修改当前内容快，慢是指如果同类的内容有几百个，都需要使用这种修改方式，会让后续

扩展和维护的进度越来越慢。

13.4.1　工程结构

```
cn-bugstack-design-13.0-1
└── src
    └── main
        └── java
            └── cn.bugstack.design
                └── HelloWorldController.java
```

以上的实现方式是模拟一个 API 接口类，在里面添加白名单功能，但类似这种接口有很多地方需要修改，这也是不推荐使用此种方式的主要原因。

13.4.2　代码实现

```java
public class HelloWorldController {
    public UserInfo queryUserInfo(@RequestParam String userId) {
        // 白名单拦截
        List<String> userList = new ArrayList<String>();
        userList.add("1001");
        userList.add("aaaa");
        userList.add("ccc");
        if (!userList.contains(userId)) {
            return new UserInfo("1111", "非白名单可访问用户拦截！");
        }
        return new UserInfo("虫虫:" + userId, 19, "天津市南开区旮旯胡同100号");
    }
}
```

从以上的实现方式可以看出，白名单的逻辑代码占据了一大块，但它不是业务功能流程中的逻辑，只是因为上线过程中需要在开量前测试验证。如果平时对待此类需求是用这种方式解决的，那么可以按照此种设计模式进行优化，让后续的扩展和剔除更容易。

13.5　外观模式重构代码

这次重构的核心是使用外观模式，结合 SpringBoot 中自定义 starter 中间件开发的方式，统一处理所有需要开白名单逻辑的代码。

在接下来的实现过程中，涉及的知识点包括：

- SpringBoot 的 starter 中间件开发方式。

- 面向切面编程和自定义注解的使用方法。

- 外部自定义配置信息的透传。SpringBoot 与 Spring 不同，对于此类方式获取白名单配置存在差异。

13.5.1 工程结构

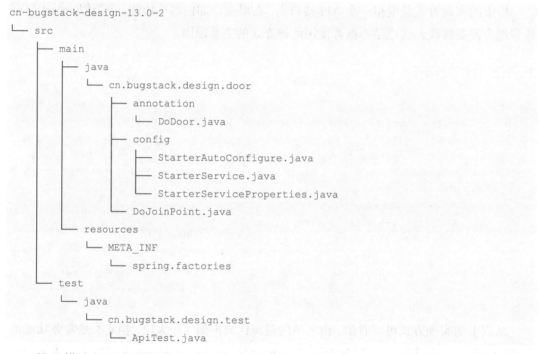

```
cn-bugstack-design-13.0-2
└── src
    ├── main
    │   ├── java
    │   │   └── cn.bugstack.design.door
    │   │       ├── annotation
    │   │       │   └── DoDoor.java
    │   │       ├── config
    │   │       │   ├── StarterAutoConfigure.java
    │   │       │   ├── StarterService.java
    │   │       │   └── StarterServiceProperties.java
    │   │       └── DoJoinPoint.java
    │   └── resources
    │       └── META_INF
    │           └── spring.factories
    └── test
        └── java
            └── cn.bugstack.design.test
                └── ApiTest.java
```

外观模式切面中间件类关系如图 13-3 所示，左侧是对切面的处理，右侧是为了在 SpringBoot 中获取配置文件。外观模式可以对接口的包装提供接口服务，也可以通过自定义注解对接口提供服务能力。

> 注意：设计模式讲求的是思想，而不是固定的实现方式。

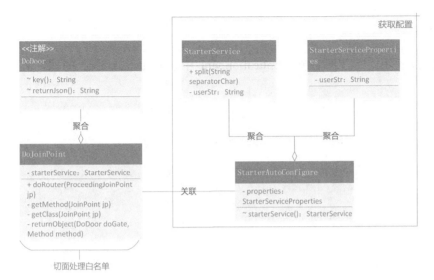

图 13-3

13.5.2　配置服务类

```java
public class StarterService {
    private String userStr;
    public StarterService(String userStr) {
        this.userStr = userStr;
    }
    public String[] split(String separatorChar) {
        return StringUtils.split(this.userStr, separatorChar);
    }
}
```

配置服务类的内容比较简单，只是为了获取 SpringBoot 中配置文件的信息内容。

13.5.3　配置类注解定义

```java
@ConfigurationProperties("itstack.door")
public class StarterServiceProperties {
    private String userStr;
    public String getUserStr() {
        return userStr;
    }
    public void setUserStr(String userStr) {
        this.userStr = userStr;
```

```
    }
}
```

配置类注解用于定义后续在 application.yml 中添加 itstack.door 的配置信息。

13.5.4　获取自定义配置类信息

```
@Configuration
@ConditionalOnClass(StarterService.class)
@EnableConfigurationProperties(StarterServiceProperties.class)
public class StarterAutoConfigure {
    @Autowired
    private StarterServiceProperties properties;
    @Bean
    @ConditionalOnMissingBean
    @ConditionalOnProperty(prefix = "itstack.door", value = "enabled", havingValue
        = "true")
    StarterService starterService() {
        return new StarterService(properties.getUserStr());
    }
}
```

以上代码是获取配置的过程，主要是对注解@Configuration、@ConditionalOnClass、@EnableConfigurationProperties 的定义，这一部分主要是与 SpringBoot 的结合使用方法。

13.5.5　切面注解定义

```
@Retention(RetentionPolicy.RUNTIME)
@Target(ElementType.METHOD)
public @interface DoDoor {
    String key() default "";
    String returnJson() default "";
}
```

切面注解定义了外观模式切面注解，后续将此注解添加到需要扩展白名单的方法上。这里提供了两个入参：key 获取某个字段，例如用户 ID；returnJson 确定白名单拦截后返回的具体内容。

13.5.6　白名单切面逻辑

```
@Aspect
@Component
```

```java
public class DoJoinPoint {
    private Logger logger = LoggerFactory.getLogger(DoJoinPoint.class);
    @Autowired
    private StarterService starterService;
    @Pointcut("@annotation(cn.bugstack.design.door.annotation.DoDoor)")
    public void aopPoint() {
    }
    @Around("aopPoint()")
    public Object doRouter(ProceedingJoinPoint jp) throws Throwable {
        //获取内容
        Method method = getMethod(jp);
        DoDoor door = method.getAnnotation(DoDoor.class);
        //获取字段值
        String keyValue = getFieldValue(door.key(), jp.getArgs());
        logger.info("itstack door handler method: {} value: {}", method.getName(),
            keyValue);
        if (null == keyValue || "".equals(keyValue)) return jp.proceed();
        //配置内容
        String[] split = starterService.split(",");
        //白名单过滤
        for (String str : split) {
            if (keyValue.equals(str)) {
                return jp.proceed();
            }
        }
        //拦截
        return returnObject(door, method);
    }
    private Method getMethod(JoinPoint jp) throws NoSuchMethodException {
        Signature sig = jp.getSignature();
        MethodSignature methodSignature = (MethodSignature) sig;
        return getClass(jp).getMethod(methodSignature.getName(),
            methodSignature.get-ParameterTypes());
    }
    private Class<? extends Object> getClass(JoinPoint jp)
        throws NoSuchMethodException {
        return jp.getTarget().getClass();
    }
    //返回对象
    private Object returnObject(DoDoor doGate, Method method)
        throws IllegalAccessException, InstantiationException {
        Class<?> returnType = method.getReturnType();
        String returnJson = doGate.returnJson();
```

```
        if (" ".equals(returnJson)) {
            return returnType.newInstance();
        }
        return JSON.parseObject(returnJson, returnType);
    }
    //获取属性值
    private String getFieldValue(String field, Object[] args) {
        String fieldValue = null;
        for (Object arg : args) {
            try {
                if (null == fieldValue || " ".equals(fieldValue)) {
                    fieldValue = BeanUtils.getProperty(arg, field);
                } else {
                    break;
                }
            } catch (Exception e) {
                if (args.length == 1) {
                    return args[0].toString();
                }
            }
        }
        return fieldValue;
    }
}
```

这里包括的内容较多，核心逻辑主要是 Object doRouter(ProceedingJoinPoint jp)，接下来分别介绍。

1. @Pointcut(" @annotation(cn.bugstack.design.door.annotation.DoDoor) ")

定义切面，这里采用的是注解路径，也就是所有加入这个注解的方法都会被切面管理。

2. getFieldValue

获取指定 key，也就是获取入参中的某个属性，这里主要是获取用户 ID，通过 ID 拦截校验。

3. returnObject

返回拦截后的转换对象，当非白名单用户访问时，会返回一些提示信息。

4. doRouter

切面核心逻辑，这部分主要是判断当前访问的用户 ID 是否为白名单用户。如果是，则放行 jp.proceed();，否则返回自定义的拦截提示信息。

13.6　重构后工程验证

这里的测试会在工程 cn-bugstack-design-13.0-0 中进行，通过引入 jar 包、配置注解的方式验证。

13.6.1　引入中间件 POM 配置

```
<dependency>
    <groupId>org.springframework.boot</groupId>
    <artifactId>cn-bugstack-design-13.0-2</artifactId>
    <version>2.1.2.RELEASE</version>
    <scope>compile</scope>
</dependency>
```

打包白名单控制中间件工程 cn-bugstack-design-13.0-2，给外部提供 jar 包服务。 在实际的开发中，将这种 jar 包上传到 Maven 仓库，供调用方引入。

13.6.2　配置 application.yml

```
# 自定义中间件配置
itstack:
  door:
    enabled: true
    userStr: 1001,aaaa,ccc #白名单用户 ID，用多个逗号隔开
```

这里主要加入了白名单的开关和用户 ID，用逗号隔开。即用户 ID 为 1001、aaaa 和 ccc 的三位用户可以正常访问接口。

13.6.3　在 Controller 中添加自定义注解

```
/**
 * http://localhost:8080/api/queryUserInfo?userId=1001
 * http://localhost:8080/api/queryUserInfo?userId=小团团
 */
@DoDoor(key = "userId", returnJson = "{\"code\":\"1111\",\"info\":\"非白名单可访问用户
    拦截! \"}")
@RequestMapping(path = "/api/queryUserInfo", method = RequestMethod.GET)
```

```
public UserInfo queryUserInfo(@RequestParam String userId) {
    return new UserInfo("虫虫:" + userId, 19, "天津市南开区旮旯胡同 100 号");
}
```

核心的内容主要是对自定义的注解添加 @DoDoor，即外观模式的中间件化实现。

- **key**：是需要从入参中取值的属性字段，如果是对象，则从对象中取值；如果是单个值，则直接使用。

- **returnJson**：是预设拦截时的返回值，是返回对象的 JSON 文件。

13.6.4　启动 SpringBoot

```
  .   ____          _            __ _ _
 /\\ / ___'_ __ _ _(_)_ __  __ _ \ \ \ \
( ( )\___ | '_ | '_| | '_ \/ _` | \ \ \ \
 \\/  ___)| |_)| | | | | || (_| |  ) ) ) )
  '  |____| .__|_| |_|_| |_\__, | / / / /
 =========|_|==============|___/=/_/_/_/
 :: Spring Boot ::        (v2.1.2.RELEASE)
2020-10-24 23:56:55.451  WARN 65228 --- [main] ion$DefaultTemplateResolverConfiguration :
Cannot find template location: classpath:/templates/ (please add some templates or
check your Thymeleaf configuration)
2020-10-24 23:56:55.531  INFO 65228 --- [main] o.s.b.w.embedded.tomcat.TomcatWebServer:
Tomcat started on port(s): 8080 (http) with context path ''
2020-10-24 23:56:55.533  INFO 65228 --- [main] o.b.design.HelloWorldApplication: Started
HelloWorldApplication in 1.688 seconds (JVM running for 2.934)
```

启动正常，**SpringBoot** 已经可以对外提供服务。启动的过程非常简单，直接在类 HelloWorldApplication 中运行即可。

13.6.5　访问接口测试

1. 白名单用户访问

```
http://localhost:8080/api/queryUserInfo?userId=1001
{"code":"0000","info":"success","name":"虫虫:1001","age":19,"address":"天
津市南开区旮旯胡同 100 号"}
```

此时的测试结果显示正常，可以收到接口数据。

2. 非白名单用户访问

```
http://localhost:8080/api/queryUserInfo?userId=小团团
```

{ " code " : " 1111 " , " info " : " 非白名单可访问用户拦截！ " , " name " :null, " age " :null, " address " :null}

这次把 userId 换成小团团，此时返回的信息已经是被拦截的信息。而这个拦截信息正是自定义注解中的信息@DoDoor(key = " userId " , returnJson = " {\ " code\ " :\ " 1111\ " , \ " info\ " :\ " 非白名单可访问用户拦截！ \ " } ")。

13.7 本章总结

本章通过中间件的方式实现外观模式，这种设计可以很好地增强代码的隔离性及复用性，不仅使用起来非常灵活，也降低了对每一个系统开发白名单拦截服务带来的风险及测试成本。可能有读者认为这只是非常简单的白名单控制，会有是否需要这样处理的疑问。但往往一个小小的开始会影响后续迭代的扩展，实际的业务开发往往也会复杂得多。 很多时候不是设计模式没有用，而是研发人员的编程开发经验不足，导致即使学了设计模式也很难驾驭。毕竟这些知识都是经过一些实际操作提炼出来的，只要按照本书中案例的方式学习实操，是可以提升代码架构和设计能力的。

第 14 章

享元模式

14.1　码农心得

程序员的上下文是什么？

很多时候有些研发人员只关注功能的实现，只要自己把负责的需求写完就可以了，像被动地交作业。出现这种问题一方面是由于研发人员没有深入思考自己的职业发展，另一方面是对于编程开发没有产生兴趣。就职业发展来看，如果不能很好地处理上文（产品）和下文（测试）的关系，就不能很好地了解业务发展和产品迭代，也不能编写出体系结构优秀的代码。日久天长，很难跨越一座座技术成长的分水岭。

拥有接受和学习新知识的能力。

是否有过这种感受：小时候虽然什么都不会，但接受知识的能力很强；随着长大成人，接受新鲜事物的能力却没有增长，不愿听取别人的意见，就像即使看到了一片森林，在视觉盲区的影响下，也会过滤掉 80%的树木，因此导致能力不再有较快的提升。

14.2　享元模式介绍

享元模式主要用于共享通用对象，减少内存的使用，提升系统的访问效率，如图 14-1 所示。较大的对象通常比较耗费内存，需要查询大量的接口或使用数据库资源，因此有必要统一抽离出来作为共享对象使用。

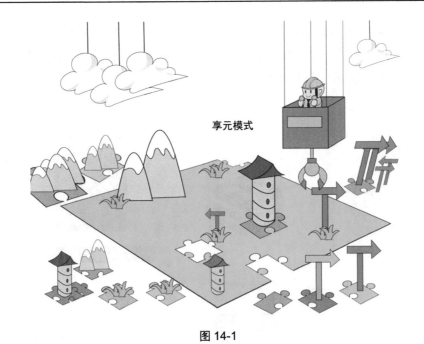

图 14-1

另外，享元模式可以分为在服务端和在客户端，一般在互联网 H5 和 Web 场景下，大部分数据都需要在服务端处理，如数据库连接池的使用、多线程线程池的使用。除了这些功能，有些需要经过服务端包装处理再下发给客户端，因为服务端需要做享元处理。但在一些游戏场景中，很多客户端需要渲染地图效果，如树木、花草、鱼虫，通过设置不同的元素描述，使用享元共用对象，可以减少内存的占用，让客户端的游戏更加流畅。在享元模式的实现过程中，需要用到享元工厂管理独立的对象和共享的对象，避免出现线程安全的问题。

14.3 缓存优化查询场景

本案例模拟商品秒杀场景中使用享元模式优化查询，如图 14-2 所示。

你是否经历过一个商品下单功能的项目，从最初的日均十几单到一个月后每个时段流量破万。如果没有相关经验，最初可能会使用数据库行级锁的方式保证商品库存的扣减操作。随着业务的快速发展，参与秒杀的用户越来越多，这时数据库已经无法支撑，所以一般会使用 Redis 的分布式锁控制商品库存。另外，针对不同商品信息的查询，不需要每次都从数据库中获取，因为除了商品库存，其他商品信息都是固定不变的，所以一般会缓存到 Redis 中。这里模拟使用享元模式搭建工厂结构，提供活动商品的查询服务。商品信息相当于不变的信息，商品库存相当于变化的信息。

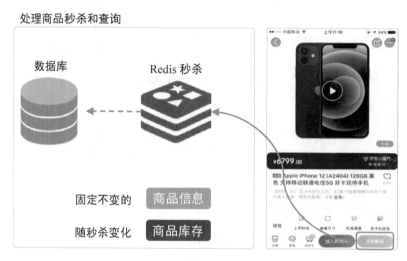

图 14-2

14.4　违背设计模式实现

对于这部分逻辑的查询，一般情况下都是先查询固定不变的商品信息，再使用过滤的信息或通过添加 if 判断的方式补充变化的信息，也就是商品库存。虽然采用这种编写方式在最开始并不会发现什么问题，但随着方法逻辑的增加，就会有越来越多的重复代码。

14.4.1　工程结构

```
cn-bugstack-design-14.0-1
└── src
    └── main
        └── java
            └── cn.bugstack.design
                └── ActivityController.java
```

以上工程结构比较简单，只有一个控制类 ActivityController 用于查询活动信息。

14.4.2 代码实现

```java
public class ActivityController {
    public Activity queryActivityInfo(Long id) {
        // 模拟实际业务应用从接口中获取活动信息
        Activity activity = new Activity();
        activity.setId(10001L);
        activity.setName("图书嗨乐");
        activity.setDesc("图书优惠券分享激励活动第二期");
        activity.setStartTime(new Date());
        activity.setStopTime(new Date());
        activity.setStock(new Stock(1000,1));
        return activity;
    }
}
```

这里模拟的是从接口中查询活动信息，基本是从数据库中获取所有的商品信息和商品库存。有点像实现一个商品销售系统，数据库可以支撑下单流量。随着业务的发展，当需要扩展代码功能时，将商品库存交给 Redis 处理，需要从 Redis 中获取活动的商品库存，而不是从数据库中获取，否则将造成数据不一致的问题。

14.5 享元模式重构代码

在日常开发中，使用享元模式的情况并不多，除了一些线程池、数据库连接池，还包括游戏中的场景渲染。享元模式的设计思想是减少内存的使用，与原型模式通过复制对象的方式生成复杂对象、减少 RPC 调用的思想是类似的。

14.5.1 工程结构

```
cn-bugstack-design-14.0-2
└── src
    ├── main
    │   └── java
    │       └── cn.bugstack.design
    │           ├── util
    │           │   └── RedisUtils.java
```

```
                    ├── Activity.java
                    ├── ActivityController.java
                    ├── ActivityFactory.java
                    └── Stock.java
    └── test
        └── java
            └── cn.bugstack.design.test
                └── ApiTest.java
```

享元模式查询商品信息类关系如图 14-3 所示。

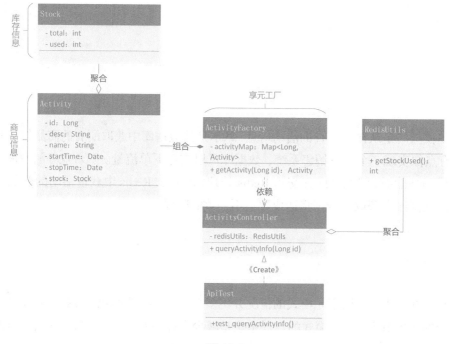

图 14-3

左侧构建的是享元工厂，提供固定活动数据的查询功能。右侧是 Redis 存放的库存数据，最终交给活动控制类 ActivityController，处理查询操作，并提供活动的所有商品信息和商品库存。因为商品库存是变化的，所以在模拟的 RedisUtils 中设置了定时任务消耗商品库存。

14.5.2　商品活动信息类

```
public class Activity {
```

```
    private Long id;        // 活动 ID
    private String name;    // 活动名称
    private String desc;    // 活动描述
    private Date startTime;  // 开始时间
    private Date stopTime;  // 结束时间
    private Stock stock;    // 活动库存
    // ...get/set
}
```

这里的对象类比较简单，只是一个活动的基础信息：活动 ID、活动名称、活动描述、开始时间、结束时间和活动库存。虽然实际的业务开发会更多，但基本是一致的。在创建类对象时，要明确类对象的意义，不要含有过多不属于此对象的属性。

14.5.3　商品活动库存信息类

```
public class Stock {
    private int total; // 库存总量
    private int used;  // 库存已用
    // ...get/set
}
```

这里是商品库存数据，单独提供了一个类用于保存数据。因为有单独类用于存储商品库存，就可以把一个简单的类存放到 Redis 中，而不需要把整个商品活动信息类都存入其中。

14.5.4　享元工厂

```
public class ActivityFactory {
    static Map<Long, Activity> activityMap = new HashMap<Long, Activity>();
    public static Activity getActivity(Long id) {
        Activity activity = activityMap.get(id);
        if (null == activity) {
            // 模拟实际业务应用从接口中获取活动信息
            activity = new Activity();
            activity.setId(10001L);
            activity.setName("图书嗨乐");
            activity.setDesc("图书优惠券分享激励活动第二期");
            activity.setStartTime(new Date());
            activity.setStopTime(new Date());
            activityMap.put(id, activity);
        }
        return activity;
```

```
    }
}
```

这里提供的是一个享元工厂，通过 Map 结构存放已经从库表或接口中查询到的数据，并存放到内存中，方便下次直接获取。这种结构在编程开发中是比较常见的，有时也为了保证分布式系统部署能获取到信息，会把数据存放到 Redis 中。

14.5.5 模拟 Redis 服务

```
public class RedisUtils {
    private ScheduledExecutorService scheduledExecutorService
        = Executors.newScheduledThreadPool(1);
    private AtomicInteger stock = new AtomicInteger(0);
    public RedisUtils() {
        scheduledExecutorService.scheduleAtFixedRate(() -> {
            // 模拟库存消耗
            stock.addAndGet(1);
        }, 0, 100000, TimeUnit.MICROSECONDS);
    }
    public int getStockUsed() {
        return stock.get();
    }
}
```

这里除了模拟 Redis 的操作工具类，还提供了一个定时任务，用于模拟库存消耗，这样可以在测试时观察商品库存的变化。

14.5.6 活动控制类

```
public class ActivityController {
    private RedisUtils redisUtils = new RedisUtils();
    public Activity queryActivityInfo(Long id) {
        Activity activity = ActivityFactory.getActivity(id);
        // 模拟从 Redis 中获取商品库存变化信息
        Stock stock = new Stock(1000, redisUtils.getStockUsed());
        activity.setStock(stock);
        return activity;
    }
}
```

在活动控制类中使用了享元工厂获取活动信息，查询后将商品库存信息再补充到商品活动库存信息对应的库存属性中。因为商品库存信息是变化的，而商品活动信息是固定不变的。最终，通过统一的控制类，就可以把完整包装后的商品活动信息返回给调用方。

14.5.7　测试验证

1. 单元测试

```
public class ApiTest {
    private Logger logger = LoggerFactory.getLogger(ApiTest.class);
    private ActivityController activityController = new ActivityController();
    @Test
    public void test_queryActivityInfo() throws InterruptedException {
        for (int idx = 0; idx < 10; idx++) {
            Long req = 10001L;
            Activity activity = activityController.queryActivityInfo(req);
            logger.info("测试结果: {} {}", req, JSON.toJSONString(activity));
            Thread.sleep(1200);
        }
    }
}
```

这里通过活动查询控制类，在 for 循环的操作中查询了 10 次活动信息，同时为了保证商品库存定时任务的变化，增加了睡眠操作。

> 注意：在实际的开发中不会有这种睡眠操作。

2. 测试结果

```
22:32:29.891 [main] INFO  cn.bugstack.design.test.ApiTest - 测试结果: 10001 {"desc":
"图书优惠券分享激励分享活动第二期","id":10001,"name":"图书嗨乐","startTime":160376594
9759,"stock":{"total":1000,"used":1},"stopTime":1603765949759}
22:32:31.095 [main] INFO  cn.bugstack.design.test.ApiTest - 测试结果: 10001 {"desc":
"图书优惠券分享激励分享活动第二期","id":10001,"name":"图书嗨乐","startTime":16037659
49759,"stock":{"total":1000,"used":14},"stopTime":1603765949759}
22:32:32.295 [main] INFO  cn.bugstack.design.test.ApiTest - 测试结果: 10001 {"desc":
"图书优惠券分享激励分享活动第二期","id":10001,"name":"图书嗨乐","startTime":16037659
49759,"stock":{"total":1000,"used":26},"stopTime":1603765949759}
22:32:33.497 [main] INFO  cn.bugstack.design.test.ApiTest - 测试结果: 10001 {"desc":
"图书优惠券分享激励分享活动第二期","id":10001,"name":"图书嗨乐","startTime":16037659
49759,"stock":{"total":1000,"used":38},"stopTime":1603765949759}
Process finished with exit code -1
```

可以仔细看一下 stock 部分的商品库存是一直在变化的："1、14、26、38"。其他部分为活动信息，是固定不变的，所以使用享元模式拆分这种结构。

14.6　本章总结

可以着重学习享元工厂的实现方式，在一些有大量重复对象可复用的场景中，在服务端减少接口的调用，在客户端减少内存的占用，是享元模式的主要应用特点。另外，通过 Map 结构，使用一个固定 ID 存放和获取对象是非常关键的。不只是在享元模式中，在工厂模式、适配器模式和组合模式中都可以通过 Map 结构存放服务，供外部获取，减少 if···else 的判断使用。当然，享元模式虽然可以减少内存的占用，但也有缺点：在一些复杂的业务处理场景中，不容易区分内部状态和外部状态。就像活动信息部分与库存变化部分如果不能很好地拆分，会把享元工厂设计得非常混乱，难以维护。

第 15 章

代理模式

15.1　码农心得

在编程开发过程中如果遇到瓶颈期，往往是由于没有找到前进的方向。这时特别希望能有人告诉你，还欠缺什么或者应朝着哪个方向努力。而导致出现这一问题的主要原因是由于日常业务开发多是日复一日的重复工作。既没有经历过太多的挑战，也没有参与过较大体量的业务场景。除了缺少开发场景，还缺少组内的技术讨论氛围和技术分享活动，很少有人做传播者和布道者，自己也缺少学习各项技术的热情，最终导致一直徘徊，难以提升。

小公司和大公司，该选择哪个？

在不考虑薪资的情况下，会选择哪个？有人建议去小公司，因为可以接触到各种环境；也有人建议去大公司，因为大公司正规、体量大，可以学习更多的知识。有时技术成长缓慢也和自己的选择有关，虽然在小公司能接触各种环境，但如果公司的业务体量不高，那么用到的技术栈就会相对较少，研发人员对技术栈的研究深度也会较浅。在大公司里虽然不需要关心一个集群的部署和维护、一个中间件的开发过程、全套服务监控等事宜，但如果愿意了解这些技术，是可以在内部找到的，能够汲取更多的技术营养。

15.2　代理模式介绍

如图 15-1 所示，经纪人负责演员的日常对接事务，就像代理一样。代理模式就是为了方便访问某些资源，使对象类更加易用，从而在操作上使用的代理服务。

图 15-1

代理模式经常会出现在系统或组件中，它们提供一种非常简单易用的方式，控制原本需要编写很多代码才能实现的服务类。类似以下场景：

- 在数据库访问层面会提供一个比较基础的应用，避免在对应用服务扩容时造成数据库连接数暴增。

- 使用过的一些中间件，例如 RPC 框架，在拿到 jar 包对接口的描述后，中间件会在服务启动时生成对应的代理类。当调用接口时，实际是通过代理类发出的 Socket 信息。

- 常用的 MyBatis 基本功能是定义接口，不需要写实现类就可以对 XML 或自定义注解里的 SQL 语句增删改查。

15.3　MyBatis-Spring 中代理类场景

在本案例中，模拟实现 MyBatis-Spring 中代理类生成部分，如图 15-2 所示。

当使用 MyBatis 时，只需要定义接口，而不需要写实现类就可以完成增删改查操作。本章会通过代理类交给 Spring 管理的过程介绍代理类模式。这种案例场景在实际的业务开发中并不多，因为这是将设计模式的思想运用在中间件开发上，而很多研发人员平时只是做业务开发，对 Spring 的 Bean 定义、注册，以及代理和反射调用的知识了解得相对较少。

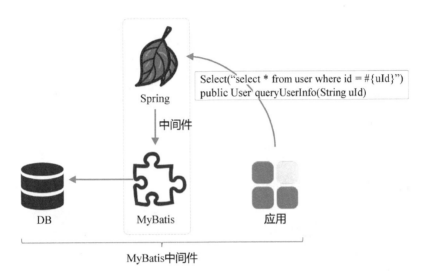

Select("select * from user where id = #{uId}")
public User queryUserInfo(String uId)

Spring

中间件

DB　　MyBatis　　应用

MyBatis中间件

图 15-2

15.4　代理类模式实现过程

接下来介绍如何用代理类模式实现在 MyBatis 中对类的代理，也就是只需定义接口，就可以关联到方法注解中的 SQL 语句，完成对数据库的操作。这里需要先掌握一些知识点：

- BeanDefinitionRegistryPostProcessor：Spring 的接口类用于处理对 Bean 的定义注册。

- GenericBeanDefinition：用于定义 Bean 的信息，与在 MyBatis-Spring 中使用的 ScannedGenericBeanDefinition 略有不同。

- FactoryBean：用于处理 Bean 工厂的类，该类很常见。

15.4.1　工程结构

```
cn-bugstack-design-15.0-0
└── src
```

```
└── main
    └── java
        └── cn.bugstack.design
            └── agent
                ├── MapperFactoryBean.java
                ├── RegisterBeanFactory.java
                └── Select.java
            └── IUserDao.java
    └── resources
        └── spring-config.xml
└── test
    └── java
        └── cn.bugstack.design.test
            └── ApiTest.java
```

代理模式中间件模型类关系如图 15-3 所示。

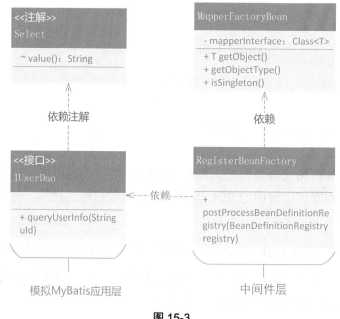

图 15-3

在图 15-3 中，左侧对应的是功能的使用，右侧对应的是中间件的实现部分。此模型虽然涉及的类并不多，但都是抽离出来的核心处理类，这样更方便读者了解这段代码的本质。以上代码主要做的事情是将类的代理注册到 Spring 中，把对象 Bean 交给 Spring 管理，也就起到了"代理"的作用。

15.4.2　自定义注解

```
@Documented
@Retention(RetentionPolicy.RUNTIME)
@Target({ElementType.METHOD})
public @interface Select {
    String value() default " ";   // SQL 语句
}
```

这里定义了一个模拟 MyBatis-Spring 中的自定义注解，用在方法层面。

15.4.3　Dao 层接口

```
public interface IUserDao {
    @Select("select userName from user where id = #{uId}")
    String queryUserInfo(String uId);
}
```

定义一个 Dao 层接口，并添加自定义注解，与 MyBatis 组件是一样的。 现在是准备工作部分，后面开始实现中间件功能。

15.4.4　代理类定义

```
public class MapperFactoryBean<T> implements FactoryBean<T> {
    private Logger logger = LoggerFactory.getLogger(MapperFactoryBean.class);
    private Class<T> mapperInterface;
    public MapperFactoryBean(Class<T> mapperInterface) {
        this.mapperInterface = mapperInterface;
    }

    @Override
    public T getObject() throws Exception {
        InvocationHandler handler = (proxy, method, args) -> {
            Select select = method.getAnnotation(Select.class);
            logger.info("SQL: {}", select.value().replace("#{uId}", args[0].
                toString()));
            return args[0] + ",小傅哥,bugstack.cn - 沉淀、分享、成长,
                让自己和他人都能有所收获! ";
        };
        return (T) Proxy.newProxyInstance(this.getClass().getClassLoader(),
            new Class[]{mapperInterface}, handler);
    }
```

```
    @Override
    public Class<?> getObjectType() {
        return mapperInterface;
    }
    @Override
    public boolean isSingleton() {
        return true;
    }
}
```

如果阅读过 MyBatis 源码，可以看到 MapperFactoryBean 类。本章也模拟一个这种类，在里面实现对代理类的定义。通过继承 FactoryBean，提供对象 Bean，也就是方法 TgetObject()。在方法 getObject() 中提供类的代理，并模拟对 SQL 语句的处理，这里包含了当用户调用 Dao 层方法时的处理逻辑。还有最上面提供构造函数透传需要被代理的类 Class<T> mapperInterface，在 MyBatis 中也使用这种方式透传。另外，getObjectType() 提供对象类型反馈，且 isSingleton() 返回类是单例的。

15.4.5　将 Bean 定义注册到 Spring 容器

```
public class RegisterBeanFactory implements BeanDefinitionRegistryPostProcessor {
    @Override
    public void postProcessBeanDefinitionRegistry(BeanDefinitionRegistry registry)
        throws BeansException {
        GenericBeanDefinition beanDefinition = new GenericBeanDefinition();
        beanDefinition.setBeanClass(MapperFactoryBean.class);
        beanDefinition.setScope("singleton");
        beanDefinition.getConstructorArgumentValues().addGenericArgumentValue
            (IUserDao.class);
        BeanDefinitionHolder definitionHolder = new BeanDefinitionHolder
            (beanDefinition, "userDao");
        BeanDefinitionReaderUtils.registerBeanDefinition(definitionHolder, registry);
    }
    @Override
    public void postProcessBeanFactory(ConfigurableListableBeanFactory
        configurableListableBeanFactory) throws BeansException {
    }
}
```

将代理的 Bean 交给 Spring 容器管理，可以非常方便地获取代理的对象 Bean。这部分是 Spring 中关于一个对象 Bean 注册过程的源码。GenericBeanDefinition 用于定义一个对象 Bean 的基本信息 setBeanClass(MapperFactoryBean.class);，也可以把 IUserDao 接口类通过 addGenericArgumentValue(IUserDao.class); 透传给构造函数。最后使用 BeanDefinitionReaderUtils.registerBeanDefinition 注册对象 Bean，也就是注册到 DefaultListableBeanFactory 中。

15.4.6　配置文件 spring-config

```
<?xml version="1.0" encoding="UTF-8"?>
<beans xmlns="http://www.springframework.org/schema/beans"
      xmlns:xsi="http://www.w3.org/2001/XMLSchema-instance"
      xsi:schemaLocation="http://www.springframework.org/schema/beans http://www.
          springframework.org/schema/beans/spring-beans-3.0.xsd"
      default-autowire="byName">
    <bean id="userDao" class="cn.bugstack.design.agent.RegisterBeanFactory"/>
</beans>
```

接下来在配置文件中添加 Bean 配置，在 MyBatis 中一般会配置扫描的 Dao 层包，这样就可以减少这部分的配置。

15.4.7　测试验证

1. 单元测试

```
@Test
public void test_IUserDao() {
    BeanFactory beanFactory = new ClassPathXmlApplicationContext("spring-config.xml");
    IUserDao userDao = beanFactory.getBean("userDao", IUserDao.class);
    String res = userDao.queryUserInfo("100001");
    logger.info("测试结果: {}", res);
}
```

测试的过程比较简单，通过加载 Bean 工厂，获取代理类的实例对象，之后调用方法并返回结果。可以看到，接口 IUserDao 没有一个硬编码的实现类，而是使用代理的方式给接口生成一个实现类，并交给 Spring 管理。

2. 测试结果

```
11:34:54.054 [main] DEBUG o.s.b.f.s.DefaultListableBeanFactory - Finished creating i
nstance of bean 'userDao'
11:34:54.056 [main] DEBUG o.s.c.s.ClassPathXmlApplicationContext - Unable to locate
LifecycleProcessor with name 'lifecycleProcessor': using default [org.springframewor
```

```
k.context.support.DefaultLifecycleProcessor@ba8d91c]
11:34:54.056 [main] DEBUG o.s.b.f.s.DefaultListableBeanFactory - Returning cached
instance of singleton bean 'lifecycleProcessor'
11:34:54.058 [main] DEBUG o.s.c.e.PropertySourcesPropertyResolver - Could not find
key 'spring.liveBeansView.mbeanDomain' in any property source
11:34:54.059 [main] DEBUG o.s.b.f.s.DefaultListableBeanFactory - Returning cached
instance of singleton bean 'userDao'
11:34:54.103 [main] INFO  c.b.design.agent.MapperFactoryBean - SQL: select userName
from user where id = 100001
11:34:54.104 [main] INFO  cn.bugstack.design.test.ApiTest - 测试结果：100001 小傅哥，沉
淀、分享、成长，让自己和他人都能有所收获!
```

从测试结果可以看到打印了 SQL 语句，这部分语句是从自定义注解中获取的 select userName from user where id = 100001，并做了简单的适配。在 MyBatis 框架中会交给 SqlSession 的实现类进行逻辑处理，并将最终执行的 SQL 结果数据返回到数据库。这里的测试结果是固定的，如果愿意进行更加深入的研究，可以尝试关联数据库操作层，让框架更加完善。

15.5　本章总结

本章选取了案例，通过开发一个关于 MyBatis-Spring 中间件中的部分核心功能，体现代理模式的强大之处。虽然涉及的一些关于代理类的创建及 Spring 中对象 Bean 的注册等知识点在平常的业务开发中很少用到，但在中间件开发中却很常见。代理模式除了用于开发中间件，还可用于对服务进行包装、物联网组件等，让复杂的各项服务变为轻量级调用和缓存使用。比如家里的电灯开关，我们不用通过控制 220 V 电源，而是可以使用开关控制，避免触电。代理模式的设计方式可以让代码更加整洁、干净，易于维护，虽然在这部分开发过程中额外增加了很多类，但是这种中间件的复用性极高，也更加智能，也可以非常方便地扩展到各种服务应用中。

第 16 章

责任链模式

16.1　码农心得

场地和场景的重要性。

射击需要在靶场练习，滑雪要在雪场体验，开车需要上路实践，而编程开发除了能完成产品的功能流程，还需要保证系统的可靠性。就像 QPS、TPS、TP99、TP999、可用率和响应时长等系统监控指标，这些指标的总和评估决定着一个系统的健康度。如果没有听过这些技术名词，也没接触过类似的高并发场景，就会像虽然驾照考试科目一考了 100 分，但也不能上路。如果没有经过在这种技术场景下的训练，不断地体会系统的"脾气秉性"，即便有再多的想法也是纸上谈兵。所以，如果想学习，一定要找到真实的场景。

没有设计图纸敢盖楼吗？

编程开发中最有价值的是什么？是设计，运用架构思维、经验心得和才华灵感，构建出最佳的系统。真正的研发人员会把自己写的代码当作品欣赏，在他们的眼里，这不仅是一份工作，更是一种工匠精神。就像自己会因为一个独特的设计而情不自禁，为能上线一个支撑每秒 200 万次访问量的系统而精神焕发。这种自豪感源于自己的日积月累，不断地把视野拓宽，既能看到上层设计，也能知晓根基建设；既可以把控全局，也可以治理细节。

16.2　责任链模式介绍

看到图 16-1，小和尚们在一个接一个地挑水，你是否会想起周星驰主演的电影《回魂夜》，大家坐在海边围成一个圈，拿着一个点燃的炸弹，互相传递。

和尚挑水

图 16-1

责任链模式的核心是解决一组服务中的先后执行关系，就像出差借款需要审批，5000 元以下直接找部门领导、分管领导、财务部门审批，5000 元以上需要找更高一级的领导审批。

16.3 系统上线审批场景

本案例模拟在 "618" 大促期间，各大电商平台的业务系统上线审批流程的场景，如图 16-2 所示。

电商平台在 "618" 大促期间都会做一些运营活动，所有开发的这些系统都需要陆续上线。当临近大促时，会有一些紧急的需求需要上线，为了保障线上系统的稳定性，会相应地增强审批力度，就像一级响应、二级响应一样。在审批的过程中，在特定时间点会加入不同级别的负责人，每位负责人就像责任链模式中的一个核心点。研发人员并不需要关心具体的审批流程处理细节，只需要知道审批上线更严格、级别也更高。

接下来模拟一个业务场景，使用责任链的设计模式实现此功能。

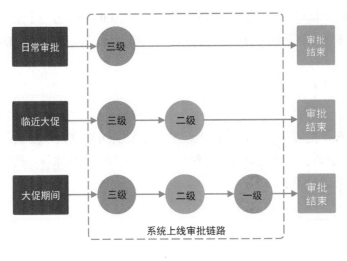

图 16-2

16.3.1　场景模拟工程

```
cn-bugstack-design-16.0-0
└── src
    └── main
        └── java
            └── cn.bugstack.design
                └── AuthService.java
```

这里的代码结构比较简单，只有一个模拟审批和查询审批结果的服务类。相当于可以调用这个类审批工程并获取审批结果，这部分结果信息被模拟写到缓存中。

16.3.2　模拟审批服务

```java
public class AuthService {
    private static Map<String, Date> authMap = new ConcurrentHashMap<String, Date>();
    public static Date queryAuthInfo(String uId, String orderId) {
        return authMap.get(uId.concat(orderId));
    }
    public static void auth(String uId, String orderId) {
        authMap.put(uId.concat(orderId), new Date());
    }
}
```

这里提供了两个接口，一个是查询审批结果 queryAuthInfo，另一个是处理审批 auth。这部分是把由谁审批和审批的单子 ID 作为唯一的 Key 值，记录在内存 Map 结构中。

16.4 违背设计模式实现

按照场景需求审批流程，平常系统上线时只需要三级负责人审批就可以，但是到了"618"大促期间，就需要二级负责人及一级负责人一起加入审批系统。这里使用非常直接的 if 判断方式实现这种需求。

16.4.1 工程结构

```
cn-bugstack-design-16.0-1
└── src
    └── main
        └── java
            └── cn.bugstack.design
                └── AuthController.java
```

工程结构非常简单，只包含了一个审批的控制类，就像有些初学者开始写代码一样，用一个类写出所有的需求。

16.4.2 代码实现

```java
public class AuthController {
    private SimpleDateFormat f = new SimpleDateFormat("yyyy-MM-dd HH:mm:ss");// 时间格式化
    public AuthInfo doAuth(String uId, String orderId, Date authDate)
        throws ParseException {
        // 三级审批
        Date date = AuthService.queryAuthInfo("1000013", orderId);
        if (null == date) return new AuthInfo
            ("0001", "单号: ", orderId, " 状态: 待三级负责人审批 ", "王工");
        // 二级审批
        if (authDate.after(f.parse("2020-06-01 00:00:00")) && authDate.before
            (f.parse("2020-06-25 23:59:59"))) {
            date = AuthService.queryAuthInfo("1000012", orderId);
            if (null == date) return new AuthInfo
                ("0001", "单号: ", orderId, " 状态: 待二级负责人审批 ", "张经理");
```

```
    }
    // 一级审批
    if (authDate.after(f.parse("2020-06-11 00:00:00")) && authDate.before
        (f.parse("2020-06-20 23:59:59"))) {
        date = AuthService.queryAuthInfo("1000011", orderId);
        if (null == date) return new AuthInfo
            ("0001", "单号: ", orderId, " 状态: 待一级负责人审批 ", "段总");
    }
    return new AuthInfo("0001", "单号: ", orderId, " 状态: 审批完成");
    }
}
```

这段代码从上到下分别对在指定时间范围内由不同的人员审批进行了判断，就像大促期间上线时需要三位负责人都审批才允许系统上线一样。这种功能看起来很简单，但在实际的业务中会有很多部门逻辑。如果按这样实现就很难进行扩展，并且改动扩展时也非常麻烦。

16.4.3 测试验证

1. 单元测试

```
@Test
public void test_AuthController() throws ParseException {
    AuthController authController = new AuthController();
    // 模拟三级负责人审批
    logger.info("测试结果: {}", JSON.toJSONString(authController.doAuth("小傅哥",
        "1000998004813441", new Date())));
    logger.info("测试结果: {}", "模拟三级负责人审批，王工");
    AuthService.auth("1000013", "1000998004813441");
    // 模拟二级负责人审批
    logger.info("测试结果: {}", JSON.toJSONString(authController.doAuth("小傅哥",
        "1000998004813441", new Date())));
    logger.info("测试结果: {}", "模拟二级负责人审批，张经理");
    AuthService.auth("1000012", "1000998004813441");
    // 模拟一级负责人审批
    logger.info("测试结果: {}", JSON.toJSONString(authController.doAuth("小傅哥",
        "1000998004813441", new Date())));
    logger.info("测试结果: {}", "模拟一级负责人审批，段总");
    AuthService.auth("1000011", "1000998004813441");
    logger.info("测试结果: {}", "审批完成");
}
```

这里模拟每次查询是否审批已完成，随着审批的节点不同，之后由不同的负责人操作。authController.doAuth 是查看审批的流程节点，AuthService.auth 是审批方法用于操作节点流程状态。

2. 测试结果

```
23:32:27.278 [main] INFO  cn.bugstack.design.test.ApiTest - 测试结果：{"code":"0001",
"info":"单号：1000998004813441 状态：待三级审批负责人 王工"}
23:32:27.287 [main] INFO  cn.bugstack.design.test.ApiTest - 测试结果：模拟三级负责人审批，
王工
23:32:27.289 [main] INFO  cn.bugstack.design.test.ApiTest - 测试结果：{"code":"0001",
"info":"单号：1000998004813441 状态：审批完成"}
23:32:27.289 [main] INFO  cn.bugstack.design.test.ApiTest - 测试结果：模拟二级负责人审批，
张经理
23:32:27.289 [main] INFO  cn.bugstack.design.test.ApiTest - 测试结果：{"code":"0001",
"info":"单号：1000998004813441 状态：审批完成"}
23:32:27.289 [main] INFO  cn.bugstack.design.test.ApiTest - 测试结果：模拟一级负责人审批，
段总
23:32:27.289 [main] INFO  cn.bugstack.design.test.ApiTest - 测试结果：审批完成
Process finished with exit code 0
```

从测试结果可以看到，不同人员进行审批，审批完成后交给下一个人处理。单看结果是满足需求的，只不过很难扩展和调整流程，相当于把代码写"死"了。

16.5   责任链模式重构代码

责任链模式可以让各个服务模块更加清晰，而每一个模块间通过 next 的方式获取。而每一个 next 是由继承的统一抽象类实现的。最终，所有类的职责可以动态地编排使用，编排的过程可以做成可配置化的。

16.5.1   工程结构

```
cn-bugstack-design-16.0-2
└── src
    └── main
        └── java
            └── cn.bugstack.design
                ├── impl
                │   ├── Level1AuthLink.java
```

```
          │   ├── Level2AuthLink.java
          │   └── Level3AuthLink.java
          ├── AuthInfo.java
          └── AuthLink.java
```

责任链模式审批工单流程类关系如图 16-3 所示。

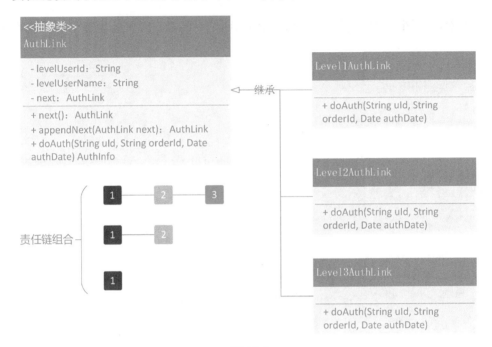

图 16-3

图 16-3 是业务模型中责任链结构的核心部分，通过实现统一抽象类 AuthLink 的三种
规则编排责任，模拟出一条链路。这条链路就是业务中的责任链。

在使用责任链时，如果场景比较固定，可以通过写死到代码中进行初始化；如果业务
场景经常变化，可以做成 XML 配置的方式处理，也可以存放到数据库里初始化。

16.5.2　责任链中返回对象定义

```java
public class AuthInfo {
    private String code;
    private String info = " ";
    public AuthInfo(String code, String ...infos) {
        this.code = code;
```

```
        for (String str:infos){
            this.info = this.info.concat(str);
        }
    }
    // ...get/set
}
```

这个类的作用是包装责任链处理过程中返回结果的类，方便处理每个责任链的返回信息。

16.5.3 链路抽象类定义

```
public abstract class AuthLink {
    protected Logger logger = LoggerFactory.getLogger(AuthLink.class);
    protected SimpleDateFormat f = new SimpleDateFormat("yyyy-MM-dd HH:mm:ss");
    // 时间格式化
    protected String levelUserId;                          // 级别人员 ID
    protected String levelUserName;                        // 级别人员姓名
    private AuthLink next;                                  // 责任链
    public AuthLink(String levelUserId, String levelUserName) {
        this.levelUserId = levelUserId;
        this.levelUserName = levelUserName;
    }
    public AuthLink next() {
        return next;
    }
    public AuthLink appendNext(AuthLink next) {
        this.next = next;
        return this;
    }
    public abstract AuthInfo doAuth(String uId, String orderId, Date authDate);
}
```

这部分是责任链链接起来的核心部分。AuthLink next 的重点在于可以通过 next 方式获取下一个链路需要处理的节点。levelUserId、levelUserName 是责任链中的公用信息，标记每一个审批节点的人员信息。抽象类中定义了一个抽象方法 abstract AuthInfo doAuth，是每一个实现者必须实现的类，不同的审批级别人员处理不同的业务。

16.5.4　三个审批实现类

1. Level1AuthLink

```java
public class Level1AuthLink extends AuthLink {
    private Date beginDate = f.parse("2020-06-11 00:00:00");
    private Date endDate = f.parse("2020-06-20 23:59:59");
    public Level1AuthLink(String levelUserId, String levelUserName)
        throws ParseException {
        super(levelUserId, levelUserName);
    }
    public AuthInfo doAuth(String uId, String orderId, Date authDate) {
        Date date = AuthService.queryAuthInfo(levelUserId, orderId);
        if (null == date) {
            return new AuthInfo("0001", "单号: ", orderId, " 状态: 待一级负责人审批 ",
                levelUserName);
        }
        AuthLink next = super.next();
        if (null == next) {
            return new AuthInfo("0000", "单号: ",orderId,"状态: 一级负责人审批完成","时间: ",
                f.format(date), " 审批人: ", levelUserName);
        }
        if (authDate.before(beginDate) || authDate.after(endDate)) {
            return new AuthInfo("0000", "单号: ",orderId,"状态: 一级负责人审批完成","时间: ",
                f.format(date), " 审批人: ", levelUserName);
        }
        return next.doAuth(uId, orderId, authDate);
    }
}
```

2. Level2AuthLink

```java
public class Level2AuthLink extends AuthLink {
    private Date beginDate = f.parse("2020-06-01 00:00:00");
    private Date endDate = f.parse("2020-06-25 23:59:59");
    public Level2AuthLink(String levelUserId, String levelUserName)
        throws ParseException {
        super(levelUserId, levelUserName);
    }
    public AuthInfo doAuth(String uId, String orderId, Date authDate) {
        Date date = AuthService.queryAuthInfo(levelUserId, orderId);
        if (null == date) {
            return new AuthInfo("0001", "单号: ", orderId, " 状态: 待二级负责人审批 ",
```

```
                levelUserName);
        }
        AuthLink next = super.next();
        if (null == next) {
            return new AuthInfo("0000", "单号: ", orderId, " 状态: 二级负责人审批完成",
                " 时间: ",f.format(date), " 审批人: ", levelUserName);
        }
        if (authDate.before(beginDate) || authDate.after(endDate)) {
            return new AuthInfo("0000", "单号: ", orderId, " 状态: 二级负责人审批完成",
                " 时间: ",f.format(date), " 审批人: ", levelUserName);
        }
        return next.doAuth(uId, orderId, authDate);
    }
}
```

3. Level3AuthLink

```
public class Level3AuthLink extends AuthLink {
    public Level3AuthLink(String levelUserId, String levelUserName) {
        super(levelUserId, levelUserName);
    }
    public AuthInfo doAuth(String uId, String orderId, Date authDate) {
        Date date = AuthService.queryAuthInfo(levelUserId, orderId);
        if (null == date) {
            return new AuthInfo("0001", "单号: ", orderId, " 状态: 待三级负责人审批 ",
                levelUserName);
        }
        AuthLink next = super.next();
        if (null == next) {
            return new AuthInfo("0000", "单号: ", orderId, " 状态: 三级负责人审批完成",
                " 时间: ", f.format(date), " 审批人: ", levelUserName);
        }
        return next.doAuth(uId, orderId, authDate);
    }
}
```

上面三个类 Level1AuthLink、Level2AuthLink、Level3AuthLink 实现了不同的审批级别处理的简单逻辑。例如，第一个审批类会先判断是否审批已通过，如果没有通过，则将结果返回给调用方，引导去审批（这里简单模拟审批后有时间信息不为空，作为判断条件）。判断完成后获取下一个审批节点 super.next();，如果不存在下一个节点，则直接返回结果。之后根据不同的业务时间段判断是否需要二级负责人审批和一级负责人审批。最后返回下一个审批结果 next.doAuth(uId, orderId, authDate);，就像递归调用。

16.5.5　测试验证

1. 单元测试

```
@Test
public void test_AuthLink() throws ParseException {
    AuthLink authLink = new Level3AuthLink("1000013", "王工")
            .appendNext(new Level2AuthLink("1000012", "张经理")
            .appendNext(new Level1AuthLink("1000011", "段总")));
    logger.info("测试结果：{}", JSON.toJSONString(authLink.doAuth("小傅哥", "100099
        8004813441", new Date())));
    SimpleDateFormat f = new SimpleDateFormat("yyyy-MM-dd HH:mm:ss");
    Date currentDate = f.parse("2020-06-18 22:49:46");
    // 模拟三级负责人审批
    AuthService.auth("1000013", "1000998004813441");
    logger.info("测试结果：{}", "模拟三级负责人审批，王工");
    logger.info("测试结果：{}", JSON.toJSONString(authLink.doAuth("小傅哥", "100099
        8004813441", new Date())));
    // 模拟二级负责人审批
    AuthService.auth("1000012", "1000998004813441");
    logger.info("测试结果：{}", "模拟二级负责人审批，张经理");
    logger.info("测试结果：{}", JSON.toJSONString(authLink.doAuth("小傅哥", "100099
        8004813441", new Date())));
    // 模拟一级负责人审批
    AuthService.auth("1000011", "1000998004813441");
    logger.info("测试结果：{}", "模拟一级负责人审批，段总");
    logger.info("测试结果：{}", JSON.toJSONString(authLink.doAuth("小傅哥", "100099
        8004813441", new Date())));
}
```

这里包括最核心的责任链创建，实际的业务中会包装到控制层 AuthLink authLink = new Level3AuthLink("1000013", "王工").appendNext(new Level2AuthLink("1000012", "张经理").appendNext(new Level1AuthLink("1000011", "段总")));，通过把不同的责任节点进行组装，构成一条完整业务的责任链。接下来不断地执行查看审批链路 authLink.doAuth(...)，通过返回结果对数据进行三级负责人、二级负责人和一级负责人审批，直至最后审批全部完成。

2. 测试结果

```
23:45:37.783 [main] INFO  cn.bugstack.design.test.ApiTest - 测试结果：{"code":"0001",
"info":"单号：1000998004813441 状态：待三级负责人审批 王工"}
```

```
23:45:37.786 [main] INFO  cn.bugstack.design.test.ApiTest - 测试结果：模拟三级负责人审批，王工
23:45:37.787 [main] INFO  cn.bugstack.design.test.ApiTest - 测试结果：{"code":"0001",
"info":"单号：1000998004813441 状态：待二级负责人审批 张经理"}
23:45:37.787 [main] INFO  cn.bugstack.design.test.ApiTest - 测试结果：模拟二级负责人审批，张经理
23:45:37.787 [main] INFO  cn.bugstack.design.test.ApiTest - 测试结果：{"code":"0001",
"info":"单号：1000998004813441 状态：待一级负责人审批 段总"}
23:45:37.787 [main] INFO  cn.bugstack.design.test.ApiTest - 测试结果：模拟一级负责人审批，段总
23:45:37.787 [main] INFO  cn.bugstack.design.test.ApiTest - 测试结果：{"code":"0000",
"info":"单号：1000998004813441 状态：三级负责人审批完成 时间：2020-06-18 23:45:37 审批人：段总"}
Process finished with exit code 0
```

从上述结果可以看到，责任链已经生效，按照责任链的结构一层层审批，直至最后审批结束，输出一级负责人审批的结果。使用责任链的设计方式可以很方便地扩展和维护，也可以把 if 语句替换掉。

16.6 本章总结

通过使用 if 语句到使用责任链模式，代码结构变得更加清晰明了，也解决了大量 if 语句的调用问题。当然，并不是 if 语句不好，只不过 if 语句并不适合做系统流程设计，在处理判断和行为逻辑中还是可以使用的。前面介绍过组合模式像一棵组合树，而这里搭建出一棵流程决策树。这种模式也可以和责任链模式组合扩展使用，这部分的重点在于如何关联链路，最终都是在执行中间的关系链。责任链模式可以很好地运用单一职责和开闭原则，既降低了耦合，也使对象关系更加清晰，并且外部的调用方并不需要关心责任链是如何处理的。以上程序可以包装责任链的组合，再提供给外部。除了这些优点，也需要找到适当的场景才可以使用，避免造成性能降低、编排混乱和测试疏漏等问题。

第 17 章

命令模式

17.1 码农心得

持之以恒的重要性。

在初学编程的过程中，会遇到各种各样的问题，哪怕是别人正常运行的代码，照着写却会报错。时间和成长是相互关联的，在哪条路上坚持得越久，就越能发现这条路有多美。如果浪费了一次又一次努力的机会，那么同样也会错过很多机遇。坚持学习，努力成长，持之以恒地付出，一定会有所收获。

你愿意为一个知识盲区付出多长时间？

你心里会时而蹦出这种词吗：太难了我不会、找个人帮一下吧、放弃了……其实，谁都可能遇到难题，虽然可以去请教和咨询，但如果在此之前自己没有努力寻找答案，即使难题解决了，也没有融会贯通。日久天长，大脑中就会形成一棵凸点的知识树。缺少了自我学习的过程，也就缺少了查阅各种资料并深入理解的机会，哪怕得到了答案，最终也会忘记。

17.2 命令模式介绍

如图 17-1 所示，两个小朋友用手柄按键玩《冒险岛》游戏，这个游戏的控制方式——按键操作就像命令模式。命令模式虽然在编程开发中用得比较少，但这种模式在日常生活中却经常会用到，例如 Ctrl+C 组合键和 Ctrl+V 组合键。

当然，如果开发过一些桌面应用，也会遇到过这种设计模式的应用场景。命令模式是把逻辑实现与操作请求分离，降低耦合，方便扩展。 命令模式是行为模式中的一种，以数据驱动的方式将命令对象用构造函数的方式传递给调用者。调用者再提供相应的实现，为命令执行提供操作方法。如果没有理解，可以通过代码实现的方式体会，再通过实操熟练掌握。

图 17-1

在命令模式的实现过程中，重要的有以下几点：

- 抽象命令类：声明执行命令的接口和方法；
- 具体的命令实现类：接口类的具体实现可以是一组相似的行为逻辑；
- 实现者：给命令开发执行逻辑的具体实现类；
- 调用者：处理命令、实现的具体操作者，负责对外提供命令服务。

17.3 餐厅点餐场景

本案例模拟在餐厅里点餐，并交给厨师烹饪的场景，如图 17-2 所示。

命令模式的核心逻辑是调用方不需要关心具体的逻辑实现。在本例中，顾客只需要把点的菜交给服务员（店小二）就可以，服务员再请厨师烹饪。顾客不需要与厨师交流，只需和服务员沟通就可以。

图 17-2

在这个场景中有不同的菜品，包括山东菜（鲁菜）、四川菜（川菜）、江苏菜（苏菜）和广东菜（粤菜）、福建菜（闽菜）、浙江菜（浙菜）、湖南菜（湘菜），每种菜品都由不同的厨师烹饪。而顾客不会关心具体是哪位厨师烹饪的，厨师也不会关心谁点的菜，中间的衔接工作由服务员完成。

在这个模拟场景中，可以先思考哪部分是命令模式的拆解，哪部分是命令的调用者及实现逻辑。

17.4　违背设计模式实现

在不使用设计模式的情况下，用一个类就可以实现点单系统。

如果不懂得设计模式直接开发，虽然可以达到目的，但对于各项菜品的扩展、厨师实现及如何调用，会变得非常耦合且难以扩展。

17.4.1　工程结构

```
cn-bugstack-design-17.0-1
```

```
└── src
    └── main
        └── java
            └── cn.bugstack.design
                └── XiaoEr.java
```

这里只有一个店小二的类，通过该类实现不同菜品的点单逻辑。

17.4.2　代码实现

```java
public class XiaoEr {
    private Logger logger = LoggerFactory.getLogger(XiaoEr.class);
    private Map<Integer, String> cuisineMap
        = new ConcurrentHashMap<Integer, String>();
    public void order(int cuisine) {
        // 广东菜（粤菜）
        if (1 == cuisine) {
            cuisineMap.put(1, "广东厨师，烹饪粤菜，国内民间第二大菜系，国外最有影响力的中国菜
                系之一。");
        }
        // 江苏菜（苏菜）
        if (2 == cuisine) {
            cuisineMap.put(2, "江苏厨师，烹饪苏菜，宫廷第二大菜系，古今国宴上最受人欢迎的菜
                系之一。");
        }
        // 山东菜（鲁菜）
        if (3 == cuisine) {
            cuisineMap.put(3, "山东厨师，烹饪鲁菜，宫廷最大菜系，以孔府风味为龙头。");
        }
        // 四川菜（川菜）
        if (4 == cuisine) {
            cuisineMap.put(4, "四川厨师，烹饪川菜，中国最有特色的菜系，也是民间最大的菜系之一。");
        }
    }
    public void placeOrder() {
        logger.info("菜单：{}", JSON.toJSONString(cuisineMap));
    }
}
```

在这个类的实现中提供了两种方法，一种方法用于点单添加菜品 order()，另一种方法展示菜品的信息 placeOrder()。可以看到有比较多的 if 语句判断类型，用于添加菜品，维护这种代码需要付出大量的精力，而且实际业务的逻辑要比这复杂得多，如果都写在一个

类里，会耦合得非常严重。

17.5　命令模式重构代码

命令模式可以将上述的模式拆解成三大块：命令、实现者和调用者。当有新的菜品或需要增加厨师时，就可以在指定的类结构下添加，外部的调用也会非常容易扩展。

17.5.1　工程结构

```
cn-bugstack-design-17.0-2
└── src
    ├── main
    │   └── java
    │       └── cn.bugstack.design
    │           ├── cook
    │           │   ├── impl
    │           │   │   ├── GuangDongCook.java
    │           │   │   ├── JiangSuCook.java
    │           │   │   ├── ShanDongCook.java
    │           │   │   └── SiChuanCook.java
    │           │   └── ICook.java
    │           ├── cuisine
    │           │   ├── impl
    │           │   │   ├── GuangDongCuisine.java
    │           │   │   ├── JiangSuCuisine.java
    │           │   │   ├── ShanDongCuisine.java
    │           │   │   └── SiChuanCuisine.java
    │           │   └── ICuisine.java
    │           └── XiaoEr.java
    └── test
        └── java
            └── cn.bugstack.design.test
                └── ApiTest.java
```

命令模式点餐类关系如图 17-3 所示。可以看到整体分为三大块：逻辑实现（cook）、实现者（cuisine）和调用者（XiaoEr），以上是命令模式的核心内容。经过拆解可以非常方便地扩展菜品、厨师。对于调用者来说这部分都是松耦合的，在整体的框架下非常容易加入实现逻辑。

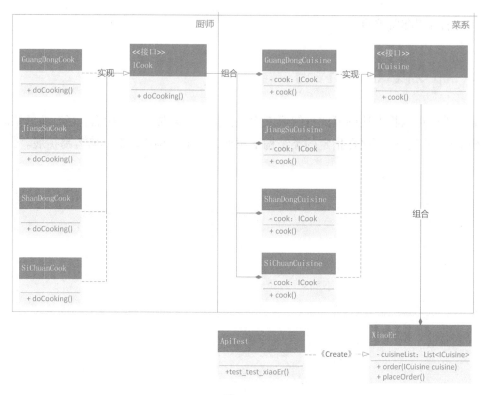

图 17-3

17.5.2 抽象命令定义（菜品接口）

```
/**
 * 菜系：山东菜（鲁菜） 四川菜（川菜） 江苏菜（苏菜） 广东菜（粤菜） 福建菜（闽菜） 浙江菜（浙菜） 湖
南菜（湘菜） 安徽菜（徽菜）
 */
public interface ICuisine {
    void cook(); // 烹饪，制作
}
```

这是命令接口类的定义，提供了一种烹饪方法。下面会选择四种菜品进行实现。

17.5.3 具体命令实现（四种菜品）

1. 广东菜（粤菜）

```
public class GuangDongCuisine implements ICuisine {
```

```
    private ICook cook;
    public GuangDongCuisine(ICook cook) {
        this.cook = cook;
    }
    public void cook() {
        cook.doCooking();
    }
}
```

2. 江苏菜（苏菜）

```
public class JiangSuCuisine implements ICuisine {
    private ICook cook;
    public JiangSuCuisine(ICook cook) {
        this.cook = cook;
    }
    public void cook() {
        cook.doCooking();
    }
}
```

3. 山东菜（鲁菜）

```
public class ShanDongCuisine implements ICuisine {
    private ICook cook;
    public ShanDongCuisine(ICook cook) {
        this.cook = cook;
    }
    public void cook() {
        cook.doCooking();
    }
}
```

4. 四川菜（川菜）

```
public class SiChuanCuisine implements ICuisine {
    private ICook cook;
    public SiChuanCuisine(ICook cook) {
        this.cook = cook;
    }
    public void cook() {
        cook.doCooking();
    }
}
```

以上是四种菜品的实现过程，在实现的类中都添加了一个厨师类（ICook），并使用这个类提供的方法操作命令（烹饪菜品）cook.doCooking()。命令的实现过程可以按照逻辑添加补充，这里抽象得比较简单，只模拟一个菜品烹饪的过程，相当于在点菜的同时，厨师开始烹饪菜品。

17.5.4 抽象实现者定义（厨师接口）

```java
public interface ICook {
    void doCooking();
}
```

这里定义的是具体的命令实现者，也就是菜品对应的厨师烹饪的指令实现。

17.5.5 实现者具体实现（四种厨师）

1. 粤菜厨师

```java
public class GuangDongCook implements ICook {
    private Logger logger = LoggerFactory.getLogger(ICook.class);
    public void doCooking() {
        logger.info("广东厨师，烹饪粤菜，国内民间第二大菜系，国外最有影响力的菜系之一。");
    }
}
```

2. 苏菜厨师

```java
public class JiangSuCook implements ICook {
    private Logger logger = LoggerFactory.getLogger(ICook.class);
    public void doCooking() {
        logger.info("江苏厨师，烹饪苏菜，宫廷第二大菜系，古今国宴上最受人欢迎的菜系之一。");
    }
}
```

3. 鲁菜厨师

```java
public class ShanDongCook implements ICook {
    private Logger logger = LoggerFactory.getLogger(ICook.class);
    public void doCooking() {
        logger.info("山东厨师，烹饪鲁菜，宫廷最大菜系，以孔府风味为龙头。");
    }
}
```

4. 川菜厨师

```java
public class SiChuanCook implements ICook {
    private Logger logger = LoggerFactory.getLogger(ICook.class);
```

```
public void doCooking() {
    logger.info("四川厨师，烹饪川菜，中国最有特色的菜系，也是民间最大的菜系之一。");
}
}
```

这里是四种烹饪不同菜品的厨师，在实现的过程中模拟了打日志，相当于通知厨房的厨师烹饪菜品。从以上可以看到，当需要扩展厨师和菜品时，可以非常方便地添加，每一个类都具备了单一职责原则。

17.5.6　调用者（店小二）

```
public class XiaoEr {
    private Logger logger = LoggerFactory.getLogger(XiaoEr.class);
    private List<ICuisine> cuisineList = new ArrayList<ICuisine>();
    public void order(ICuisine cuisine) {
        cuisineList.add(cuisine);
    }
    public synchronized void placeOrder() {
        for (ICuisine cuisine : cuisineList) {
            cuisine.cook();
        }
        cuisineList.clear();
    }
}
```

在调用者的具体实现中，提供了菜品的添加和菜单执行烹饪任务。这个过程是命令模式的具体调用，通过外部接口调用，将菜品实现类和厨师实现类传递进来。

17.5.7　测试验证

1. 单元测试

```
@Test
public void test_xiaoEr(){
    // 菜系 + 厨师：广东菜（粤菜）、江苏菜（苏菜）、山东菜（鲁菜）、四川菜（川菜）
    GuangDongCuisine guangDongCuisine = new GuangDongCuisine(new GuangDongCook());
    JiangSuCuisine jiangSuCuisine = new JiangSuCuisine(new JiangSuCook());
    ShanDongCuisine shanDongCuisine = new ShanDongCuisine(new ShanDongCook());
    SiChuanCuisine siChuanCuisine = new SiChuanCuisine(new SiChuanCook());
    // 点单
    XiaoEr xiaoEr = new XiaoEr();
    xiaoEr.order(guangDongCuisine);
```

```
    xiaoEr.order(jiangSuCuisine);
    xiaoEr.order(shanDongCuisine);
    xiaoEr.order(siChuanCuisine);
    // 下单
    xiaoEr.placeOrder();
}
```

这里可以主要观察菜品与厨师的组合：new GuangDongCuisine(new GuangDongCook());，每一个具体的命令都拥有一个对应的实现类，可以组合。当定义完菜品和具体的实现后，由店小二操作点单 xiaoEr.order(guangDongCuisine);，这里分别给店小二添加了四种菜品。最后是下单，是具体命令实现的操作，相当于把店小二手里的菜单转给厨师。当然，这里也可以提供删除和撤销操作，也就是顾客取消了自己点的某个菜。

2. 测试结果

```
23:36:46.168 [main] INFO  cn.bugstack.design.cook.ICook - 广东厨师，烹饪粤菜，国内民间第二大菜系，国外最有最影响力的中国菜系之一。
23:36:46.173 [main] INFO  cn.bugstack.design.cook.ICook - 江苏厨师，烹饪苏菜，宫廷第二大菜系，古今国宴上最受人欢迎的菜系之一。
23:36:46.173 [main] INFO  cn.bugstack.design.cook.ICook - 山东厨师，烹饪鲁菜，宫廷最大菜系，以孔府风味为龙头。
23:36:46.173 [main] INFO  cn.bugstack.design.cook.ICook - 四川厨师，烹饪川菜，中国最有特色的菜系，也是民间最大的菜系之一。
Process finished with exit code 0
```

从测试结果可以看到，交给调用者（店小二）的点单，由不同的厨师实现（烹饪）。此外，当需要不同的菜品或菜品有修改时，都可以非常方便地添加或修改，在具备单一职责的类下，可以非常方便地扩展。

17.6　本章总结

从以上案例可以感受到，命令模式分为命令、实现者和调用者。而这三块内容的拆分也是选择场景的关键因素，经过拆分，可以让逻辑具备单一职责的性质，便于扩展。与if语句相比，这种实现方式降低了耦合性，也方便其他命令和实现的扩展。但这种设计模式也带来了一些问题，在各种命令与实现者的组合下，会扩展出很多的实现类，需要管理。学习设计模式一定要勤加练习，哪怕最开始只是模仿实现，多次练习后再去找一些可以优化的场景，并逐步运用到自己的开发中，提升自己对代码的设计感觉，让代码结构更加清晰，易于扩展。

第 18 章

迭代器模式

18.1　码农心得

从对编程一无所知到能写出 HelloWorld，并不会感觉有多难，也不会认为是无法做到的事。因为在这种学习过程中，有老师的指导，有书本的案例可以参考，有前人的经验可以借鉴。但随着工作的时间越来越长，需要解决更复杂的问题，面临更有挑战的技术难点，在网上搜索不到答案，这时是放弃，还是继续坚持不断地尝试解决问题？面对没有先例、需要自己解决的问题时，也许会被折磨到濒临崩溃，但只要执着地探索，就一定能攻克。哪怕没有解决问题，也可以在探索的路上取得其他的收获，为前进的道路打好基础。

拧螺钉？Ctrl+C、Ctrl+V？像贴膏药一样写代码？没有办法、没有时间，往往只是借口。因为没有实践过，很少参与过全场景的架构设计，所以才很难写出优良的代码。努力提高自身的编码修为，在各种场景中煅炼自己，才能更好地应对紧急情况。

18.2　迭代器模式介绍

如图 18-1 所示，军训中队员依次报数，就是一个迭代的过程。其实迭代器模式就像日常使用的 Iterator 方法遍历。虽然这种设计模式在实际业务开发中用得并不多，但却要使用 JDK 提供的 list 集合遍历。另外，增强的 for 循环语句虽然是循环输出数据，但并不是迭代器模式。迭代器模式的特点是实现 Iterable 接口，通过 next 方式获取集合元素，同时具备删除元素等操作功能；而增强的 for 循环语句是无法实现的。

迭代器模式的优点是能够以相同的方式遍历不同的数据结构元素，这些数据结构包括：

数组、链表和树等。而用户在使用遍历时，并不需要关心每一种数据结构的遍历处理逻辑，做到让使用变得统一易用。

图 18-1

18.3　组织架构树形结构遍历场景

本案例模拟迭代遍历，并输出公司中具有树形结构的组织架构关系中的雇员列表，如图 18-2 所示。

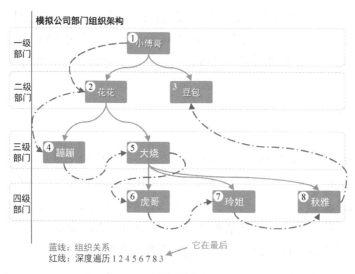

图 18-2

大部分公司的组织架构呈金字塔结构，也就是树形结构，分为一级、二级和三级等部门，每个组织部门由雇员填充，最终呈现出一个整体的树形组织架构。一般常用的遍历采用 JDK 默认提供的方法，对 list 集合遍历。但是对于业务特性较大的树形结构，如果需要使用遍历方法，可以自己实现。接下来会把以上组织层次关系用树形数据结构实现，并完成迭代器功能。

18.4 迭代器模式遍历组织结构

在实现迭代器模式之前，可以先阅读 Java 中 list 集合关于 iterator 方法的实现部分，大部分迭代器开发都会按照此模式实现。迭代器模式主要分为以下几块：

- Collection：集合方法部分用于对自定义的数据结构添加通用方法，包括 add、remove、iterator 等核心方法。

- Iterable：提供获取迭代器，这个接口类会被 Collection 继承。

- Iterator：提供了两个方法的定义，包括 hasNext、next，会在具体的数据结构中编写实现方式。

除了以上通用的迭代器实现方式，组织关系结构树是由节点间的关系链构成的，所以会比上述的内容多一些入参。

18.4.1 工程结构

```
cn-bugstack-design-18.0-0
└── src
    ├── main
    │   └── java
    │       └── cn.bugstack.design
    │           ├── group
    │           │   ├── Employee.java
    │           │   ├── GroupStructure.java
    │           │   └── Link.java
    │           └── lang
    │               ├── Collection.java
    │               ├── Iterable.java
    │               └── Iterator.java
    └── test
```

```
        └── java
            └── cn.bugstack.design.test
                └── ApiTest.java
```

图 18-3 是迭代器工程类图的模型结构，左侧是迭代器定义，右侧是在数据结构中实现迭代器功能。左侧部分的实现与 JDK 中的实现方式一样，所以在学习过程中可以互相参考，也可以扩展学习。为了便于理解，这里实现了一种比较简单的树形结构深度遍历方式。读者也可以把遍历扩展为横向遍历，也就是宽度遍历。

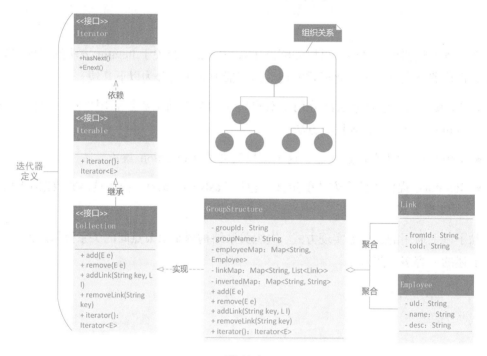

图 18-3

18.4.2　雇员实体类

```java
/**
 * 雇员
 */
public class Employee {
    private String uId;   // ID
    private String name;  // 姓名
    private String desc;  // 备注
    // ...get/set
```

}

这是一个简单的雇员类，也就是公司员工的必要信息，包括 ID、姓名和备注。

18.4.3 树节点链路

```
/**
 * 树节点链路
 */
public class Link {
    private String fromId; // 雇员 ID
    private String toId;   // 雇员 ID
    // ...get/set
}
```

这个类用于描述结构树中各个节点之间的关系链，也就是 A to B、B to C 和 C to D，以此描述出一套完整的树形结构。

18.4.4 迭代器定义

```
public interface Iterator<E> {
    boolean hasNext();
    E next();
}
```

这个类和 Java 的 JDK 中提供的类是一样的，读者可以对照 Java 中 list 集合的 iterator 方法学习。hasNext() 用于判断是否有下一个元素，next() 用于获取下一个元素，这个在 Java 中 list 集合的遍历中经常会用到。

18.4.5 可迭代接口定义

```
public interface Iterable<E> {
    Iterator<E> iterator();
}
```

这个接口提供了迭代器实现 Iterator 的获取方式，也就是在自己的数据结构中实现迭代器的功能，并交给 Iterable，由此让外部调用方获取并使用。

18.4.6 集合功能接口定义

```
public interface Collection<E, L> extends Iterable<E> {
```

```
    boolean add(E e);
    boolean remove(E e);
    boolean addLink(String key, L l);
    boolean removeLink(String key);
    Iterator<E> iterator();
}
```

这里定义集合操作接口 Collection, 同时继承另外一个接口 Iterable 的方法 iterator()。以后无论谁实现这个接口, 都需要实现上述定义的一些基本功能: 添加元素、删除元素和遍历。有读者可能注意到这里定义了两个泛型 <E, L>, 因为在数据结构中, 一个用于添加元素, 另一个用于添加树节点的链路关系。

18.4.7　迭代器功能实现

```
public class GroupStructure implements Collection<Employee, Link> {
    private String groupId;              // 组织 ID, 也是一个组织链的头部 ID
    private String groupName;            // 组织名称
    private Map<String, Employee> employeeMap
        = new ConcurrentHashMap<String, Employee>();
    // 雇员列表
    private Map<String, List<Link>> linkMap
        = new ConcurrentHashMap<String, List<Link>>();
    // 组织架构关系: id->list
    private Map<String, String> invertedMap
        = new ConcurrentHashMap<String, String>();
    // 反向关系链
    public GroupStructure(String groupId, String groupName) {
        this.groupId = groupId;
        this.groupName = groupName;
    }
    public boolean add(Employee employee) {
        return null != employeeMap.put(employee.getuId(), employee);
    }
    public boolean remove(Employee o) {
        return null != employeeMap.remove(o.getuId());
    }
    public boolean addLink(String key, Link link) {
        invertedMap.put(link.getToId(), link.getFromId());
        if (linkMap.containsKey(key)) {
            return linkMap.get(key).add(link);
```

```
        } else {
            List<Link> links = new LinkedList<Link>();
            links.add(link);
            linkMap.put(key, links);
            return true;
        }
    }
    public boolean removeLink(String key) {
        return null != linkMap.remove(key);
    }
    public Iterator<Employee> iterator() {
        return new Iterator<Employee>() {
            HashMap<String, Integer> keyMap = new HashMap<String, Integer>();
            int totalIdx = 0;
            private String fromId = groupId;   // 雇员 ID, From
            private String toId = groupId;     // 雇员 ID, To
            public boolean hasNext() {
                return totalIdx < employeeMap.size();
            }
            public Employee next() {
                List<Link> links = linkMap.get(toId);
                int cursorIdx = getCursorIdx(toId);
                // 同级节点扫描
                if (null == links) {
                    cursorIdx = getCursorIdx(fromId);
                    links = linkMap.get(fromId);
                }
                // 上级节点扫描
                while (cursorIdx > links.size() - 1) {
                    fromId = invertedMap.get(fromId);
                    cursorIdx = getCursorIdx(fromId);
                    links = linkMap.get(fromId);
                }
                // 获取节点
                Link link = links.get(cursorIdx);
                toId = link.getToId();
                fromId = link.getFromId();
                totalIdx++;
                // 返回结果
                return employeeMap.get(link.getToId());
```

```
            }
            // 给每个层级定义宽度，遍历进度
            public int getCursorIdx(String key) {
                int idx = 0;
                if (keyMap.containsKey(key)) {
                    idx = keyMap.get(key);
                    keyMap.put(key, ++idx);
                } else {
                    keyMap.put(key, idx);
                }
                return idx;
            }
        };
    }
}
```

这部分代码有些长，主要包括了添加元素和删除元素。最重要的是对遍历实现 new Iterator<Employee>。添加和删除元素相对来说比较简单，使用了两个 Map 数组结构定义雇员列表、组织架构关系 id->list。当添加元素时，会分别在不同的方法中向 Map 结构填充指向关系（A->B），也就构建出了树形组织关系。

这里总结迭代器的实现思路：

- 对于树形结构，需要做的是深度遍历，也就是对左侧一直遍历，直至遍历到最深的节点。
- 当遍历到最深的节点后，开始遍历它的横向节点。
- 当遍历完成横向节点后，则向顶部寻找还未遍历的横向节点，直至树形结构全部遍历完成。

18.4.8　测试验证

1. 单元测试

```
@Test
public void test_iterator() {
    // 数据填充
    GroupStructure groupStructure = new GroupStructure("1", "小傅哥");
    // 雇员信息
    groupStructure.add(new Employee("2", "花花", "二级部门"));
```

```
groupStructure.add(new Employee("3", "豆包", "二级部门"));
groupStructure.add(new Employee("4", "蹦蹦", "三级部门"));
groupStructure.add(new Employee("5", "大烧", "三级部门"));
groupStructure.add(new Employee("6", "虎哥", "四级部门"));
groupStructure.add(new Employee("7", "玲姐", "四级部门"));
groupStructure.add(new Employee("8", "秋雅", "四级部门"));
// 节点关系 1->(1,2) 2->(4,5)
groupStructure.addLink("1", new Link("1", "2"));
groupStructure.addLink("1", new Link("1", "3"));
groupStructure.addLink("2", new Link("2", "4"));
groupStructure.addLink("2", new Link("2", "5"));
groupStructure.addLink("5", new Link("5", "6"));
groupStructure.addLink("5", new Link("5", "7"));
groupStructure.addLink("5", new Link("5", "8"));
Iterator<Employee> iterator = groupStructure.iterator();
while (iterator.hasNext()) {
    Employee employee = iterator.next();
    logger.info("{},雇员 Id:{} Name:{}", employee.getDesc(), employee.getuId(),
employee.getName());
    }
}
```

在单元测试中初始化了一棵部门组织关系的树形结构，也就是图 18-2 的最终效果。

2. 测试结果

```
23:39:26.004 [main] INFO  cn.bugstack.design.test.ApiTest - 二级部门，雇员 Id: 2 Name: 花花
23:39:26.008 [main] INFO  cn.bugstack.design.test.ApiTest - 三级部门，雇员 Id: 4 Name: 蹦蹦
23:39:26.008 [main] INFO  cn.bugstack.design.test.ApiTest - 三级部门，雇员 Id: 5 Name: 大烧
23:39:26.008 [main] INFO  cn.bugstack.design.test.ApiTest - 四级部门，雇员 Id: 6 Name: 虎哥
23:39:26.008 [main] INFO  cn.bugstack.design.test.ApiTest - 四级部门，雇员 Id: 7 Name: 玲姐
23:39:26.008 [main] INFO  cn.bugstack.design.test.ApiTest - 四级部门，雇员 Id: 8 Name: 秋雅
23:39:26.008 [main] INFO  cn.bugstack.design.test.ApiTest - 二级部门，雇员 Id: 3 Name: 豆包
Process finished with exit code 0
```

从遍历的结果可以看到，本书是顺着树形结构的深度开始遍历的，一直到右侧的节点 3，即雇员 Id:2，雇员 Id:4，…，雇员 Id:3。整体就是迭代器模式的实现过程，通过迭代器的方式可以按照需求遍历部门的组织关系。

18.5　本章总结

从以上的功能实现可以看到，迭代器的设计模式满足了单一职责和开闭原则，外界的调用方不需要知道任何一个不同的数据结构在使用上的遍历差异，非常方便扩展，也让整个遍历变得更加干净、整洁。但从结构的实现上可以看到，迭代器模式的实现过程相对比较复杂。在类的实现上扩充了需要外部定义的类，使得遍历与原数据结构分开了。虽然比较麻烦，但可以看到在使用 Java 的 JDK 时，迭代器的模式还是很好用的，扩展和升级非常方便。以上设计模式的实现过程对初学者来说可能不好理解，包括：迭代器三个接口的定义、树形结构的数据关系及树形结构深度遍历思路，需要反复练习并体会这些内容。

第 19 章

中介者模式

19.1 码农心得

同龄人的差距是从什么时候拉开的?

同样的学校、同样的课堂、同样的书本,有人学习好、有人学习差。不仅在求学阶段,人生几乎处处是赛道。当发令枪响起时,也就是人生的差距拉开之时。编程开发之路很长、很宽,有人跑得快,有人跑得慢。你是否想过,一点点的差距到遥不可及的距离,是从哪一天开始的?

日积月累的技术沉淀为的是厚积薄发。

粗略估算,如果从上大学开始每天写 200 行代码,一个月是 6000 行;如果一年写 10 个月,就是 6 万行,大三实习时就有接近 20 万行的代码量。如果你能做到这一点,找工作有何难?有时候很多事情就是积累而来的,没有捷径可走。自己的技术水平、业务能力,都是一点点积累而来的,不要浪费看似很短的时间,只要一年年地坚持下来,一定能提升自己的能力,给青春留下不平凡的足迹。

19.2 中介者模式介绍

如图 19-1 所示,交警站在道路中间指挥过往车辆,避免拥堵,这就像是一个介入道路的中介者。中介者的作用是,当复杂功能应用之间重复调用时,在中间添加一层中介者包装服务,对外提供简单、通用和易扩展的服务能力。

图 19-1

这种设计模式在日常生活和实际业务开发中随处可见，如十字路口有交警指挥交通，飞机降落时有营运人员在塔台喊话，无论哪个方向来的候车都从站台上下，公司系统中有中台系统包装所有接口和提供统一的服务等。除此之外，平时用到的一些中间件，它们包装了底层的多种数据库的差异化，对外提供非常简单的调用。

19.3　手写 ORM 中间件场景

本案例模仿 MyBatis 手写 ORM 框架，通过操作数据库学习中介者模式，如图 19-2 所示。

除了中间件层使用场景，对于一些外部接口，例如 N 种奖品服务，也可以由中台系统统一包装，再对外提供服务能力，这也是一种中介者模式思想方案的落地体现。本案例将对 JDBC 层包装，让用户在使用数据库服务时像使用 MyBatis 一样简单方便，通过对 ORM 框架源码技术迁移运用的方式学习中介者模式，更能增强和扩展知识栈。

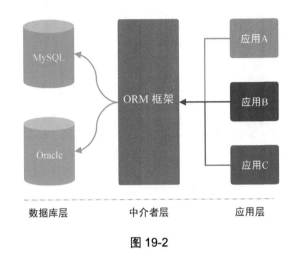

图 19-2

19.4　违背设计模式实现

　　下面的实现方式采用对数据库最初的操作方式。基本上每一个学习开发的人都学习过直接使用 JDBC 的方式连接数据库，进行 CRUD 操作。

19.4.1　工程结构

```
cn-bugstack-design-19.0-1
└── src
    └── main
        └── java
            └── cn.bugstack.design
                └── JDBCUtil.java
```

　　JDBCUtil 类比较简单，只包括了一个数据库操作类。

19.4.2　代码实现

```
public class JDBCUtil {
    private static Logger logger = LoggerFactory.getLogger(JDBCUtil.class);
    public static final String URL = "jdbc:mysql://127.0.0.1:3306/bugstack";
    public static final String USER = "root";
    public static final String PASSWORD = "123456";
    public static void main(String[] args) throws Exception {
        //1. 加载驱动程序
```

```
Class.forName("com.mysql.jdbc.Driver");
//2. 获得数据库连接
Connection conn = DriverManager.getConnection(URL, USER, PASSWORD);
//3. 操作数据库
Statement stmt = conn.createStatement();
ResultSet resultSet = stmt.executeQuery("SELECT id, name, age, createTime,
    updateTime FROM user");
//4. 获取执行结果, 如果有数据 resultSet.next() , 则返回 true
while (resultSet.next()) {
    logger.info("测试结果 姓名: {} 年龄: {}", resultSet.getString("name"),
        resultSet.getInt("age"));
    }
}
}
```

以上是使用 JDBC 方式直接操作数据库，整个过程可以分为：加载驱动程序、获得数据库连接、操作数据库和获取执行结果。

19.4.3　测试结果

```
15:38:10.919 [main] INFO  cn.bugstack.design.JDBCUtil - 测试结果 姓名: 水水 年龄: 18
15:38:10.922 [main] INFO  cn.bugstack.design.JDBCUtil - 测试结果 姓名: 豆豆 年龄: 18
15:38:10.922 [main] INFO  cn.bugstack.design.JDBCUtil - 测试结果 姓名: 花花 年龄: 19
Process finished with exit code 0
```

从测试结果可以看到，已经查询到了数据库中的数据，但如果全部的业务开发都这样实现，会非常麻烦。在实际开发中，会使用相应的框架，比如 MyBatis、IBatis 和 Hibernate 等。

19.5　中介者模式开发 ORM 框架

接下来使用中介者模式模仿 MyBatis 的 ORM 框架的开发。MyBatis 的源码涉及内容较多，虽然在使用时非常方便，直接使用注解或者 XML 配置就可以操作数据库返回结果。但在实现上，MyBatis 作为中间层已经处理了 SQL 语句的获取、数据库连接、执行和返回封装结果等。接下来把 MyBatis 最核心的部分抽离出来，手动实现一个 ORM 框架，以便学习中介者模式。

19.5.1　工程结构

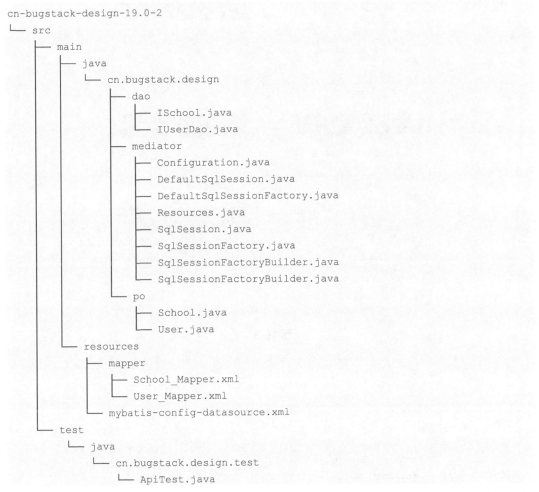

```
cn-bugstack-design-19.0-2
└── src
    ├── main
    │   ├── java
    │   │   └── cn.bugstack.design
    │   │       ├── dao
    │   │       │   ├── ISchool.java
    │   │       │   └── IUserDao.java
    │   │       ├── mediator
    │   │       │   ├── Configuration.java
    │   │       │   ├── DefaultSqlSession.java
    │   │       │   ├── DefaultSqlSessionFactory.java
    │   │       │   ├── Resources.java
    │   │       │   ├── SqlSession.java
    │   │       │   ├── SqlSessionFactory.java
    │   │       │   ├── SqlSessionFactoryBuilder.java
    │   │       │   └── SqlSessionFactoryBuilder.java
    │   │       └── po
    │   │           ├── School.java
    │   │           └── User.java
    │   └── resources
    │       ├── mapper
    │       │   ├── School_Mapper.xml
    │       │   └── User_Mapper.xml
    │       └── mybatis-config-datasource.xml
    └── test
        └── java
            └── cn.bugstack.design.test
                └── ApiTest.java
```

图 19-3 是对 ORM 框架实现的核心类，包括：加载配置文件、解析 XML、获取数据库 Session、操作数据库及返回结果。左上方是对数据库的定义和处理，基本包括常用的方法：<T> T selectOne、<T> List<T> selectList 等。右侧是对数据库配置开启 Session 的工厂处理类，这里的工厂会操作 DefaultSqlSession。之后是工厂建造者类 SqlSessionFactoryBuilder，是对数据库操作的核心类：处理工厂、解析文件和获取 Session 等。

接下来分别介绍各个类的功能实现过程。

图 19-3

19.5.2 定义 SqlSession 接口

```
public interface SqlSession {
    <T> T selectOne(String statement);
    <T> T selectOne(String statement, Object parameter);
    <T> List<T> selectList(String statement);
    <T> List<T> selectList(String statement, Object parameter);
    void close();
}
```

这里定义了操作数据库的查询接口，分为查询一个结果和多个结果，同时包括有参数方法和无参数方法。

19.5.3 SqlSession 具体实现类

```
public class DefaultSqlSession implements SqlSession {
    private Connection connection;
```

```
private Map<String, XNode> mapperElement;
public DefaultSqlSession(Connection connection, Map<String, XNode> mapperElement) {
    this.connection = connection;
    this.mapperElement = mapperElement;
}
@Override
public <T> T selectOne(String statement) {
    try {
        XNode xNode = mapperElement.get(statement);
        PreparedStatement preparedStatement
            = connection.prepareStatement(xNode.getSql());
        ResultSet resultSet = preparedStatement.executeQuery();
        List<T> objects
            = resultSet2Obj(resultSet, Class.forName(xNode.getResultType()));
        return objects.get(0);
    } catch (Exception e) {
        e.printStackTrace();
    }
    return null;
}
@Override
public <T> List<T> selectList(String statement) {
    XNode xNode = mapperElement.get(statement);
    try {
        PreparedStatement preparedStatement
            = connection.prepareStatement(xNode.getSql());
        ResultSet resultSet = preparedStatement.executeQuery();
        return resultSet2Obj(resultSet, Class.forName(xNode.getResultType()));
    } catch (Exception e) {
        e.printStackTrace();
    }
    return null;
}
private <T> List<T> resultSet2Obj(ResultSet resultSet, Class<?> clazz) {
    List<T> list = new ArrayList<>();
    try {
        ResultSetMetaData metaData = resultSet.getMetaData();
        int columnCount = metaData.getColumnCount();
        // 每次遍历行值
        while (resultSet.next()) {
            T obj = (T) clazz.newInstance();
            for (int i = 1; i <= columnCount; i++) {
```

```
            Object value = resultSet.getObject(i);
            String columnName = metaData.getColumnName(i);
            String setMethod = "set" + columnName.substring(0, 1).
                toUpperCase() + columnName.substring(1);
            Method method;
            if (value instanceof Timestamp) {
                method = clazz.getMethod(setMethod, Date.class);
            } else {
                method = clazz.getMethod(setMethod, value.getClass());
            }
            method.invoke(obj, value);
        }
        list.add(obj);
    }
} catch (Exception e) {
    e.printStackTrace();
}
return list;
}
@Override
public void close() {
    if (null == connection) return;
    try {
        connection.close();
    } catch (SQLException e) {
        e.printStackTrace();
    }
}
}
```

这里包括了接口定义的方法实现，即包装了 JDBC 层的使用。通过这种包装，可以隐藏数据库的 JDBC 操作，当外部调用时，对入参、出参都由内部处理。

19.5.4 定义 SqlSessionFactory 接口

```
public interface SqlSessionFactory {
    SqlSession openSession();
}
```

开启一个 SqlSession，这是平时都需要操作的内容。虽然看不见，但是当有数据库操作时，都会获取每一次执行的 SqlSession。

19.5.5　SqlSessionFactory 具体实现类

```
public class DefaultSqlSessionFactory implements SqlSessionFactory {
    private final Configuration configuration;
    public DefaultSqlSessionFactory(Configuration configuration) {
        this.configuration = configuration;
    }
    @Override
    public SqlSession openSession() {
        return new DefaultSqlSession(configuration.connection,
            configuration.mapperElement);
    }
}
```

DefaultSqlSessionFactory 是 MyBatis 最常用的类，这里简单地实现了一个版本。 虽然是简单版本，但包括了最基本的核心思路。当开启 SqlSession 时，会返回一个 DefaultSqlSession。这个构造函数向下传递了 Configuration 配置文件，包括：Connection connection、Map<String, String> dataSource、Map<String, XNode> mapperElement。如果阅读过 MyBatis 源码，对此应该不会陌生。

19.5.6　SqlSessionFactoryBuilder 实现

```
public class SqlSessionFactoryBuilder {
    public DefaultSqlSessionFactory build(Reader reader) {
        SAXReader saxReader = new SAXReader();
        try {
            saxReader.setEntityResolver(new XMLMapperEntityResolver());
            Document document = saxReader.read(new InputSource(reader));
            Configuration configuration
                = parseConfiguration(document.getRootElement());
            return new DefaultSqlSessionFactory(configuration);
        } catch (DocumentException e) {
            e.printStackTrace();
        }
        return null;
    }
    private Configuration parseConfiguration(Element root) {
        Configuration configuration = new Configuration();
        configuration.setDataSource(dataSource(root.selectNodes("//dataSource")));
        configuration.setConnection(connection(configuration.dataSource));
```

```java
        configuration.setMapperElement(mapperElement(root.selectNodes("mappers")));
        return configuration;
    }
    // 获取数据源配置信息
    private Map<String, String> dataSource(List<Element> list) {
        Map<String, String> dataSource = new HashMap<>(4);
        Element element = list.get(0);
        List content = element.content();
        for (Object o : content) {
            Element e = (Element) o;
            String name = e.attributeValue("name");
            String value = e.attributeValue("value");
            dataSource.put(name, value);
        }
        return dataSource;
    }
    private Connection connection(Map<String, String> dataSource) {
        try {
            Class.forName(dataSource.get("driver"));
            return DriverManager.getConnection(dataSource.get("url"),
                dataSource.get("username"), dataSource.get("password"));
        } catch (ClassNotFoundException | SQLException e) {
            e.printStackTrace();
        }
        return null;
    }
    // 获取 SQL 语句信息
    private Map<String, XNode> mapperElement(List<Element> list) {
        Map<String, XNode> map = new HashMap<>();
        Element element = list.get(0);
        List content = element.content();
        for (Object o : content) {
            Element e = (Element) o;
            String resource = e.attributeValue("resource");
            try {
                Reader reader = Resources.getResourceAsReader(resource);
                SAXReader saxReader = new SAXReader();
                Document document = saxReader.read(new InputSource(reader));
                Element root = document.getRootElement();
                //命名空间
                String namespace = root.attributeValue("namespace");
                // SELECT
```

```
        List<Element> selectNodes = root.selectNodes("select");
        for (Element node : selectNodes) {
            String id = node.attributeValue("id");
            String parameterType = node.attributeValue("parameterType");
            String resultType = node.attributeValue("resultType");
            String sql = node.getText();
            // ? 匹配
            Map<Integer, String> parameter = new HashMap<>();
            Pattern pattern = Pattern.compile("(#\\{(.*?)})");
            Matcher matcher = pattern.matcher(sql);
            for (int i = 1; matcher.find(); i++) {
                String g1 = matcher.group(1);
                String g2 = matcher.group(2);
                parameter.put(i, g2);
                sql = sql.replace(g1, "?");
            }
            XNode xNode = new XNode();
            xNode.setNamespace(namespace);
            xNode.setId(id);
            xNode.setParameterType(parameterType);
            xNode.setResultType(resultType);
            xNode.setSql(sql);
            xNode.setParameter(parameter);
            map.put(namespace + "." + id, xNode);
        }
    } catch (Exception ex) {
        ex.printStackTrace();
    }
    }
    return map;
    }
}
```

这个类包括的核心方法有：build（构建实例化元素）、parseConfiguration（解析配置）、dataSource（获取数据库配置）、connection(Map<String, String> dataSource)（连接数据库）和 mapperElement（解析 SQL 语句）。接下来分别介绍这几种核心方法。

1. build（构建实例化元素）

这个类主要用于创建解析 XML 文件的类，以及初始化 SqlSession 工厂类 DefaultSql-SessionFactory。另外，需要注意代码 saxReader.setEntityResolver(new XMLMapperEntity-

Resolver());是为了保证在不联网时同样可以解析 XML，否则会需要从互联网获取 dtd 文件。

2. parseConfiguration（解析配置）

这个类是对 XML 中的元素进行获取，这里主要获取了 dataSource、mappers 两个配置，一个是数据库的链接信息，另一个是对数据库操作语句的解析。

3. connection(Map<String, String> dataSource)（连接数据库）

数据库连接开启操作的地方和常见的方式是一样的：Class.forName(dataSource.get (" driver "));，但是这样包装以后，外部不需要知道具体是如何操作的。同时，当需要连接多套数据库时，也可以在这里扩展。

4. mapperElement（解析 SQL 语句）

这部分代码块的内容相对来说比较长，但核心是为了解析 XML 中的 SQL 语句配置。在平常的使用中，基本都会配置一些 SQL 语句，也有一些入参的占位符。本书使用正则表达式的方式解析操作。

解析完成的 SQL 语句就有了一个名称和 SQL 的映射关系，当操作数据库时，这个组件就可以通过映射关系获取对应的 SQL 语句。

19.6　ORM 框架测试

19.6.1　初始化测试库表数据

在测试之前，需要将 SQL 语句导入数据库中：库名为 itstack，表名为 user、school。

```
CREATE TABLE school ( id bigint NOT NULL AUTO_INCREMENT, name varchar(64), address
varchar(256), createTime datetime, updateTime datetime, PRIMARY KEY (id) ) ENGINE=In
noDB DEFAULT CHARSET=utf8;
insert into school (id, name, address, createTime, updateTime) values (1, '北京大学', '
北京市海淀区颐和园路 5 号', '2020-10-18 13:35:57', '2020-10-18 13:35:57');
insert into school (id, name, address, createTime, updateTime) values (2, '南开大学', '
中国天津市南开区卫津路 94 号', '2020-10-18 13:35:57', '2020-10-18 13:35:57');
insert into school (id, name, address, createTime, updateTime) values (3, '同济大学', '
上海市彰武路 1 号同济大厦 A 楼 7 楼 7 区', '2020-10-18 13:35:57', '2020-10-18 13:35:57');
CREATE TABLE user ( id bigint(11) NOT NULL AUTO_INCREMENT, name varchar(32), age int
```

```
(4), address varchar(128), entryTime datetime, remark varchar(64), createTime dateti
me, updateTime datetime, status int(4) DEFAULT '0', dateTime varchar(64), PRIMARY
KEY (id), INDEX idx_name (name) ) ENGINE=InnoDB DEFAULT CHARSET=utf8;
insert into user (id, name, age, address, entryTime, remark, createTime, updateTime,
 status, dateTime) values (1, '水水', 18, '吉林省榆树市黑林镇尹家村 5 组',
'2020-12-22 00:00:00', '无', '2020-12-22 00:00:00', '2020-12-22 00:00:00', 0,
'20200309');
insert into user (id, name, age, address, entryTime, remark, createTime, updateTime,
status, dateTime) values (2, '豆豆', 18, '辽宁省大连市清河湾司马道 407 路',
'2020-12-22 00:00:00', '无', '2020-12-22 00:00:00', '2020-12-22 00:00:00', 1,
null);
insert into user (id, name, age, address, entryTime, remark, createTime, updateTime,
status, dateTime) values (3, '花花', 19, '辽宁省大连市清河湾司马道 407 路',
'2020-12-22 00:00:00', '无', '2020-12-22 00:00:00', '2020-12-22 00:00:00', 0,
'20200310');
```

19.6.2 创建数据库对象类

1. 用户类

```
public class User {
    private Long id;
    private String name;
    private Integer age;
    private Date createTime;
    private Date updateTime;
    // ... get/set
}
```

2. 学校类

```
public class School {
    private Long id;
    private String name;
    private String address;
    private Date createTime;
    private Date updateTime;
    // ... get/set
}
```

这两个类都非常简单，是基本的数据库信息。

19.6.3 创建 Dao 包

1. 用户 Dao

```java
public interface IUserDao {
    User queryUserInfoById(Long id);
}
```

2. 学校 Dao

```java
public interface ISchoolDao {
    School querySchoolInfoById(Long treeId);
}
```

这两个类和平时用的 MyBaits 一样，一个用于查询用户信息 IUserDao，另一个用于查询学校信息 ISchoolDao。

19.6.4 ORM 配置文件

1. 连接配置

```xml
<configuration>
    <environments default="development">
        <environment id="development">
            <transactionManager type="JDBC" />
            <dataSource type="POOLED">
                <property name="driver" value="com.mysql.jdbc.Driver" />
                <property name="url" value="jdbc:mysql://127.0.0.1:3306/bugstack?
                    useUnicode=true" />
                <property name="username" value="root" />
                <property name="password" value="123456" />
            </dataSource>
        </environment>
    </environments>
    <mappers>
        <mapper resource="mapper/User_Mapper.xml" />
        <mapper resource="mapper/School_Mapper.xml" />
    </mappers>
</configuration>
```

这个配置与平常使用的 MyBatis 基本是一样的，包括了数据库的连接池信息及需要引入的 mapper 映射文件。

2. 操作配置（用户）

```xml
<mapper namespace="cn.bugstack.design.dao.IUserDao">
    <select id="queryUserInfoById" parameterType="java.lang.Long" resultType=
"cn.bugstack.design.po.User">
        SELECT id, name, age, createTime, updateTime
        FROM user
        where id = #{id}
    </select>
    <select id="queryUserList" parameterType="cn.bugstack.design.po.User"
resultType="cn.bugstack.design.po.User">
        SELECT id, name, age, createTime, updateTime
        FROM user
        where age = #{age}
    </select>
</mapper>
```

3. 操作配置（学校）

```xml
<mapper namespace="cn.bugstack.design.dao.ISchoolDao">
    <select id="querySchoolInfoById" resultType="cn.bugstack.design.po.School">
        SELECT id, name, address, createTime, updateTime
        FROM school
        where id = #{id}
    </select>
</mapper>
```

19.6.5　单条数据查询测试验证

1. 单元测试

```java
@Test
public void test_queryUserInfoById() {
    String resource = "mybatis-config-datasource.xml";

    Reader reader;

    try {

        reader = Resources.getResourceAsReader(resource);

        SqlSessionFactory sqlMapper = new SqlSessionFactoryBuilder().build(reader);

        SqlSession session = sqlMapper.openSession();

        try {

            User user = session.selectOne("cn.bugstack.design.dao.IUserDao.
queryUserInfoById", 1L);
```

```
            logger.info("测试结果：{}", JSON.toJSONString(user));
        } finally {
            session.close();
            reader.close();
        }
    } catch (Exception e) {
        e.printStackTrace();
    }
}
```

这里的使用方式和 MyBatis 一样，包括资源加载和解析、构建 SqlSession 工厂和开启 SqlSession，以及执行查询操作 selectOne。

2. 测试结果

```
16:56:51.831 [main] INFO  cn.bugstack.design.demo.ApiTest - 测试结果：{"age":18,
"createTime":1576944000000,"id":1,"name":"水水","updateTime":1576944000000}
Process finished with exit code 0
```

从结果看已经满足了查询需求，与平时使用的 MyBatis 效果是一样的。

19.6.6　集合数据查询测试验证

1. 单元测试

```
@Test
public void test_queryUserList() {
    String resource = "mybatis-config-datasource.xml";
    Reader reader;
    try {
        reader = Resources.getResourceAsReader(resource);
        SqlSessionFactory sqlMapper = new SqlSessionFactoryBuilder().build(reader);
        SqlSession session = sqlMapper.openSession();
        try {
            User req = new User();
            req.setAge(18);
            List<User> userList = session.selectList("cn.bugstack.design.dao.
                IUserDao.queryUserList", req);
            logger.info("测试结果：{}", JSON.toJSONString(userList));
        } finally {
            session.close();
```

```
            reader.close();
        }
    } catch (Exception e) {
        e.printStackTrace();
    }
}
```

测试内容与 19.6.5 节中的查询方法的测试有所不同，session.selectList 是查询一个集合结果。

2. 测试结果

```
16:58:13.963 [main] INFO  cn.bugstack.design.demo.ApiTest - 测试结果: [{"age":18,
"createTime":1576944000000,"id":1,"name":"水水","updateTime":1576944000000},
{"age":18,"createTime":1576944000000,"id":2,"name":"豆豆","updateTime":1576944
000000}]
Process finished with exit code 0
```

测试验证集合的结果也是正常的，位置测试全部通过。如果还没有很好地理解前面的代码，可以从测试单元调试入手，查看每一步是如何调用的。

19.7　本章总结

本章运用中介者模式的设计思想手写了一个 ORM 框架，隐去了对数据库的复杂操作，让外部的调用方能够非常简单地操作数据库，这也是平常使用 MyBatis 的效果。除了以上这种组件模式的开发，还可以使用中介者模式实现服务接口的包装。比如，公司有很多的奖品接口需要在营销活动中对接，可以把这些奖品接口统一汇总到中台再开发一个奖品中心，对外提供服务。这样就不需要每一位研发人员都去找奖品接口提供方，而是找中台服务即可。在上述的实现和测试使用中可以看到，这种设计模式满足了单一职责和开闭原则，也就符合了迪米特法则，即越少人知道越好。外部的人只需要按照需求调用，不需要知道具体是如何实现的，复杂的内容由组件合作服务平台处理即可。

第 20 章

备忘录模式

20.1 码农心得

需求实现不了是研发人员的借口？

实现不了需求，有时是因为功能复杂度较高，有时是因为工期较短。因为编码的行为不好量化，同样一个功能每个人的实现方式不一样，遇到开发问题时的解决速度也不同。除此之外，无法很好地解释为什么需要这样长的工期，就像面对盖楼的图纸不好估算需要多少水泥一样。

研发人员应尽可能地通过一些经验，制订流程规范、设计、开发和评审等，确定一个可以完成的时间范围。当出现一些矛盾时，如果能压缩周期，要解释为什么之前需要的时间较长；如果不能压缩周期，也要给出合理的理由。

临阵的你好像一直很着急！

经常听到：老板明天就要了，你帮我弄弄吧；你给我写一下完事了，这次着急；现在不是没时间学吗？快给我看看。其实，类似的话还有很多，很纳闷这么着急是怎么导致的，老师怎么就那个时间要找你了，老板怎么就今天管你要了……是不是平时没有学习，临时抱佛脚乱着急！如果最后真的有人帮助了你，也不要放松，应该尽快学会，做到有备无患。

20.2 备忘录模式介绍

备忘录模式是以可恢复或回滚配置、以版本为核心功能的设计模式，这种设计模式属于行为模式。在功能实现上，是以不破坏原对象为基础增加备忘录操作类，记录原对象的行为，从而实现备忘录模式。如图 20-1 所示，通过照相机拍照的方式，记录出生、上学、结婚和生子的各个阶段。

图 20-1

这种设计模式在日常生活或者开发中也比较常见，如后悔药、孟婆汤（一下回滚到 0）、IDEA 编辑和撤销，以及小霸王游戏机存档。当然，还有 Photoshop 软件中的历史记录等，如图 20-2 所示。

图 20-2

20.3　系统上线配置回滚场景

本案例模拟系统在发布上线的过程中记录线上配置文件用于紧急回滚，如图 20-3 所示。

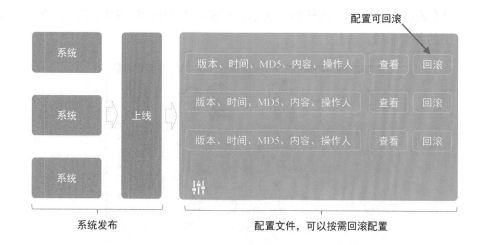

图 20-3

大型互联网公司系统的发布上线一定要确保过程是易用、安全、可处理紧急状况的，同时为了可以隔离线上环境和本地环境，一般会把配置文件抽取出来放到线上，避免有人因误操作导致本地的配置内容发布出去。线上的配置文件也会在每次变更时记录，包括版本、时间、**MD5**、内容和操作人等。

如果上线时出现紧急问题，系统需要执行回滚操作，可以设置配置文件是否回滚。因为每一个版本的系统可能会带有一些配置文件的信息，可以很方便地让系统与配置文件一起回滚。接下来使用备忘录模式模拟如何记录配置文件信息。在实际的使用过程中，还会将信息存放到数据库中保存，这里暂时只用内存记录。

20.4　备忘录模式记录系统配置

备忘录模式实现方式的重点是在不更改原有类的基础上增加备忘录类存放记录。除了本章的案例，还包括日常工作中运营人员在后台 ERP 创建活动时对信息的记录，运营人员可以修改自己的版本，不会导致因为误操作而丢失信息。

20.4.1　工程结构

```
cn-bugstack-design-20.0-0
└── src
```

```
└── main
    └── java
        └── cn.bugstack.design
            ├── Admin.java
            ├── ConfigFile.java
            ├── ConfigMemento.java
            └── ConfigOriginator.java
└── test
    └── java
        └── cn.bugstack.design.test
            └── ApiTest.java
```

备忘录模式系统配置服务类关系如图 20-4 所示。

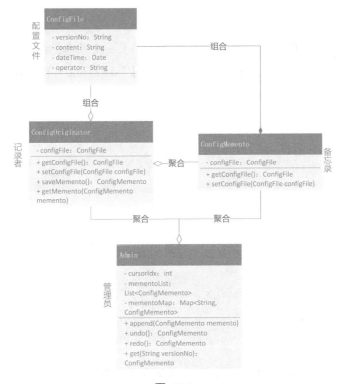

图 20-4

整个工程结构的类图其实并不复杂，除了原有的配置类（ConfigFile），只新增加了三个类。

- Admin：管理员类，用于记录备忘信息，比如一系列的顺序执行了什么操作或者某个版本下的内容。

- **ConfigMemento**：备忘录类，相当于对原有配置类的扩展。

- **ConfigOriginator**：记录者类，获取和返回备忘录类对象信息。

20.4.2 配置信息类

```java
public class ConfigFile {
    private String versionNo; // 版本号
    private String content;   // 配置内容
    private Date dateTime;     // 配置时间
    private String operator;   // 操作人
    // ...get/set
}
```

配置类可以是任何形式，这里只是简单地描述了一个基本的配置信息，包括：版本号（versionNo）、配置内容（content）、配置时间（dateTime）和操作人（operator）四个核心属性。

20.4.3 备忘录类

```java
public class ConfigMemento {
    private ConfigFile configFile;
    public ConfigMemento(ConfigFile configFile) {
        this.configFile = configFile;
    }
    public ConfigFile getConfigFile() {
        return configFile;
    }
    public void setConfigFile(ConfigFile configFile) {
        this.configFile = configFile;
    }
}
```

备忘录类是对原有配置类的扩展，可以设置和获取配置信息。

20.4.4 记录者类

```java
public class ConfigOriginator {
    private ConfigFile configFile;
    public ConfigFile getConfigFile() {
```

```
        return configFile;
    }
    public void setConfigFile(ConfigFile configFile) {
        this.configFile = configFile;
    }
    public ConfigMemento saveMemento(){
        return new ConfigMemento(configFile);
    }
    public void getMemento(ConfigMemento memento){
        this.configFile = memento.getConfigFile();
    }
}
```

　　记录者类除了对 ConfigFile 配置类增加获取方法和设置方法，还增加了保存
saveMemento()和获取 getMemento(ConfigMemento memento)。saveMemento 的作用在于当
保存备忘录时创建一个备忘录信息，并返回给管理者处理。getMemento 的作用在于获取
之后不直接返回，而是把备忘录的信息交给当前的配置文件 this.configFile。

20.4.5　管理员类

```
public class Admin {
    private int cursorIdx = 0;
    private List<ConfigMemento> mementoList = new ArrayList<ConfigMemento>();
    private Map<String, ConfigMemento> mementoMap
        = new ConcurrentHashMap<String, ConfigMemento>();
    public void append(ConfigMemento memento) {
        mementoList.add(memento);
        mementoMap.put(memento.getConfigFile().getVersionNo(), memento);
        cursorIdx++;
    }
    public ConfigMemento undo() {
        if (--cursorIdx <= 0) return mementoList.get(0);
        return mementoList.get(cursorIdx);
    }
    public ConfigMemento redo() {
        if (++cursorIdx > mementoList.size())
            return mementoList.get(mementoList.size() - 1);
        return mementoList.get(cursorIdx);
    }
    public ConfigMemento get(String versionNo){
        return mementoMap.get(versionNo);
```

```
        }
}
```

管理员类主要实现的核心功能是记录配置文件信息，也就是备忘录的效果，提供可以回滚和获取的方法，拿到备忘录的具体内容。同时，设置了两个数据结构，用于存放备忘录 List<ConfigMemento>、Map<String, ConfigMemento>，在实际使用中可以按需设置。最后提供四种备忘录操作方法：存放（append）、回滚（undo）、返回（redo）和定向获取（get）。

20.4.6 测试验证

1. 单元测试

```
@Test
public void test() {
    Admin admin = new Admin();
    ConfigOriginator configOriginator = new ConfigOriginator();
    configOriginator.setConfigFile(new ConfigFile("1000001", "配置内容A=哈哈",
        new Date(), "小傅哥"));
    admin.append(configOriginator.saveMemento()); // 保存配置
    configOriginator.setConfigFile(new ConfigFile("1000002", "配置内容A=嘻嘻",
        new Date(), "小傅哥"));
    admin.append(configOriginator.saveMemento()); // 保存配置
    configOriginator.setConfigFile(new ConfigFile("1000003", "配置内容A=么么",
        new Date(), "小傅哥"));
    admin.append(configOriginator.saveMemento()); // 保存配置
    configOriginator.setConfigFile(new ConfigFile("1000004", "配置内容A=嘿嘿",
        new Date(), "小傅哥"));
    admin.append(configOriginator.saveMemento()); // 保存配置
    // 历史配置(回滚)
    configOriginator.getMemento(admin.undo());
    logger.info("历史配置(回滚)undo: {}", JSON.toJSONString(configOriginator.
        getConfigFile()));
    // 历史配置(回滚)
    configOriginator.getMemento(admin.undo());
    logger.info("历史配置(回滚)undo: {}", JSON.toJSONString(configOriginator.
        getConfigFile()));
    // 历史配置(前进)
    configOriginator.getMemento(admin.redo());
    logger.info("历史配置(前进)redo: {}", JSON.toJSONString(configOriginator.
```

```
getConfigFile()));
    // 历史配置(获取)
    configOriginator.getMemento(admin.get("1000002"));
    logger.info("历史配置(获取)get: {}", JSON.toJSONString(configOriginator.
        getConfigFile()));
}
```

备忘录模式有一部分重点是体现在单元测试类中，这里包括了四次信息存储和备忘录历史配置操作。在添加四次配置后，分别进行的操作是：回滚一次，再回滚一次，前进一次，获取指定的版本配置。具体的效果可以参考测试结果。

2. 测试结果

```
23:12:09.512 [main] INFO  cn.bugstack.design.test.ApiTest - 历史配置(回滚)undo:
{"content":"配置内容 A=嘿嘿","dateTime":159209829432,"operator":"小傅哥",
"versionNo":"1000004"}
23:12:09.514 [main] INFO  cn.bugstack.design.test.ApiTest - 历史配置(回滚)undo:
{"content":"配置内容 A=么么","dateTime":159209829432,"operator":"小傅哥",
"versionNo":"1000003"}
23:12:09.514 [main] INFO  cn.bugstack.design.test.ApiTest - 历史配置(前进)redo:
{"content":"配置内容 A=嘿嘿","dateTime":159209829432,"operator":"小傅哥",
"versionNo":"1000004"}
23:12:09.514 [main] INFO  cn.bugstack.design.test.ApiTest - 历史配置(获取)get:
{"content":"配置内容 A=嘻嘻","dateTime":159320989432,"operator":"小傅哥",
"versionNo":"1000002"}
Process finished with exit code 0
```

从测试效果可以看到，历史配置按照指令进行了回滚和前进，最终通过指定的版本获取，符合预期。

20.5　本章总结

备忘录模式可以满足在不破坏原有属性类的基础上扩充备忘录的功能。虽然和平时使用的思路是一样的，但在一些源码中也有所体现，值得仔细体会。在以上的实现中，是将配置模拟存到内存中，如果遇到关机，会导致配置信息丢失，因为在一些真实的场景里需要存到数据库中。而存到内存中进行回滚的场景也并非没有，例如即时性的、不需要存放到数据库中进行恢复的场合。另外，如果使用内存方式存放备忘录，需要考虑存储问题，避免造成大量消耗内存。

第 21 章

观察者模式

21.1　码农心得

> 知道的越多，不知道的越多。

与编程开发相关的知识是无穷无尽的，就像最开始学习编程时敢说精通 Java，随着学到的技术知识越来越多，会说了解 Java，再过几年可能会说只懂一点点 Java。当视野扩展后，会越来越发现自己的认识是多么浅显，就像站在地球上看宇宙一样。虽然不知道的越来越多，但也因此增加了学习更多技术的动力。

> 平衡好软件设计和实现成本的度。

有时一个软件的架构设计需要符合当前条件下的各项因素，不能因为心中想当然的有一个蓝图就开始执行。也许你的设计是非常优秀的，然而放在一定环境下可能很难满足业务的上线时间要求，当业务的基本诉求无法满足时，就很难拉动市场。没有产品的 DAU 支撑，整个研发项目也会因此停滞。但研发人员又不能写一团乱麻似的代码，要找到一个适合的度，例如可以打好基础，做到在实现上可扩展，在具体的功能上先简化实现，再继续完善迭代。

21.2　观察者模式介绍

简单来讲，观察者模式是指当一个行为发生时，一个用户传递信息，另一个用户接收信息并做出相应的处理，行为和接收者之间没有直接的耦合关联。如图 21-1 所示，霍去病通过烽火台传递的消息，做出防御匈奴的命令。

图 21-1

例如，狙击手和观察员之间的关系，观察员协助狙击手在第一时间找到目标，并将射击参数告诉狙击手，狙击手根据这些信息进行射击，如图 21-2 所示。

图 21-2

在编程开发中，也会常用到一些观察者模式或组件，例如经常使用的 MQ 服务。虽然 MQ 服务有一个通知中心，但服务并不会通知每一个类。再比如事件监听总线，主线服务与其他辅线业务服务分离，为了降低系统耦合和增强扩展性，也会使用观察者模式。

21.3 小客车摇号通知场景

本案例模拟每次小客车摇号通知场景，如图 21-3 所示。

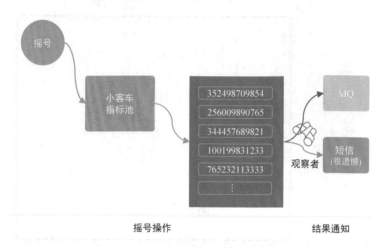

摇号操作   结果通知

图 21-3

可能大部分人看到这个案例一定会想到自己每次摇号都不中签的场景，收到一个遗憾的短信通知。当然，目前的摇号系统并不会给未中签者发送短信。假如这个类似的摇号功能由你来开发，并且需要给外部的用户发送一些事件通知，以及需要在主流程外再添加一些额外的辅助流程时，该如何处理呢？有些人实现这类通知事件类的方式往往比较粗犷，直接在类里添加实现逻辑。一方面是考虑后期可能不会扩展，另一方面是压根没有考虑过要扩展。但如果仔细思考核心类功能，会发现这里有一些核心主链路，还有一部分是辅助功能。例如完成了某个行为后，需要触发 MQ 并传递给外部，以及将一些消息推送给用户等，这些都不是核心流程链路，可以通过事件通知的方式实现。

接下来使用观察者模式优化此场景下的代码。

21.3.1 场景模拟工程

```
cn-bugstack-design-21.0-0
└── src
    └── main
        └── java
            └── cn.bugstack.design
                └── MinibusTargetService.java
```

这里提供的是一个模拟小客车摇号的服务接口，接口提供摇号服务。

21.3.2　摇号服务接口

```
public class MinibusTargetService {
    /**
     * 模拟摇号，但不是摇号算法
     *
     * @param uId 用户编号
     * @return 结果
     */
    public String lottery(String uId) {
        return Math.abs(uId.hashCode()) % 2 == 0 ? "恭喜你，编码".concat(uId).concat
("在本次摇号中签") : "很遗憾，编码".concat(uId).concat("在本次摇号未中签或摇号资格已过期");
    }
}
```

这里模拟一个非常简单的摇号接口，并非真实的摇号接口，因为这里只是随机数的实现。

21.4　违背设计模式实现

按照需求，需要在原有的摇号接口中添加 MQ 消息，并提供发送功能及短消息通知功能，最直接的方式是直接在方法中补充。

21.4.1　工程结构

```
cn-bugstack-design-21.0-1
└── src
    └── main
        └── java
            └── cn.bugstack.design
                ├── LotteryResult.java
                ├── LotteryService.java
                └── LotteryServiceImpl.java
```

这段代码接口包括了三部分内容：

● 返回对象（LotteryResult），结果类。

- 定义接口（LotteryService），主要是定义摇号接口。

- 具体实现（LotteryServiceImpl），逻辑的实现，给用户发送通知短信。

21.4.2　代码实现

```java
public class LotteryServiceImpl implements LotteryService {
    private Logger logger = LoggerFactory.getLogger(LotteryServiceImpl.class);
    private MinibusTargetService minibusTargetService = new MinibusTargetService();
    public LotteryResult doDraw(String uId) {
        // 摇号
        String lottery = minibusTargetService.lottery(uId);
        // 发送通知短信
        logger.info("给用户 {} 发送通知(短信): {}", uId, lottery);
        // 发送 MQ 消息
        logger.info("记录用户 {} 摇号结果(MQ): {}", uId, lottery);
        // 结果
        return new LotteryResult(uId, lottery, new Date());
    }
}
```

从以上的方法实现中可以看到，整体过程包括三部分：摇号、发送通知短信和发送 MQ 消息，三者都是顺序调用的。除了调用摇号接口，后面的两部分都是非核心主链路功能，而且会随着后续的业务需求发展不断地调整和扩充，在这种开发方式下将非常不利于后期维护。

21.4.3　测试验证

1. 单元测试

```java
@Test
public void test() {
    LotteryService lotteryService = new LotteryServiceImpl();
    LotteryResult result = lotteryService.doDraw("2765789109876");
    logger.info("测试结果: {}", JSON.toJSONString(result));
}
```

测试过程提供对摇号服务接口的调用，这一步还是很简单的。

2. 测试结果

```
22:50:26.311 [main] INFO  c.b.d.event.listener.MQEventListener - 记录用户 27657891098
76 摇号结果(MQ): 很遗憾，编码 2765789109876 在本次摇号未中签或摇号资格已过期
22:50:26.317 [main] INFO  c.b.d.e.l.MessageEventListener - 给用户 2765789109876 发送通
```

知 (短信)：很遗憾，编码 2765789109876 在本次摇号未中签或摇号资格已过期

22:50:26.639 [main] INFO cn.bugstack.design.test.ApiTest - 测试结果：{ "dateTime" :160395782

6307, "msg" : "很遗憾，编码 2765789109876 在本次摇号未中签或摇号资格已过期", "uId" : "2765789109876" }

Process finished with exit code 0

测试结果符合预期，也是常见的开发代码方式。

21.5　观察者模式重构代码

下面使用观察者模式，将代码按照职责流程拆分，把混合到一起的摇号和发送通知分别放到业务核心流程和监听事件中实现。通过这种实现方式，可以让核心流程的代码简单、干净且易扩展，而监听事件可以做相应的业务扩展，不影响主流程。

21.5.1　工程结构

```
cn-bugstack-design-21.0-2
└── src
    └── main
        └── java
            └── cn.bugstack.design
                ├── event
                │   ├── listener
                │   │   ├── EventListener.java
                │   │   ├── MessageEventListener.java
                │   │   └── MQEventListener.java
                │   └── EventManager.java
                ├── LotteryResult.java
                ├── LotteryService.java
                └── LotteryServiceImpl.java
```

观察者模式监听消息通知类关系如图 21-4 所示。可以分为三大块：监听事件、事件处理和具体的业务流程。另外，在业务流程中，LotteryService 定义的是抽象类，因为这样可以通过抽象类将事件功能屏蔽，外部业务流程开发者不需要知道具体的通知操作。右下角的圆圈表示核心流程与非核心流程的结构，一般在开发中会在主流程开发完成后，再使用通知的方式处理辅助流程。二者可以是异步进行的，在 MQ 及定时任务的处理下，保证最终一致性。

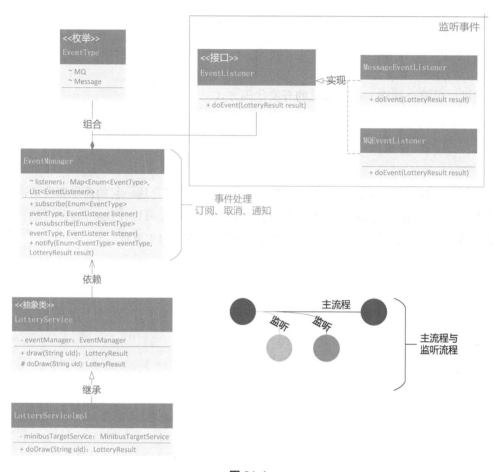

图 21-4

21.5.2 监听事件接口定义

```java
public interface EventListener {
    void doEvent(LotteryResult result);
}
```

接口中定义了基本的事件类,如果方法的入参信息类型是变化的,则可以使用泛型<T>。

21.5.3 两个监听事件的实现

1. 短消息事件

```java
public class MessageEventListener implements EventListener {
```

```
    private Logger logger = LoggerFactory.getLogger(MessageEventListener.class);
    @Override
    public void doEvent(LotteryResult result) {
        logger.info("给用户 {} 发送通知(短信)：{}", result.getuId(), result.getMsg());
    }
}
```

2. MQ 发送事件

```
public class MQEventListener implements EventListener {
    private Logger logger = LoggerFactory.getLogger(MQEventListener.class);
    @Override
    public void doEvent(LotteryResult result) {
        logger.info("记录用户 {} 摇号结果(MQ)：{}", result.getuId(), result.getMsg());
    }
}
```

　　以上是两个事件的具体实现，相对来说都比较简单。如果是实际的业务开发，则会需要调用外部接口以及控制异常的处理。同时，上面提到事件接口添加泛型，如果有添加的需要，那么在事件的实现中可以按照不同的类型包装事件内容。

21.5.4　事件处理类

```
public class EventManager {
    Map<Enum<EventType>, List<EventListener>> listeners = new HashMap<>();
    public EventManager(Enum<EventType>... operations) {
        for (Enum<EventType> operation : operations) {
            this.listeners.put(operation, new ArrayList<>());
        }
    }
    public enum EventType {
        MQ, Message
    }
    /**
     * 订阅
     * @param eventType 事件类型
     * @param listener  监听
     */
    public void subscribe(Enum<EventType> eventType, EventListener listener) {
        List<EventListener> users = listeners.get(eventType);
        users.add(listener);
    }
    /**
```

```
 *  取消订阅
 *  @param eventType 事件类型
 *  @param listener   监听
 */
public void unsubscribe(Enum<EventType> eventType, EventListener listener) {
    List<EventListener> users = listeners.get(eventType);
    users.remove(listener);
}
/**
 *  通知
 *  @param eventType 事件类型
 *  @param result      结果
 */
public void notify(Enum<EventType> eventType, LotteryResult result) {
    List<EventListener> users = listeners.get(eventType);
    for (EventListener listener : users) {
        listener.doEvent(result);
    }
}
}
```

在处理的实现方面提供了三种主要方法：订阅（subscribe）、取消订阅（unsubscribe）和通知（notify），分别用于对监听事件的添加和使用。因为事件有不同的类型，这里使用了枚举的方式处理，也方便外部在枚举类型（EventType.MQ、EventType.Message）的规定下使用事件服务，而不至于错误传递调用信息。

21.5.5　业务抽象类接口

```
public abstract class LotteryService {
    private EventManager eventManager;
    public LotteryService() {
        eventManager = new EventManager(EventManager.EventType.MQ, EventManager.Even
            tType.Message);
        eventManager.subscribe(EventManager.EventType.MQ, new MQEventListener());
        eventManager.subscribe(EventManager.EventType.Message, new MessageEventListe
            ner());
    }
    public LotteryResult draw(String uId) {
        LotteryResult lotteryResult = doDraw(uId);
        // 需要什么通知就调用什么方法
        eventManager.notify(EventManager.EventType.MQ, lotteryResult);
```

```
        eventManager.notify(EventManager.EventType.Message, lotteryResult);
        return lotteryResult;
    }
    protected abstract LotteryResult doDraw(String uId);
}
```

　　使用抽象类的方式定义实现方法，可以在方法中扩展需要的额外调用，并提供抽象类 abstract LotteryResult doDraw(String uId)，让类的继承者实现。同时，方法的定义使用的是 protected，也就是保证将来外部的调用方不会调用到此方法，只有调用到 draw(String uId)才能完成事件通知。此种方式的实现是在抽象类中写好一个基本的方法，在方法中完成新增逻辑的同时，再增加抽象类的使用，而这个抽象类的定义会由继承者实现。另外，在构造函数中提供了对事件的定义：eventManager.subscribe(EventManager. EventType.MQ, new MQEventListener())。在使用时也采用枚举的方式通知使用者，传了哪些类型 EventManager.EventType.MQ，就执行哪些事件通知，按需添加。

21.5.6　业务接口实现类

```
public class LotteryServiceImpl extends LotteryService {
    private MinibusTargetService minibusTargetService = new MinibusTargetService();
    @Override
    protected LotteryResult doDraw(String uId) {
        // 播号
        String lottery = minibusTargetService.lottery(uId);
        // 结果
        return new LotteryResult(uId, lottery, new Date());
    }
}
```

　　对于业务流程的实现，可以看到已经非常的简单了，没有额外的辅助流程，只有核心流程的处理。

21.5.7　测试验证

1. 单元测试

```
@Test
public void test_draw() {
    LotteryService lotteryService = new LotteryServiceImpl();
    LotteryResult result = lotteryService.draw("2765789109876");
    logger.info("测试结果: {}", JSON.toJSONString(result));
}
```

从调用来看几乎没有区别，但是这种实现方式便于维护，便于扩展新的需求。

2. 测试结果

```
23:27:08.338 [main] INFO  c.b.d.event.listener.MQEventListener - 记录用户 27657891098
76 摇号结果(MQ)：很遗憾，编码 2765789109876 在本次摇号未中签或摇号资格已过期
23:27:08.341 [main] INFO  c.b.d.e.l.MessageEventListener - 给用户 2765789109876 发送通
知(短信)：很遗憾，编码 2765789109876 在本次摇号未中签或摇号资格已过期
23:27:08.438 [main] INFO  cn.bugstack.design.test.ApiTest - 测试结果：{"dateTime":160396
0028336,"msg":"很遗憾，编码 2765789109876 在本次摇号未中签或摇号资格已过期","uId":"
2765789109876"}
Process finished with exit code 0
```

从测试结果来看满足预期，虽然结果是一样的，但可以体会到设计模式的魅力。

21.6　本章总结

从基本的过程式开发，到使用观察者模式面向对象开发，可以看到使用设计模式改造后，拆分出了核心流程与辅助流程的代码。代码中的核心流程一般不会经常变化，辅助流程会随着业务的变化而变化，包括营销、裂变和促活等，因此使用设计模式编码就显得非常有必要。此种设计模式从结构上满足开闭原则，当需要新增其他的监听事件或修改监听逻辑时，不需要改动事件处理类。但可能不能控制调用顺序以及需要做一些事件结果的返回操作，所以在使用的过程时需要考虑场景的适用性。任何一种设计模式有时都不是单独使用的，需要结合其他模式共同使用。另外，设计模式的使用是为了让代码更加易于扩展和维护，不能因为添加设计模式而把结构处理得更加复杂甚至难以维护。要想合理地使用设计模式，需要大量的实际操作经验。

第 22 章

状态模式

22.1　码农心得

写好代码的三个关键点。

　　如果把写代码想象成家里的软装，则会想到选择家具时要考虑和设计风格配套、大品牌、有质量保证、尺寸大小与房屋空间适合。把这一过程抽象成写代码，需要三个核心关键点：架构（房间的格局）、命名（品牌和质量）和注释（尺寸大小说明书），只有这三点都做好才能装修出一个赏心悦目的家。

技术传承的重要性。

　　也许是节奏太快，需求来得总是很急，恨不得当天就上线，导致团队的人都很慌、很急、很累，最终反复出现人员更替。在这个过程中，项目经过多次交接，存在文档不全、代码混乱的问题。对于这种项目，很难随着业务的发展而发展。

22.2　状态模式介绍

　　如图 22-1 所示，状态模式描述的是一个行为下的多种状态变更。例如，常见的一个网站的页面，在登录与不登录状态下展示的内容是略有差异的，如不登录不能展示个人信息。

　　如图 22-2 所示，老式的磁带放音机有一排按钮，当放入磁带后，按压上面的按钮就可以让放音机播放磁带的内容。有些按钮是互斥的，只有在某种状态下才可以按另外的按钮，这在设计模式里也是一个关键点。

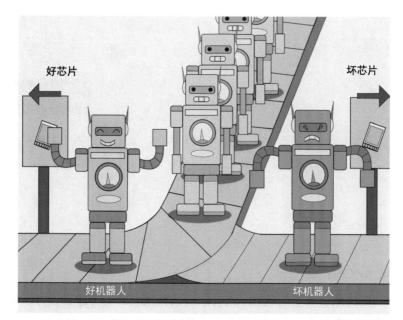

图 22-1

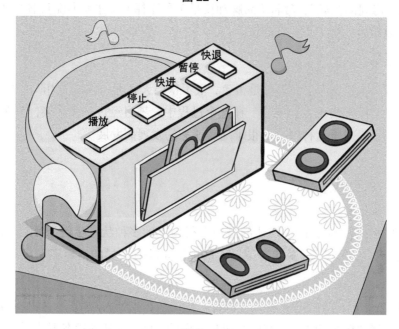

图 22-2

22.3　活动审批状态流转场景

本案例模拟营销活动审批状态流转场景，即一个活动是由多个层级审批上线的，如图 22-3 所示。

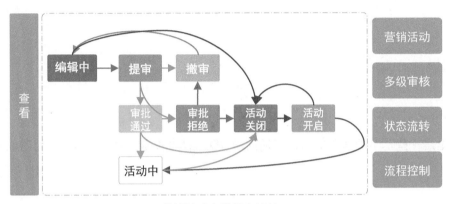

营销活动审核状态流转

图 22-3

可以看到流程节点包括了各个状态到下一个状态的关联条件，比如审批通过才能到活动中，而不能从编辑中直接到活动中，而这些状态的转变就是要完成的场景。

很多程序员都开发过类似的业务，需要对活动或者一些配置进行审批才能对外发布，而审批的过程往往会随着系统的重要程度的提高而设立多级控制，以保证一个活动可以安全上线，避免造成资损。当然，有时会用一些审批流的过程配置，也非常便于开发类似的流程，可以在配置中设定某个节点的审批人员。但这不是本章要体现的知识点，这里主要是模拟对一个活动的多个状态节点的审批控制。

22.3.1　场景模拟工程

```
cn-bugstack-design-22.0-0
└── src
    └── main
        └── java
            └── cn.bugstack.design
                ├── ActivityInfo.java
                ├── Status.java
                └── ActivityService.java
```

模拟工程提供了三个类,包括:状态枚举(Status)、活动对象(ActivityInfo)和活动服务(ActivityService)。接下来分别介绍三个类包括的内容。

22.3.2　基本活动信息

```java
public class ActivityInfo {
    private String activityId;       // 活动 ID
    private String activityName;     // 活动名称
    private Enum<Status> status;     // 活动状态
    private Date beginTime;          // 开始时间
    private Date endTime;            // 结束时间
    // ...get/set
}
```

这里是一些基本的活动信息,包括活动 ID、活动名称、活动状态、开始时间和结束时间。

22.3.3　活动枚举状态

```java
public enum Status {
    // 1 创建编辑, 2 待审批, 3 审批通过(任务扫描成活动中), 4 审批拒绝(可以撤审到编辑状态), 5 活动中,
    6 活动关闭, 7 活动开启(任务扫描成活动中)。
    Editing, Check, Pass, Refuse, Doing, Close, Open
}
```

这里是活动的枚举:1 创建编辑,2 待审批,3 审批通过(任务扫描成活动中),4 审批拒绝(可以撤审到编辑状态),5 活动中,6 活动关闭,7 活动开启(任务扫描成活动中)。

22.3.4　活动服务接口

```java
public class ActivityService {
    private static Map<String, Enum<Status>> statusMap = new ConcurrentHashMap<String,
 Enum<Status>>();
    public static void init(String activityId, Enum<Status> status) {
        // 模拟查询活动信息
        ActivityInfo activityInfo = new ActivityInfo();
        activityInfo.setActivityId(activityId);
        activityInfo.setActivityName("早起学习打卡领奖活动");
        activityInfo.setStatus(status);
        activityInfo.setBeginTime(new Date());
        activityInfo.setEndTime(new Date());
```

```
        statusMap.put(activityId, status);
    }
    /**
     * 查询活动信息
     *
     * @param activityId 活动 ID
     * @return 查询结果
     */
    public static ActivityInfo queryActivityInfo(String activityId) {
        // 模拟查询活动信息
        ActivityInfo activityInfo = new ActivityInfo();
        activityInfo.setActivityId(activityId);
        activityInfo.setActivityName("早起学习打卡领奖活动");
        activityInfo.setStatus(statusMap.get(activityId));
        activityInfo.setBeginTime(new Date());
        activityInfo.setEndTime(new Date());
        return activityInfo;
    }
    /**
     * 查询活动状态
     *
     * @param activityId 活动 ID
     * @return 查询结果
     */
    public static Enum<Status> queryActivityStatus(String activityId) {
        return statusMap.get(activityId);
    }
    /**
     * 执行状态变更
     *
     * @param activityId    活动 ID
     * @param beforeStatus  变更前状态
     * @param afterStatus   变更后状态
     */
    public static synchronized void execStatus(String activityId, Enum<Status>
        beforeStatus, Enum<Status> afterStatus) {
        if (!beforeStatus.equals(statusMap.get(activityId))) return;
        statusMap.put(activityId, afterStatus);
    }
}
```

这个静态类提供了活动的查询和状态变更接口 queryActivityInfo、queryActivityStatus

和 execStatus。同时使用 Map 结构记录活动 ID 和状态变化信息，另外还有 init 方法初始化活动数据。在实际的开发中，这类信息基本都是从数据库或 Redis 中获取的。

22.4　违背设计模式实现

对于各种状态变更的情况，最直接的方式是使用 if 和 else 判断。每一个状态可以流转到下一个状态，使用嵌套的 if 语句实现。

22.4.1　工程结构

```
cn-bugstack-design-22.0-1
└── src
    └── main
        └── java
            └── cn.bugstack.design
                ├── ActivityExecStatusController.java
                └── Result.java
```

整个工程结构比较简单，只包括两个类 ActivityExecStatusController 和 Result，前者用于处理流程状态，后者用于返回对象。

22.4.2　代码实现

```
public class ActivityExecStatusController {
    /**
     * 活动状态变更
     * 1．编辑中 -> 提审、活动关闭
     * 2．审批通过 -> 拒绝、活动关闭、活动中
     * 3．审批拒绝 -> 撤审、活动关闭
     * 4．活动中 -> 活动关闭
     * 5．活动关闭 -> 活动开启
     * 6．活动开启 -> 活动关闭
     *
     * @param activityId    活动 ID
     * @param beforeStatus 变更前状态
     * @param afterStatus  变更后状态
     * @return 返回结果      */
    public Result execStatus(String activityId, Enum<Status> beforeStatus,
        Enum<Status> afterStatus) {
```

```
// 1. 编辑中 -> 提审、关闭
if (Status.Editing.equals(beforeStatus)) {
    if (Status.Check.equals(afterStatus) || Status.Close.equals
        (afterStatus)) {
        ActivityService.execStatus(activityId, beforeStatus, afterStatus);
        return new Result("0000", "变更状态成功");
    } else {
        return new Result("0001", "变更状态拒绝");
    }
}
// 2. 审批通过 -> 拒绝、关闭、活动中
if (Status.Pass.equals(beforeStatus)) {
    if (Status.Refuse.equals(afterStatus) || Status.Doing.equals
        (afterStatus) || Status.Close.equals(afterStatus)) {
        ActivityService.execStatus(activityId, beforeStatus, afterStatus);
        return new Result("0000", "变更状态成功");
    } else {
        return new Result("0001", "变更状态拒绝");
    }
}
// 3. 审批拒绝 -> 撤审、关闭
if (Status.Refuse.equals(beforeStatus)) {
    if (Status.Editing.equals(afterStatus) || Status.Close.equals
        (afterStatus)) {
        ActivityService.execStatus(activityId, beforeStatus, afterStatus);
        return new Result("0000", "变更状态成功");
    } else {
        return new Result("0001", "变更状态拒绝");
    }
}
// 4. 活动中 -> 关闭
if (Status.Doing.equals(beforeStatus)) {
    if (Status.Close.equals(afterStatus)) {
        ActivityService.execStatus(activityId, beforeStatus, afterStatus);
        return new Result("0000", "变更状态成功");
    } else {
        return new Result("0001", "变更状态拒绝");
    }
}
// 5. 活动关闭 -> 开启
if (Status.Close.equals(beforeStatus)) {
    if (Status.Open.equals(afterStatus)) {
```

```
            ActivityService.execStatus(activityId, beforeStatus, afterStatus);
            return new Result("0000", "变更状态成功");
        } else {
            return new Result("0001", "变更状态拒绝");
        }
    }
    // 6. 活动开启 -> 关闭
    if (Status.Open.equals(beforeStatus)) {
        if (Status.Close.equals(afterStatus)) {
            ActivityService.execStatus(activityId, beforeStatus, afterStatus);
            return new Result("0000", "变更状态成功");
        } else {
            return new Result("0001", "变更状态拒绝");
        }
    }
    return new Result("0001", "非可处理的活动状态变更");
}
```

　　这里只需看代码实现的结构即可，从上到下用了很多的 if…else。对于不需要改动也不需要二次迭代的代码，这种面向过程式的开发方式还是可以使用的。但在真实场景中，基本不可能不迭代，随着状态和需求的变化，会越来越难以维护，后来的同事也不容易看懂，很容易将其他的流程填充进去。

22.4.3　测试验证

1. 单元测试

```
@Test
public void test_execStatus() {
    // 初始化数据
    String activityId = "100001";
    ActivityService.init(activityId, Status.Editing);
    ActivityExecStatusController activityExecStatusController
        = new ActivityExecStatusController();
    Result resultRefuse = activityExecStatusController.execStatus(activityId, Status
        .Editing, Status.Refuse);
    logger.info("测试结果(编辑中 To 审批拒绝): {}", JSON.toJSONString
        (resultRefuse));
    Result resultCheck = activityExecStatusController.execStatus
        (activityId, Status.Editing, Status.Check);
```

```
logger.info("测试结果(编辑中 To 提交审批): {}", JSON.toJSONString(resultCheck));
}
```

测试代码包括两个功能的验证，一个是从编辑中到审批拒绝，另一个是从编辑中到提审。因为从场景流程中可以看到，编辑中的活动是不能直接到审批拒绝的，中间还需要提审。

2．测试结果

```
2:02:49.035 [main] INFO  cn.bugstack.design.test.ApiTest - 测试结果(编辑中 To 审批拒绝):
{"code":"0001","info":"变更状态拒绝"}
22:02:49.041 [main] INFO  cn.bugstack.design.test.ApiTest - 测试结果(编辑中 To 提交审批):
{"code":"0000","info":"变更状态成功"}
Process finished with exit code 0
```

从测试结果和状态流程的流转来看，符合测试结果预期。因为代码不便于维护，所以不建议用这种编写方式。

22.5　状态模式重构代码

重构的重点往往是处理 if…else，这离不开接口与抽象类，另外还需要重新改造代码结构。

22.5.1　工程结构

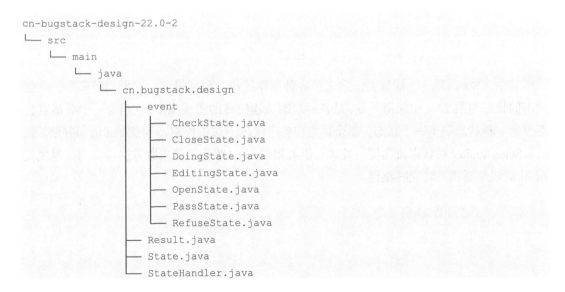

```
cn-bugstack-design-22.0-2
└── src
    └── main
        └── java
            └── cn.bugstack.design
                ├── event
                │   ├── CheckState.java
                │   ├── CloseState.java
                │   ├── DoingState.java
                │   ├── EditingState.java
                │   ├── OpenState.java
                │   ├── PassState.java
                │   └── RefuseState.java
                ├── Result.java
                ├── State.java
                └── StateHandler.java
```

状态模式和状态流程审批类关系如图 22-4 所示。

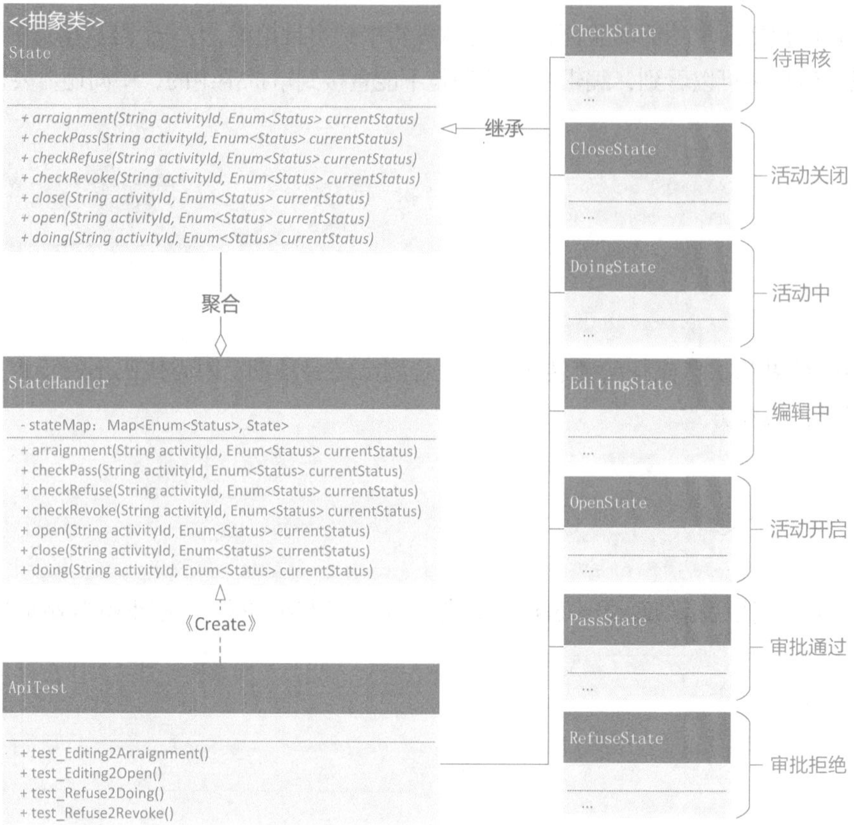

图 22-4

其中，State 是一个抽象类，定义了各种操作接口，包括提审、审批和拒审等。右侧的不同状态与图 22-4 中保持一致，是各种状态流程流转的实现操作。这里有一个关键点，对于每一种状态到下一个状态，都设置为在各个实现方法中控制，不需要 if 语句判断。最后，StateHandler 对状态流程统一处理，里面提供 Map 结构的各项服务接口调用，避免使用 if 语句判断状态转变的流程。

22.5.2　定义状态抽象类

```
public abstract class State {
    /**
     * 活动提审
```

```
 *
 * @param activityId    活动 ID
 * @param currentStatus 当前状态
 * @return 执行结果
 */
public abstract Result arraignment(String activityId, Enum<Status> currentStatus);
/**
 * 审批通过
 *
 * @param activityId    活动 ID
 * @param currentStatus 当前状态
 * @return 执行结果
 */
public abstract Result checkPass(String activityId, Enum<Status> currentStatus);
/**
 * 审批拒绝
 *
 * @param activityId    活动 ID
 * @param currentStatus 当前状态
 * @return 执行结果
 */
public abstract Result checkRefuse(String activityId, Enum<Status> currentStatus);
/**
 * 撤审撤销
 *
 * @param activityId    活动 ID
 * @param currentStatus 当前状态
 * @return 执行结果
 */
public abstract Result checkRevoke(String activityId, Enum<Status> currentStatus);
/**
 * 活动关闭
 *
 * @param activityId    活动 ID
 * @param currentStatus 当前状态
 * @return 执行结果
 */
public abstract Result close(String activityId, Enum<Status> currentStatus);
/**
 * 活动开启
 *
 * @param activityId    活动 ID
```

```
 * @param currentStatus 当前状态
 * @return 执行结果
 */
public abstract Result open(String activityId, Enum<Status> currentStatus);
/**
 * 活动执行
 *
 * @param activityId    活动 ID
 * @param currentStatus 当前状态
 * @return 执行结果
 */
public abstract Result doing(String activityId, Enum<Status> currentStatus);
}
```

整个接口提供了各项状态流转服务的接口，例如活动提审、审批通过、审批拒绝和撤审撤销等 7 个方法。在这些方法中，所有的入参都是一样的，即 activityId（活动 ID）、currentStatus（当前状态），只有各自的具体实现方式是不同的。

22.5.3　部分状态流转实现

1. 编辑状态

```
public class EditingState extends State {
    public Result arraignment(String activityId, Enum<Status> currentStatus) {
        ActivityService.execStatus(activityId, currentStatus, Status.Check);
        return new Result("0000", "活动提审成功");
    }
    public Result checkPass(String activityId, Enum<Status> currentStatus) {
        return new Result("0001", "编辑中不可审批通过");
    }
    public Result checkRefuse(String activityId, Enum<Status> currentStatus) {
        return new Result("0001", "编辑中不可审批拒绝");
    }
    @Override
    public Result checkRevoke(String activityId, Enum<Status> currentStatus) {
        return new Result("0001", "编辑中不可撤销审批");
    }
    public Result close(String activityId, Enum<Status> currentStatus) {
        ActivityService.execStatus(activityId, currentStatus, Status.Close);
        return new Result("0000", "活动关闭成功");
    }
    public Result open(String activityId, Enum<Status> currentStatus) {
```

```
        return new Result("0001", "非关闭活动不可开启");
    }
    public Result doing(String activityId, Enum<Status> currentStatus) {
        return new Result("0001", "编辑中活动不可执行活动中变更");
    }
}
```

2. 提审状态

```
public class CheckState extends State {
    public Result arraignment(String activityId, Enum<Status> currentStatus) {
        return new Result("0001", "待审批状态不可重复提审");
    }
    public Result checkPass(String activityId, Enum<Status> currentStatus) {
        ActivityService.execStatus(activityId, currentStatus, Status.Pass);
        return new Result("0000", "活动审批通过完成");
    }
    public Result checkRefuse(String activityId, Enum<Status> currentStatus) {
        ActivityService.execStatus(activityId, currentStatus, Status.Refuse);
        return new Result("0000", "活动审批拒绝完成");
    }
    @Override
    public Result checkRevoke(String activityId, Enum<Status> currentStatus) {
        ActivityService.execStatus(activityId, currentStatus, Status.Editing);
        return new Result("0000", "活动审批撤销回到编辑中");
    }
    public Result close(String activityId, Enum<Status> currentStatus) {
        ActivityService.execStatus(activityId, currentStatus, Status.Close);
        return new Result("0000", "活动审批关闭完成");
    }
    public Result open(String activityId, Enum<Status> currentStatus) {
        return new Result("0001", "非关闭活动不可开启");
    }
    public Result doing(String activityId, Enum<Status> currentStatus) {
        return new Result("0001", "待审批活动不可执行活动中变更");
    }
}
```

这里提供两个具体实现类的内容——编辑状态和提审状态。例如,在这两个实现类中,checkRefuse 方法对不同的类有不同的实现,也就是在不同状态下能做的下一步流转操作已经可以在每一个方法中控制了。其他五个类的操作是类似的,具体不再赘述,可以通过阅读源码学习。

22.5.4　状态处理服务

```java
public class StateHandler {
    private Map<Enum<Status>, State> stateMap = new ConcurrentHashMap<Enum<Status>,
State>();
    public StateHandler() {
        stateMap.put(Status.Check, new CheckState());      // 待审批
        stateMap.put(Status.Close, new CloseState());      // 已关闭
        stateMap.put(Status.Doing, new DoingState());      // 活动中
        stateMap.put(Status.Editing, new EditingState());  // 编辑中
        stateMap.put(Status.Open, new OpenState());        // 已开启
        stateMap.put(Status.Pass, new PassState());        // 审批通过
        stateMap.put(Status.Refuse, new RefuseState());    // 审批拒绝
    }
    public Result arraignment(String activityId, Enum<Status> currentStatus) {
        return stateMap.get(currentStatus).arraignment(activityId, currentStatus);
    }
    public Result checkPass(String activityId, Enum<Status> currentStatus) {
        return stateMap.get(currentStatus).checkPass(activityId, currentStatus);
    }
    public Result checkRefuse(String activityId, Enum<Status> currentStatus) {
        return stateMap.get(currentStatus).checkRefuse(activityId, currentStatus);
    }
    public Result checkRevoke(String activityId, Enum<Status> currentStatus) {
        return stateMap.get(currentStatus).checkRevoke(activityId, currentStatus);
    }
    public Result close(String activityId, Enum<Status> currentStatus) {
        return stateMap.get(currentStatus).close(activityId, currentStatus);
    }
    public Result open(String activityId, Enum<Status> currentStatus) {
        return stateMap.get(currentStatus).open(activityId, currentStatus);
    }
    public Result doing(String activityId, Enum<Status> currentStatus) {
        return stateMap.get(currentStatus).doing(activityId, currentStatus);
    }
}
```

　　这是对状态服务的统一控制中心，可以看到在构造函数中提供了所有状态和实现的具体关联，并放到了 Map 数据结构中。同时，提供了不同名称的接口操作类，让外部调用方可以更加容易地使用此项功能接口。

22.5.5　编辑中到提审活动测试验证

1. 单元测试

```
@Test
public void test_Editing2Arraignment() {
    String activityId = "100001";

    ActivityService.init(activityId, Status.Editing);
    StateHandler stateHandler = new StateHandler();
    Result result = stateHandler.arraignment(activityId, Status.Editing);
    logger.info("测试结果(编辑中 To 提审活动): {}", JSON.toJSONString(result));
    logger.info("活动信息: {} 状态: {}", JSON.toJSONString(ActivityService.
        queryActivityInfo(activityId)), JSON.toJSONString(ActivityService.queryActivity
        Info(activityId).getStatus()));
}
```

2. 测试结果

```
23:59:20.883 [main] INFO  cn.bugstack.design.test.ApiTest - 测试结果(编辑中 To 提审活动):
{"code":"0000","info":"活动提审成功"}
23:59:20.907 [main] INFO  cn.bugstack.design.test.ApiTest - 活动信息: {"activityId":
"100001","activityName":"早起学习打卡领奖活动","beginTime":1593694760892,"endTi
me":1593694760892,"status":"Check"} 状态: "Check"
Process finished with exit code 0
```

从编辑中到提审活动的状态流转，测试验证结果显示正常。

22.5.6　编辑中到开启活动测试验证

1. 单元测试

```
@Test
public void test_Editing2Open() {
    String activityId = "100001";

    ActivityService.init(activityId, Status.Editing);
    StateHandler stateHandler = new StateHandler();
    Result result = stateHandler.open(activityId, Status.Editing);
    logger.info("测试结果(编辑中 To 开启活动): {}", JSON.toJSONString(result));
    logger.info("活动信息: {} 状态: {}", JSON.toJSONString(ActivityService.
        queryActivityInfo(activityId)), JSON.toJSONString(ActivityService.queryActiv
        ityInfo(activityId).getStatus()));
}
```

2. 测试结果

```
23:59:36.904 [main] INFO  cn.bugstack.design.test.ApiTest - 测试结果(编辑中To开启活动):
{"code":"0001","info":"非关闭活动不可开启"}
23:59:36.914 [main] INFO  cn.bugstack.design.test.ApiTest - 活动信息:{"activityId":
"100001","activityName":"早起学习打卡领奖活动","beginTime":1593694776907,"endTi
me":1593694776907,"status":"Editing"} 状态:"Editing"
Process finished with exit code 0
```

从编辑中到开启活动的状态流转可以看到,测试结果是拒绝——非关闭活动不可开启。按照流程流转结果,预期结果正常,不能从编辑中直接到活动开启,需要经过审批阶段。

22.5.5 审批拒绝到活动中测试验证

1. 单元测试

```
@Test
public void test_Refuse2Doing() {
    String activityId = "100001";
    ActivityService.init(activityId, Status.Refuse);
    StateHandler stateHandler = new StateHandler();
    Result result = stateHandler.doing(activityId, Status.Refuse);
    logger.info("测试结果(拒绝To活动中): {}", JSON.toJSONString(result));
    logger.info("活动信息: {} 状态: {}", JSON.toJSONString(ActivityService.
queryActivityInfo(activityId)), JSON.toJSONString(ActivityService.queryActivityInfo
(activityId).getStatus()));
}
```

2. 测试结果

```
23:59:46.339 [main] INFO  cn.bugstack.design.test.ApiTest - 测试结果(拒绝To活动中):
{"code":"0001","info":"审批拒绝不可执行活动中为进行中"}
23:59:46.352 [main] INFO  cn.bugstack.design.test.ApiTest - 活动信息:{"activityId":
"100001","activityName":"早起学习打卡领奖活动","beginTime":1593694786342,"endTi
me":1593694786342,"status":"Refuse"} 状态:"Refuse"
Process finished with exit code 0
```

从审批拒绝到活动中的状态流转可以看到,同样是拒绝——审批拒绝不可执行活动中为进行中,满足预期。

22.5.6 审核拒绝到撤审测试验证

1. 单元测试

```
@Test
```

```
public void test_Refuse2Revoke() {
    String activityId = "100001";
    ActivityService.init(activityId, Status.Refuse);
    StateHandler stateHandler = new StateHandler();
    Result result = stateHandler.checkRevoke(activityId, Status.Refuse);
    logger.info("测试结果(拒绝 To 撤审): {}", JSON.toJSONString(result));
    logger.info("活动信息: {} 状态: {}", JSON.toJSONString(ActivityService.
        queryActivityInfo(activityId)), JSON.toJSONString(ActivityService.queryActiv
        ityInfo(activityId).getStatus()));
}
```

2. 测试结果

```
23:59:50.197 [main] INFO  cn.bugstack.design.test.ApiTest - 测试结果(拒绝 To 撤审): {
"code":"0000","info":"撤销审批完成"}
23:59:50.208 [main] INFO  cn.bugstack.design.test.ApiTest - 活动信息: {"activityId":
"100001","activityName":"早起学习打卡领奖活动","beginTime":1593694810201,"endTi
me":1593694810201,"status":"Editing"} 状态: "Editing"
Process finished with exit code 0
```

从审批拒绝到撤审的状态流转可以看到，按照状态的流转约定，审批拒绝后可以撤审，测试结果满足预期。

综上，以上四个测试类分别模拟了不同状态之间的有效流转和拒绝流转，不同的状态服务处理不同的服务内容。

22.6　本章总结

从以上两种方式对一个需求的实现对比可以看到，在使用设计模式处理后，已经没有了 if…else，代码的结构也更加清晰，易于扩展。在实现结构的编码方式上，可以看到不再是面向过程的编程，而是面向对象的编程。并且这种设计模式满足了单一职责和开闭原则，当只有满足这种结构时，才会发现代码的扩展是容易的，也就是增加或修改功能不会影响整体。如果状态和各项流转较多，就会产生较多的实现类。因此，可能会给代码的实现增加时间成本，因为如果遇到这种场景可以按需评估投入回报率，主要在于是否会经常修改，是否可以做成组件化，抽离业务功能与非业务功能。

第 23 章

策略模式

23.1 码农心得

> 文无第一，武无第二。

同样努力的人，即使方向和水平不同，也都有自身的价值和优点。不要用自己手里的矛去攻击别人的盾，如果存在一时争辩，可能是自己承担的角色不同。互相学习、互相成长。就像上学期间大家会发现班里有一类学生似乎不怎么听课，但学习成绩很好。假如让他回家呆着，远离课堂，成绩还能好吗？类似的圈子还有图书馆、车友群和技术交流群等，大家一起营造学习氛围，找到分享技能的同类爱好者，共同进步。

> 能把复杂的知识讲得简单很重要。

在学习的过程中，我们看过很多音频、视频和文档等，往往一个知识点会有多种多样的讲解形式。有很多人的讲解非常优秀，例如李永乐老师的短视频课，可以在黑板上把复杂的知识讲解得通俗易懂。学习编程的人要学会把知识点讲明白，更要写明白。

23.2 策略模式介绍

策略模式是一种行为模式，也是替代 if…else 的利器。它能解决的场景一般包括具有同类可替代的行为逻辑算法，例如：不同类型的交易方式（信用卡、支付宝、微信）、生成唯一 ID 策略（UUID、DB 自增、DB+Redis、雪花算法和 Leaf 算法）等。

如图 23-1 所示，就像三国演义中诸葛亮给赵子龙的锦囊：

● 第一个锦囊：见乔国老，让刘备娶亲的事情在东吴人尽皆知。

● 第二个锦囊：用谎言（曹操打荆州）让在温柔乡里的刘备回国。

● 第三个锦囊：让孙夫人拦住东吴的追兵。

图 23-1

23.3 各类营销优惠券场景

本案例模拟在购买商品时使用的各种类型的优惠券，包括满减、直减、折扣和 N 元购等，如图 23-2 所示。

这个场景模拟日常购物省钱渠道，在购买商品时使用优惠券。在大促时，会有更多的优惠券，需要计算哪些商品一起购买更加优惠。实现此功能并不容易，因为里面包括了很多的规则和优惠逻辑，可以模拟其中一种计算优惠的方式，使用策略模式实现。

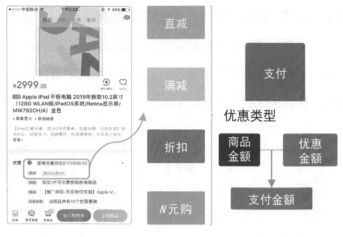

图 23-2

23.4 违背设计模式实现

对于优惠券的设计，最初可能非常简单，只是一个金额的抵扣，也没有现在这么多种类型。所以，虽然设计起来非常简单，但随着产品功能的不断迭代，一旦程序不具备很好的扩展性，就会越来越混乱。

23.4.1 工程结构

```
cn-bugstack-design-16.0-1
└── src
    └── main
        └── java
            └── cn.bugstack.design
                └── CouponDiscountService.java
```

这里的工程结构非常简单，属于面向过程开发的方式。

23.4.2 代码实现

```
/**
 * 优惠券类型：
 * 1．直减券
 * 2．满减券
 * 3．折扣券
```

```
 * 4. N元购
 */
public class CouponDiscountService {
    public double discountAmount(int type, double typeContent, double skuPrice,
        double typeExt) {
        // 1. 直减券
        if (1 == type) {
            return skuPrice - typeContent;
        }
        // 2. 满减券
        if (2 == type) {
            if (skuPrice < typeExt) return skuPrice;
            return skuPrice - typeContent;
        }
        // 3. 折扣券
        if (3 == type) {
            return skuPrice * typeContent;
        }
        // 4. N元购
        if (4 == type) {
            return typeContent;
        }
        return 0D;
    }
}
```

以上是不同类型的优惠券计算折扣后的实际金额。入参包括：优惠券类型、优惠券金额和商品金额。因为有些优惠券是满多少减多少，所以增加了 typeExt 类型，这也是方法不好扩展的原因之一。最后是整个方法体对优惠券抵扣金额的实现，最开始可能是一个简单的优惠券，后面随着产品功能的增加，不断地扩展 if 语句，实际的代码可能更多。

23.5　策略模式重构代码

与面向过程流程式的开发不同，这里会使用策略模式优化优惠券的创建结构，增强整体的扩展性。

23.5.1　工程结构

cn-bugstack-design-16.0-2

```
└── src
    └── main
        └── java
            └── cn.bugstack.design
                ├── event
                │   ├── MJCouponDiscount.java
                │   ├── NYGCouponDiscount.java
                │   ├── ZJCouponDiscount.java
                │   └── ZKCouponDiscount.java
                ├── Context.java
                └── ICouponDiscount.java
```

整个策略模式审批工单流程类关系如图 23-3 所示。

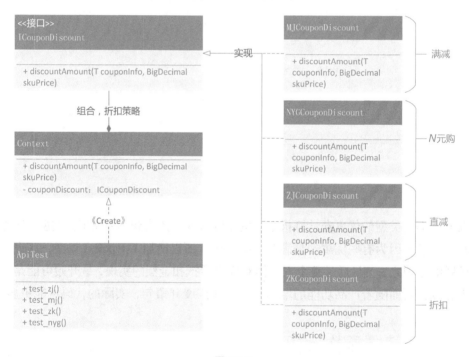

图 23-3

整体的结构模式并不复杂，主要体现不同类型的优惠券的不同计算策略，包括一个接口类（ICouponDiscount）和四种优惠券类型的实现方式。最后提供了策略模式的上下控制类，用于处理整体的策略服务。

23.5.2　优惠券接口

```
public interface ICouponDiscount<T> {
    /**
     * 优惠券金额计算
     * @param couponInfo 优惠券折扣信息：直减、满减、折扣和 N 元购
     * @param skuPrice    SKU 金额
     * @return            优惠后金额
     */
    BigDecimal discountAmount(T couponInfo, BigDecimal skuPrice);
}
```

　　定义了优惠券折扣接口，也增加了泛型，不同类型的接口可以传递不同的类型参数。接口包括商品金额及出参返回优惠后金额。在实际开发中，会比现在的接口参数多一些，但核心逻辑类似。

23.5.3　优惠券接口实现

1. 满减

```
public class MJCouponDiscount implements ICouponDiscount<Map<String,String>>  {
    /**
     * 满减计算
     * 1. 判断满足 x 元后 -N 元，否则不减
     * 2. 最低支付金额 1 元
     */
    public BigDecimal discountAmount(Map<String,String> couponInfo,
        BigDecimal skuPrice) {
        String x = couponInfo.get("x");
        String o = couponInfo.get("n");
        // 小于商品金额条件，直接返回商品原价
        if (skuPrice.compareTo(new BigDecimal(x)) < 0) return skuPrice;
        // 减去优惠金额判断
        BigDecimal discountAmount = skuPrice.subtract(new BigDecimal(o));
        if (discountAmount.compareTo(BigDecimal.ZERO) < 1) return BigDecimal.ONE;
        return discountAmount;
    }
}
```

2. 直减

```
public class ZJCouponDiscount implements ICouponDiscount<Double>  {
```

```
/**
 *  直减计算
 *  1. 使用商品价格减去优惠价格
 *  2. 最低支付金额 1 元
 */
public BigDecimal discountAmount(Double couponInfo, BigDecimal skuPrice) {
    BigDecimal discountAmount = skuPrice.subtract(new BigDecimal(couponInfo));
    if (discountAmount.compareTo(BigDecimal.ZERO) < 1) return BigDecimal.ONE;
    return discountAmount;
}
}
```

3. 折扣

```
public class ZKCouponDiscount implements ICouponDiscount<Double> {
    /**
     *  折扣计算
     *  1. 使用商品价格乘以折扣比例，为最后支付金额
     *  2. 保留两位小数
     *  3. 最低支付金额 1 元
     */
    public BigDecimal discountAmount(Double couponInfo, BigDecimal skuPrice) {
        BigDecimal discountAmount = skuPrice.multiply(new BigDecimal(couponInfo)).
            setScale(2, BigDecimal.ROUND_HALF_UP);
        if (discountAmount.compareTo(BigDecimal.ZERO) < 1) return BigDecimal.ONE;
        return discountAmount;
    }
}
```

4. N 元购

```
public class NYGCouponDiscount implements ICouponDiscount<Double> {
    /**
     *  N 元购购买
     *  1. 无论原价多少，都用固定金额购买
     */
    public BigDecimal discountAmount(Double couponInfo, BigDecimal skuPrice) {
        return new BigDecimal(couponInfo);
    }
}
```

以上是四种不同类型的优惠券计算折扣金额的方式，可以从代码中看到每一种优惠方式优惠后的金额。

23.5.4 编写测试类（直减优惠）

1. 单元测试

```
@Test
public void test_zj() {
    // 直减：满 100 元减 10 元，商品价格 100 元
    Context<Double> context = new Context<Double>(new ZJCouponDiscount());
    BigDecimal discountAmount = context.discountAmount(10D, new BigDecimal(100));
    logger.info("测试结果：直减优惠后金额 {}", discountAmount);
}
```

2. 测试结果

```
15:43:22.035 [main] INFO cn.bugstack.design.test.ApiTest - 测试结果：直减优惠后金额 90
Process finished with exit code 0
```

23.5.5 编写测试类（满减优惠）

1. 单元测试

```
@Test
public void test_mj() {
    // 满 100 元减 10 元，商品价格 100 元
    Context<Map<String,String>> context = new Context<Map<String,String>>(new MJCou-
        ponDiscount());
    Map<String,String> mapReq = new HashMap<String, String>();
    mapReq.put("x","100");
    mapReq.put("n","10");
    BigDecimal discountAmount = context.discountAmount(mapReq, new BigDecimal(100));
    logger.info("测试结果：满减优惠后金额 {}", discountAmount);
}
```

2. 测试结果

```
15:43:42.695 [main] INFO cn.bugstack.design.test.ApiTest - 测试结果：满减优惠后金额 90 元
Process finished with exit code 0
```

23.5.6 编写测试类（折扣优惠）

1. 单元测试

```
@Test
public void test_zk() {
    // 折扣 9 折，商品价格 100 元
```

```
Context<Double> context = new Context<Double>(new ZKCouponDiscount());
BigDecimal discountAmount = context.discountAmount(0.9D, new BigDecimal(100));
logger.info("测试结果：折扣 9 折后金额 {}", discountAmount);
}
```

2. 测试结果

```
15:44:05.602 [main] INFO cn.bugstack.design.test.ApiTest - 测试结果：折扣 9 折后金额 90 元
Process finished with exit code 0
```

23.5.7 编写测试类（*N* 元购优惠）

1. 单元测试

```
@Test
public void test_nyg() {
    // N元购；满 100 元减 10 元，商品价格 100 元
    Context<Double> context = new Context<Double>(new NYGCouponDiscount());
    BigDecimal discountAmount = context.discountAmount(90D, new BigDecimal(100));
    logger.info("测试结果：N元购优惠后金额 {}", discountAmount);
```

2. 测试结果

```
15:44:24.700 [main] INFO cn.bugstack.design.test.ApiTest - 测试结果：N元购优惠后金额 90 元
Process finished with exit code 0
```

以上四组测试分别验证了不同类型优惠券的优惠策略，测试结果满足预期。四种优惠券最终都是在原价 100 元的基础上减免 10 元，最终支付 90 元。

23.6 本章总结

以上的策略模式案例并不复杂，主要的逻辑体现在不同种类优惠券的计算折扣策略上。在实际的开发中，这种设计模式很常用。另外，这种设计模式与命令模式、适配器模式的结构相似，但是思路有些差异。通过使用策略模式，可以优化方法中的 if 语句。在使用这种设计模式后，可以很好地满足隔离性和扩展性要求，也方便承接不断新增的需求。策略模式、适配器模式和组合模式等在某些方面是比较相似的，但是每一种设计模式有自己的逻辑特点，在使用的过程中需要经过多次实践来体会，积累经验。

第 24 章

模板模式

24.1　码农心得

黎明前的黑暗，坚持得住吗？

有人举过这样一个例子,先给你一张北京大学的录取通知书,但要求每天 5 点起床,12 点睡觉,刻苦学习,勤奋上进。只要坚持三年, 这张通知书就有效。如果是你,你能坚持吗? 其实这个假设很难在人生中出现,因为它目标明确,有准确的行军路线。就像如果生在富豪家庭,自己的一切被家里安排得明明白白,只要按部就班地生活就不会有问题。可大多数普通人并不具备这种条件, 甚至不知道多久才能迎来自己的黎明。但是,谁又不渴望见到黎明呢? 所以请坚持吧!

有时还好坚持了!

当为自己的一个决定而感到万分开心时,是不是也非常庆幸自己坚持住了? 坚持、努力、终身学习,似乎与 IT 行业是分不开的。当愿意把编程当成爱好时,就会愿意为此而努力。

24.2　模板模式介绍

模板模式的核心设计思路是通过在抽象类中定义抽象方法的执行顺序,并将抽象方法设定为只有子类实现,但不设计独立访问的方法。简单地说,就是安排得明明白白。如图 24-1 所示,就像《西游记》的九九八十一难,基本每一关都是:师傅被掳走、徒弟打妖怪、妖怪被收走。无论每一难会出现什么妖怪，徒弟们怎样制服妖怪，神仙怎样收走妖怪，具体的每一难都由观音菩萨安排，只需要定义执行顺序和基本策略。

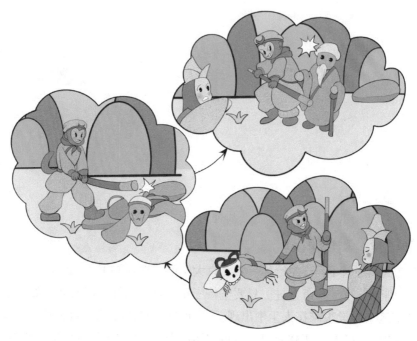

图 24-1

24.3 模拟爬虫商品生成海报信息场景

模板模式的核心在于由抽象类定义抽象方法并执行策略，也就是父类规定一系列的执行标准，这些标准串联成一整套的业务流程，如图 24-2 所示。

本案例模拟爬取各类电商商品的商品信息，生成营销推广海报（海报中含有个人的邀请码），赚取商品返利的场景（这里是模拟爬取，并没有真正爬取）。

而整个爬取过程分为三步：模拟登录、爬取信息和生成海报。因为有些商品只有登录后才可以爬取，并且登录后可以看到一些特定的价格，这与未登录用户看到的价格不同。不同电商网站的爬取方式不同，解析方式也不同，因此可以作为每一个实现类中的特定实现。生成海报的步骤基本是一样的，但会有特定的商品来源标识。所以这三步可以使用模板模式设定，并有具体的场景做子类实现。

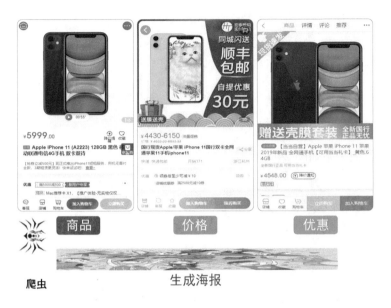

图 24-2

24.4　模板模式案例工程

　　模板模式的业务场景可能在平时的开发中不是很常见，主要因为这种设计模式会在抽象类中定义逻辑行为的执行顺序。一般情况下，使用抽象类定义的逻辑行为会比较轻量级或者没有逻辑行为，只提供一些基本方法，供公共调用和实现。但如果遇到适合的场景，使用这种设计模式也非常方便，因为可以控制整套逻辑的执行顺序和统一的输入、输出，而对于实现方，只需要关心自己的业务逻辑即可。在本章的场景中，只需要记住这三步的实现即可：模拟登录、爬取信息和生成海报。

24.4.1　工程结构

```
cn-bugstack-design-24.0-0
└── src
    └── main
        └── java
            └── cn.bugstack.design
                └── group
                    ├── DangDangNetMall.java
```

```
                    ├── JDNetMall.java
                    └── TaoBaoNetMall.java
            ├── HttpClient.java
            └── NetMall.java
    └── test
        └── java
            └── cn.bugstack.design.test
                └── ApiTest.java
```

模板模式工程类关系如图 24-3 所示。

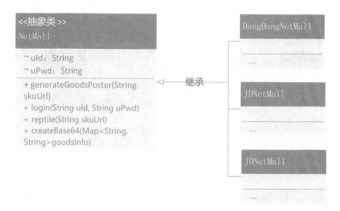

图 24-3

以上的代码结构比较简单，包括定义了抽象方法执行顺序的核心抽象类，以及三个具体实现的电商服务。

24.4.2 定义执行顺序的抽象类

```java
/**
 * 基础电商推广服务
 * 1. 生成最优价商品海报
 * 2. 海报含带推广邀请码
 */
public abstract class NetMall {
    protected Logger logger = LoggerFactory.getLogger(NetMall.class);
    String uId;   // 用户 ID
    String uPwd;  // 用户密码
    public NetMall(String uId, String uPwd) {
        this.uId = uId;
        this.uPwd = uPwd;
```

```
}
/**
 * 生成商品推广海报
 *
 * @param skuUrl 商品地址(京东、淘宝、当当)
 * @return 海报图片 base64 位信息
 */
public String generateGoodsPoster(String skuUrl) {
    if (!login(uId, uPwd)) return null;           // 1. 模拟登录
    Map<String, String> reptile = reptile(skuUrl); // 2. 爬取信息
    return createBase64(reptile);                  // 3. 生成海报
}
// 模拟登录
protected abstract Boolean login(String uId, String uPwd);
// 爬取信息(登录后的优惠价格)
protected abstract Map<String, String> reptile(String skuUrl);
// 生成海报
protected abstract String createBase64(Map<String, String> goodsInfo);
}
```

这个类是模板模式的灵魂。定义可被外部访问的方法 generateGoodsPoster，用于生成商品推广海报。generateGoodsPoster 在方法中定义抽象方法的三步执行顺序。提供三个具体的抽象方法，让外部继承方实现：模拟登录（login）、爬取信息（reptile）和生成海报（createBase64）。

24.4.3　模拟爬取京东商城商品

```
public class JDNetMall extends NetMall {
    public JDNetMall(String uId, String uPwd) {
        super(uId, uPwd);
    }
    public Boolean login(String uId, String uPwd) {
        logger.info("模拟京东用户登录 uId：{} uPwd：{}", uId, uPwd);
        return true;
    }
    public Map<String, String> reptile(String skuUrl) {
        String str = HttpClient.doGet(skuUrl);
        Pattern p9 = Pattern.compile("(?<=title\\>).*(?=</title)");
        Matcher m9 = p9.matcher(str);
        Map<String, String> map = new ConcurrentHashMap<String, String>();
        if (m9.find()) {
```

```
            map.put("name", m9.group());
        }
        map.put("price", "5999.00");
        logger.info("模拟京东商品爬虫解析: {} | {} 元 {}", map.get("name"), map.get
("price"), skuUrl);

        return map;
    }
    public String createBase64(Map<String, String> goodsInfo) {
        BASE64Encoder encoder = new BASE64Encoder();
        logger.info("模拟生成京东商品base64海报");
        return encoder.encode(JSON.toJSONString(goodsInfo).getBytes());
    }
}
```

这部分包括：模拟登录；爬取信息，只截取涉及 title 的信息爬取结果；模拟创建海报的方法。

24.4.4 模拟爬取淘宝商品

```
public class TaoBaoNetMall extends NetMall {
    public TaoBaoNetMall(String uId, String uPwd) {
        super(uId, uPwd);
    }

    @Override
    public Boolean login(String uId, String uPwd) {
        logger.info("模拟淘宝用户登录 uId: {} uPwd: {}", uId, uPwd);
        return true;
    }

    @Override
    public Map<String, String> reptile(String skuUrl) {
        String str = HttpClient.doGet(skuUrl);
        Pattern p9 = Pattern.compile("(?<=title\\>).*(?=</title)");
        Matcher m9 = p9.matcher(str);
        Map<String, String> map = new ConcurrentHashMap<String, String>();
        if (m9.find()) {
            map.put("name", m9.group());
        }
        map.put("price", "4799.00");
        logger.info("模拟淘宝商品爬虫解析: {} | {} 元 {}", map.get("name"), map.get
            ("price"), skuUrl);

        return map;
    }
}
```

```java
    @Override
    public String createBase64(Map<String, String> goodsInfo) {
        BASE64Encoder encoder = new BASE64Encoder();
        logger.info("模拟生成淘宝商品base64海报");

        return encoder.encode(JSON.toJSONString(goodsInfo).getBytes());
    }
}
```

同上，模拟登录、爬取信息以及创建海报。

24.4.5　模拟爬取当当商品

```java
public class DangDangNetMall extends NetMall {
    public DangDangNetMall(String uId, String uPwd) {
        super(uId, uPwd);
    }

    @Override
    public Boolean login(String uId, String uPwd) {
        logger.info("模拟当当用户登录 uId: {} uPwd: {}", uId, uPwd);

        return true;
    }

    @Override
    public Map<String, String> reptile(String skuUrl) {
        String str = HttpClient.doGet(skuUrl);
        Pattern p9 = Pattern.compile("(?<=title\\>).*(?=</title)");
        Matcher m9 = p9.matcher(str);
        Map<String, String> map = new ConcurrentHashMap<String, String>();
        if (m9.find()) {
            map.put("name", m9.group());
        }
        map.put("price", "4548.00");
        logger.info("模拟当当商品爬虫解析：{} | {} 元 {}", map.get("name"), map.get
            ("price"), skuUrl);

        return map;
    }

    @Override
    public String createBase64(Map<String, String> goodsInfo) {
        BASE64Encoder encoder = new BASE64Encoder();
        logger.info("模拟生成当当商品base64海报");

        return encoder.encode(JSON.toJSONString(goodsInfo).getBytes());
    }
}
```

模拟登录、爬取信息以及创建海报。

24.4.6　测试验证

1. 单元测试

```
/**
 * 测试链接
 * 京东: https://item.jd.com/100008348542.html
 * 淘宝: https://detail.tmall.com/item.html
 * 当当: http://product.dangdang.com/1509704171.html
 */
@Test
public void test_NetMall() {
    NetMall netMall = new JDNetMall("1000001", "*******");
    String base64 = netMall.generateGoodsPoster("
        https://item.jd.com/100008348542.html");
    logger.info("测试结果: {}", base64);
}
```

测试类提供了三种商品链接，当然也可以是其他商品的链接。爬取的过程模拟爬取京东商品，可以替换为其他商品服务 new TaoBaoNetMall、new DangDangNetMall。

2. 测试结果

```
23:33:13.616 [main] INFO  cn.bugstack.design.NetMall - 模拟京东用户登录 uId: 1000001
uPwd: *******
23:33:15.038 [main] INFO  cn.bugstack.design.NetMall - 模拟京东商品爬虫解析：【Applei
Phone 11】Apple iPhone 11 (A2223) 128GB 黑色 移动联通电信 4G 手机 双卡双待【行情 报价 价格 评
测】-京东 | 5999.00 元 https://item.jd.com/100008348542.html
23:33:15.038 [main] INFO  cn.bugstack.design.NetMall - 模拟生成京东商品 base64 海报
23:33:15.086 [main] INFO  cn.bugstack.design.test.ApiTest - 测试结果:
eyJwcmljZSI6IjU5OTkuMDAiLCJuYW1lIjoi44CQQXBwbGVpUGhvbmUgMTHjgJFBcHBsZSBpUGhv
bmUgMTEgKEEyMjIzKSAxMjhHQiDpu5HoibIg56e75Yqo6IGU6YCa55S15L+hNEfmiYvmnLog5Y+M
5Y2h5Y+M5b6F44CQ6KGM5oOFIOaKpeS7tyDku7fmoLwg6K+E5rWL44CRLeS6rOS4nCJ9
Process finished with exit code 0
```

因为是测试模拟爬虫，所以信息在不同时间可能会有差异。另外，以上为模拟爬虫，与实际业务使用会有差异，在实际开发中需要按需调整。从测试结果可以看到，首先模拟登录，之后爬取商品信息，最后模拟生成海报信息。按照定义的模板方法顺序执行，符合预期。

24.5　本章总结

　　通过上面的实现可以看到模板模式在定义统一结构也就是执行标准方面非常方便，能很好地做到后续的实现者不用关心调用逻辑，按照统一方式执行即可。类的继承者也只需要关心具体的业务逻辑实现即可。另外，模板模式也是为了解决子类通用方法，放到父类中优化设计。让每一个子类只做子类需要完成的内容，而不需要关心其他逻辑。再提取公用代码，行为由父类管理，扩展可变部分，也就非常有利于开发拓展和迭代了。

第 25 章

访问者模式

25.1　码农心得

能力，是你前行的最大保障！

年龄会不断地增长，什么才能让自己不慌张？一定是能力，即使是在一个看似很安稳的工作环境中也是一样，只有拥有能留下的本事和跳出去的能力，才会是安稳的。而能力的提升是不断突破自己的认知，也就是拓展宽度；并在专业领域建设个人影响力，也就是深度。如果日复一日，只是简单地重复，只能让手上增长老茧，又叹人生苦短。

站得高一定能看得远吗？

站得高确实能看得远，也能让自己有更高的追求。但是站得高了，原本看清的东西就变得看不清了。视角和关注重点不同，会让我们有很多不同的选择。脚踏实地地奠定能攀升起来的基石，从容地走向山顶，那时才是看得更远的时候。

25.2　访问者模式介绍

访问者模式要解决的核心问题是在一个稳定的数据结构下，如何增加易变的业务访问逻辑。如何通过解耦增强业务扩展性。

简单地说，访问者模式的核心在于同一个事物或办事窗口，不同人办不同的事，各自关心的角度和访问的信息是不同的，按需选择。如图 25-1 所示，排队买早餐的用户会点自己想要的早餐，如鸡蛋灌饼、煎饼和烤冷面等。

图 25-1

25.3　不同用户对学生身份访问视角场景

如图 25-2 所示，案例场景模拟校园中有学生和老师两种身份的用户，家长和校长关

图 25-2

心的视角是不同的，家长更关心孩子的成绩和老师的能力，校长更关心老师所在班级学生的人数和升学率。这样一来，学生和老师就是一个固定信息。想让站在不同视角的用户获取关心的信息，适合用观察者模式实现，从而让实体与业务解耦，增强扩展性。但观察者模式的整体类结构相对复杂，需要梳理清楚。

25.4 访问者模式案例工程

和其他设计模式相比，访问者模式的类结构虽然比较复杂，但也更加灵活。它的设计方式能开拓对代码结构的新认知，用这种思维不断地构建出更好的代码架构。本案例的核心逻辑实现有以下几点：

- 建立用户抽象类和抽象访问方法，再由不同的用户实现——老师和学生。

- 建立访问者接口，用于不同人员的访问操作——校长和家长。

- 最终建设数据看板，用于实现不同视角的访问结果输出。

25.4.1 工程结构

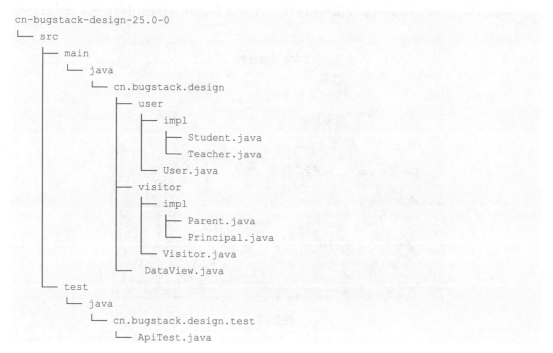

```
cn-bugstack-design-25.0-0
└── src
    ├── main
    │   └── java
    │       └── cn.bugstack.design
    │           ├── user
    │           │   ├── impl
    │           │   │   ├── Student.java
    │           │   │   └── Teacher.java
    │           │   └── User.java
    │           ├── visitor
    │           │   ├── impl
    │           │   │   ├── Parent.java
    │           │   │   └── Principal.java
    │           │   └── Visitor.java
    │           └── DataView.java
    └── test
        └── java
            └── cn.bugstack.design.test
                └── ApiTest.java
```

访问者模式工程类关系如图 25-3 所示。

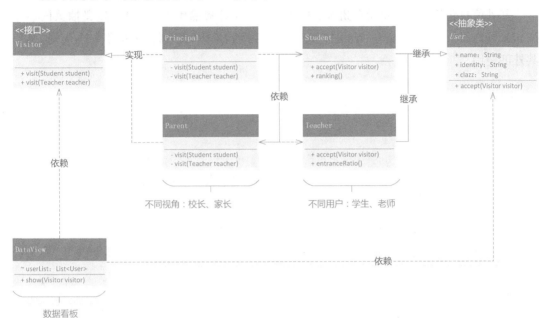

图 25-3

以上类图展示了代码的核心结构，主要包括不同视角下不同用户的访问模型。在这里有一个关键点，即整套设计模式的核心组成部分 visitor.visit(this)方法在每一个用户实现类里包括 Student 和 Teacher。在以下的实现中可以重点关注。

25.4.2 定义用户抽象类

```
// 基础用户信息
public abstract class User {
    public String name;         // 姓名
    public String identity;     // 身份：重点班、普通班 ｜ 特级教师、普通教师、实习教师
    public String clazz;        // 班级
    public User(String name, String identity, String clazz) {
        this.name = name;
        this.identity = identity;
        this.clazz = clazz;
    }
    // 核心访问方法
    public abstract void accept(Visitor visitor);
```

```
}
```

基础信息包括姓名、身份和班级，也可以是一个业务的用户属性类。定义抽象核心方法 abstract void accept(Visitor visitor)，是为了让后续的具体实现者都能提供一个访问方法，共外部使用。

25.4.3　实现用户信息

1. 老师类

```java
public class Teacher extends User {
    public Teacher(String name, String identity, String clazz) {
        super(name, identity, clazz);
    }
    public void accept(Visitor visitor) {
        visitor.visit(this);
    }
    // 升学率
    public double entranceRatio() {
        return BigDecimal.valueOf(Math.random() * 100).setScale(2, BigDecimal.ROUND_
            HALF_UP).doubleValue();
    }
}
```

2. 学生类

```java
public class Student extends User {
    public Student(String name, String identity, String clazz) {
        super(name, identity, clazz);
    }
    public void accept(Visitor visitor) {
        visitor.visit(this);
    }
    public int ranking() {
        return (int) (Math.random() * 100);
    }
}
```

这里实现了老师类和学生类，都提供了父类的构造函数。在 accept()方法中，提供了本地对象的访问 visitor.visit(this)，这部分需要加深理解。老师类和学生类又分别单独提供了各自的特性方法：升学率（entranceRatio）、排名（ranking），类似的方法可以按照业务需求扩展。

25.4.4　定义访问数据接口

```
public interface Visitor {
    // 访问学生信息
    void visit(Student student);
    // 访问老师信息
    void visit(Teacher teacher);
}
```

访问的接口比较简单，相同的方法名称，不同的入参用户类型。让具体的访问者类在实现时可以关注每一种用户类型的具体访问数据对象，例如升学率和排名。

25.4.5　实现访问类型

1. 访问者：校长

```
public class Principal implements Visitor {
    private Logger logger = LoggerFactory.getLogger(Principal.class);
    public void visit(Student student) {
        logger.info("学生信息 姓名：{} 班级：{} 人数：{}",
            student.clazz, student.count());
    }
    public void visit(Teacher teacher) {
        logger.info("学生信息 姓名：{} 班级：{} 升学率：{}", teacher.name,
            teacher.clazz, teacher.entranceRatio());
    }
}
```

2. 访问者：家长

```
public class Parent implements Visitor {
    private Logger logger = LoggerFactory.getLogger(Parent.class);
    public void visit(Student student) {
        logger.info("学生信息 姓名：{} 班级：{} 排名：{}", student.name,
            student.clazz, student.ranking());
    }
    public void visit(Teacher teacher) {
        logger.info("老师信息 姓名：{} 班级：{} 级别：{}", teacher.name,
            teacher.clazz, teacher.identity);
    }
}
```

以上是两个具体的访问者实现类，他们都有自己的需求。校长关注班级的人数和班级的升学率；家长关注孩子的成绩、老师的能力。

25.4.6 数据看板

```java
public class DataView {
    List<User> userList = new ArrayList<User>();
    public DataView() {
        userList.add(new Student("谢东", "重点班", "一年一班"));
        userList.add(new Student("windy", "重点班", "一年一班"));
        userList.add(new Student("大毛", "普通班", "二年三班"));
        userList.add(new Student("Shing", "普通班", "三年四班"));
        userList.add(new Teacher("BK", "特级教师", "一年一班"));
        userList.add(new Teacher("娜娜Goddess", "特级教师", "一年一班"));
        userList.add(new Teacher("dangdang", "普通教师", "二年三班"));
        userList.add(new Teacher("泽东", "实习教师", "三年四班"));
    }
    // 展示
    public void show(Visitor visitor) {
        for (User user : userList) {
            user.accept(visitor);
        }
    }
}
```

首先在这个类中初始化了基本的数据，包括学生和老师的信息。并提供了一个展示类，通过传入校长和家长两个不同的观察者，差异化地打印信息。

25.4.7 测试验证

1. 单元测试

```java
@Test
public void test(){
    DataView dataView = new DataView();
    logger.info("\r\n家长视角访问: ");
    dataView.show(new Parent());      // 家长
    logger.info("\r\n校长视角访问: ");
    dataView.show(new Principal());   // 校长
}
```

从测试类可以看到，家长和校长分别有不同的访问视角。

2. 测试结果

```
10:04:34.584 [main] INFO  cn.bugstack.design.test.ApiTest - 家长视角访问:
10:04:34.588 [main] INFO  c.b.design.visitor.impl.Parent - 学生信息 姓名:谢东 班级:一年
一班 排名:6
10:04:34.588 [main] INFO  c.b.design.visitor.impl.Parent - 学生信息 姓名:windy 班级:一
年一班 排名:73
10:04:34.588 [main] INFO  c.b.design.visitor.impl.Parent - 学生信息 姓名:大毛 班级:二年
三班 排名:89
10:04:34.588 [main] INFO  c.b.design.visitor.impl.Parent - 学生信息 姓名:Shing 班级:三
年四班 排名:79
10:04:34.588 [main] INFO  c.b.design.visitor.impl.Parent - 老师信息 姓名:BK 班级:一年
一班 级别:特级教师
10:04:34.589 [main] INFO  c.b.design.visitor.impl.Parent - 老师信息 姓名:娜娜
Goddess 班级:一年一班 级别:特级教师
10:04:34.589 [main] INFO  c.b.design.visitor.impl.Parent - 老师信息 姓名:dangdang 班级:
二年三班 级别:普通教师
10:04:34.589 [main] INFO  c.b.design.visitor.impl.Parent - 老师信息 姓名:泽东 班级:三年
四班 级别:实习教师
10:04:34.589 [main] INFO  cn.bugstack.design.test.ApiTest - 校长视角访问:
10:04:34.589 [main] INFO  c.b.design.visitor.impl.Principal - 学生信息 班级:一年一班 人
数:99
10:04:34.589 [main] INFO  c.b.design.visitor.impl.Principal - 学生信息 班级:一年一班 人
数:97
10:04:34.589 [main] INFO  c.b.design.visitor.impl.Principal - 学生信息 班级:二年三班 人
数:98
10:04:34.589 [main] INFO  c.b.design.visitor.impl.Principal - 学生信息 班级:三年四班 人
数:103
10:04:34.591 [main] INFO  c.b.design.visitor.impl.Principal - 学生信息 姓名:BK 班级:一
年一班 升学率:25.56
10:04:34.592 [main] INFO  c.b.design.visitor.impl.Principal - 学生信息 姓名:娜娜
Goddess 班级:一年一班 升学率:30.53
10:04:34.592 [main] INFO  c.b.design.visitor.impl.Principal - 学生信息 姓名:
dangdang 班级:二年三班 升学率:30.18
10:04:34.592 [main] INFO  c.b.design.visitor.impl.Principal - 学生信息 姓名:泽东 班级:
三年四班 升学率:98.32
Process finished with exit code 0
```

通过测试结果可以看到，家长和校长的访问视角同步，数据也是差异化的。从家长的视角可以看到学生的排名，依次为：6、73、89 和 79；从校长的视角可以看到班级升学率，依次为：25.56、30.53、30.18 和 98.32。通过测试结果，可以看到访问者模式的目的和结果。

25.5　本章总结

从以上的业务场景可以看到，在嵌入访问者模式后，可以让整个工程结构变得容易添加和修改。也就做到了系统服务之间的解耦，避免因不同类型信息的访问而增加多余的 if 判断语句或类的强制转换，让代码结构更加清晰。另外，定义抽象类时需要等待访问者接口的定义，这种设计首先从实现上会让代码的组织变得困难。从设计模式原则的角度来看，违背了迪米特原则，也就是最少知道原则。因此，在使用上一定要注意场景，掌握设计模式的精髓。

第 26 章

DDD 四层架构实践

26.1　领域驱动设计介绍

领域驱动设计（Domain-Driven Design，DDD）是由 Eric Evans 提出的，目的是对软件涉及的领域进行建模，以应对系统规模过大引起的软件复杂性问题。整个过程为研发团队和领域专家一起通过通用语言（Ubiquitous Language）描述领域知识，从领域知识中提取和划分为一个个子领域，包括核心子领域、通用子领域和支撑子领域，并在子领域上建立模型，再重复以上步骤。这样周而复始，构建出符合当前领域的模型，如图 26-1 所示。

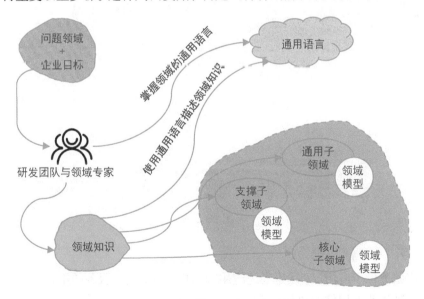

图 26-1

26.1.1　开发目标

依靠 DDD 的设计思想,通过事件风暴建立领域模型,合理划分领域逻辑和物理边界,建立领域对象、服务矩阵和服务架构图，定义符合 DDD 分层架构思想的代码结构模型，保证业务模型与代码模型的一致性。通过上述设计思想、方法和过程,指导团队按照 DDD 的设计思想完成微服务设计和开发，实现以下目标：

- 拒绝小单体，拒绝污染功能与服务，拒绝增加一个月的功能排期。
- 设计出高可用、符合互联网高速迭代的应用服务。
- 物料化、组装化和可编排的服务，提高人效。

26.1.2　服务架构

如图 26-2 所示为服务架构。

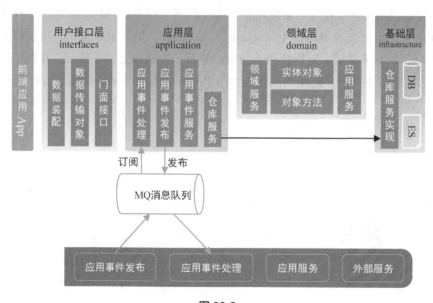

图 26-2

1. 应用层（application）

- 应用服务位于应用层。用来表述应用和用户行为，负责服务的组合、编排和转发，负责处理业务用例的执行顺序以及结果的拼装。

- 应用层的服务包括应用服务和领域事件相关服务。

- 应用服务可对微服务内的领域服务以及微服务外的应用服务进行组合和编排，或者对文件、缓存等基础层数据直接操作形成应用服务，对外提供粗粒度的服务。

- 领域事件服务包括两类：领域事件的发布和订阅。通过事件总线和消息队列实现异步数据传输，实现微服务之间的解耦。

2. 领域层（domain）

- 领域服务位于领域层，为完成领域中跨实体或值对象的操作转换而封装的服务，领域服务以与实体和值对象相同的方式参与实施过程。

- 领域服务对同一个实体的一个方法或多个方法进行组合和封装，或对多个不同实体的操作进行组合或编排，对外暴露成领域服务。领域服务封装了核心的业务逻辑。实体自身的行为在实体类内部实现，向上封装成领域服务给应用层暴露接口。

- 为了隐藏领域层的业务逻辑实现，所有的领域方法和功能实现等均须通过领域服务对外暴露。

- 为实现微服务内聚合之间的解耦，原则上禁止跨聚合的领域服务调用和跨聚合的数据相互关联。

3. 基础层（infrastructure）

- 基础服务位于基础层。为各层提供资源服务，如数据库、缓存等，实现各层的解耦，降低外部资源变化对业务逻辑的影响。

- 基础服务主要为仓储服务，通过依赖反转的方式为各层提供基础资源服务，领域服务和应用服务调用仓储服务接口，利用仓储服务实现持久化存储数据对象或直接访问基础资源。

4. 用户接口层（interfaces）

接口服务位于用户接口层，用于处理用户发送的 RESTful 请求、解析用户输入的配置文件等，并将信息传递给应用层。

26.1.3　应用经验

DDD 更像是一种指导思想，不断地将学习者引入领域触发的思维中，这恰恰也是最难学的地方。比如时而感觉学会了，而用到实际开发中又不对，本来已经拆解得很清晰，但仍然像 MVC 架构。

无论是 DDD、MVC，都是为了更好地实现对应架构下的设计思想。但并不是有一个通用的架构模式，就能开发出干净（高内聚）、整洁（低耦合）和漂亮（模块化）的代码。这就像同样住在三居室，各家居住的舒适度是不同的。

另外，DDD 之所以看起来简单但又不容易落地，个人认为很重要的一点是领域思想。DDD 只是指导，不能把互联网中每一个业务开发都拿出来展示，每个领域都需要设计。所以，需要一些领域专家，包括业务人员、产品经理和架构师，共同讨论和梳理，将业务形态转化成合理的架构和代码。

26.2 商品下单规则场景

前文介绍过组合模式的决策树，本章把决策树的业务逻辑运用到 DDD 四层架构的领域服务里，如图 26-3 所示。

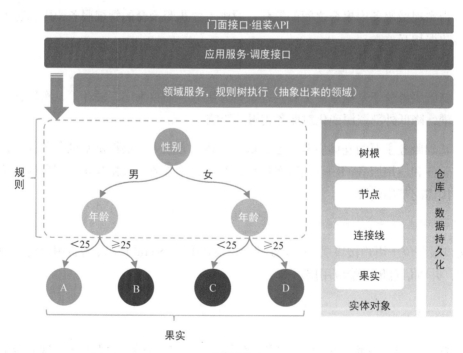

图 26-3

　　假设产品运营人员可以对不同的商品配置一些规则，这些规则可以满足不同类型用户的商品下单需求。另外，一些行为规则会随着业务发展增加或变动，所以不能写死。 数据库的 PO 类不应被外部服务调用。按照 DDD 的设计思想，尝试设计一个规则引擎的服务，通过给外部提供非常简单的接口（application），获取最终结果。通过这个案例，可以很容易地感受到四层架构在运用 DDD 的设计思想方面很有帮助。

　　上面提到开发一个可扩展使用的规则树，如果只是单纯的一次性需求，最快的方式是使用 if 语句。但是为了使这个领域服务具备良好的使用和扩展性，需要进行拆分。

　　是否想过系统在过滤规则时就像执行一棵二叉树，非左侧即右侧，在每一条线上都有执行条件，通过判断达到最终的结果。按照树形结构定义四个类：树、节点、果实和指向线（From-To），用于描述规则行为。在此基础上，需要实现一个逻辑定义与规则树执行引擎，通过统一的引擎服务执行每次配置好的规则树。

26.3　规则树 DDD 四层架构

26.3.1　工程结构

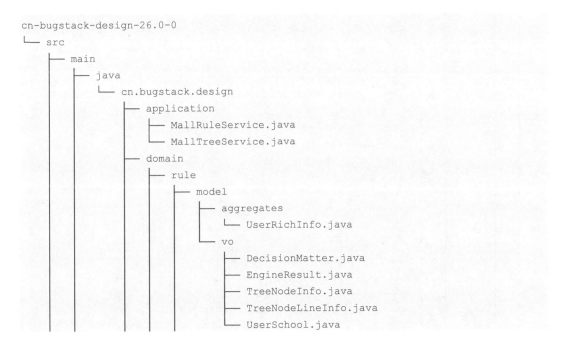

```
cn-bugstack-design-26.0-0
└── src
    ├── main
        ├── java
            └── cn.bugstack.design
                ├── application
                    ├── MallRuleService.java
                    └── MallTreeService.java
                ├── domain
                    ├── rule
                        ├── model
                            ├── aggregates
                                └── UserRichInfo.java
                            └── vo
                                ├── DecisionMatter.java
                                ├── EngineResult.java
                                ├── TreeNodeInfo.java
                                ├── TreeNodeLineInfo.java
                                └── UserSchool.java
```

```
                          repository
                          └── IRuleRepository.java
                      └── service
                          ├── engine
                          │   ├── impl
                          │   └── EngineFilter.java
                          ├── logic
                          │   ├── impl
                          │   └── LogicFilter.java
                          └── MallRuleServiceImpl.java
              └── tree
                  ├── model
                  │   ├── aggregates
                  │   │   └── TreeCollect.java
                  │   └── vo
                  │       ├── TreeInfo.java
                  │       └── TreeRulePoint.java
                  ├── repository
                  │   └── ITreeRepository.java
                  └── service
                      └── MallTreeServiceImpl.java
          ├── infrastructure
          │   ├── common
          │   │   └── Constants.java
          │   ├── dao
          │   │   ├── RuleTreeDao.java
          │   │   ├── RuleTreeNodeDao.java
          │   │   └── RuleTreeNodeLineDao.java
          │   ├── po
          │   │   ├── RuleTree.java
          │   │   ├── RuleTreeConfig.java
          │   │   ├── RuleTreeNode.java
          │   │   └── RuleTreeNodeLine.java
          │   ├── repository
          │   │   ├── cache
          │   │   │   └── RuleCacheRepository.java
          │   │   ├── mysql
          │   │   │   ├── RuleMysqlRepository.java
          │   │   │   └── TreeMysqlRepository.java
          │   │   ├── RuleRepository.java
          │   │   └── TreeRepository.java
          │   └── util
```

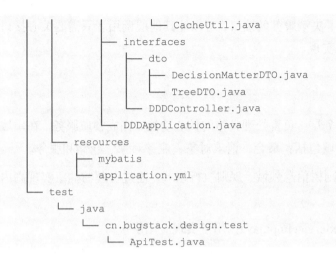

```
                    └── CacheUtil.java
              ├── interfaces
              │     ├── dto
              │     │     ├── DecisionMatterDTO.java
              │     │     └── TreeDTO.java
              │     └── DDDController.java
              └── DDDApplication.java
        └── resources
              ├── mybatis
              └── application.yml
  └── test
        └── java
              └── cn.bugstack.design.test
                    └── ApiTest.java
```

以上是 DDD 的四层架构，主要包括：

- application（应用层）。其职责为定义服务和执行任务，具体逻辑由领域层实现。

- domain（领域层）。其职责为定义领域对象、实现领域功能和定义仓库接口。

- infrastructure（基础层）。其职责为提供数据库、Redis、仓库方法和工具包等。

- interfaces（接口层）。其职责为实现接口调用、封装 DTO 对象（避免数据类污染）。

接下来分别介绍每一层的核心类实现过程。

26.3.2　application（应用层）

应用层是比较薄的一层，不做具体逻辑开发。本工程只包括服务的定义，具体逻辑由领域层实现。

```java
/**
 * 商超规则过滤服务：提供规则树决策功能
 */
public interface MallRuleService {
    /**
     * 决策服务
     * @param matter 决策物料
     * @return       决策结果
     */
    EngineResult process(final DecisionMatter matter);
}
```

在 MallRuleService 中定义了决策服务的接口，可以让其他层调用者只需要关心接口的功能，不需要知道具体的逻辑实现。

26.3.3　domain（领域层）

领域层是整个工程的核心服务层，负责处理具体的核心功能，完成领域服务。在领域层下面可以有多个领域，每个领域包括：聚合、请求对象、业务对象、仓储和服务。

领域层有两个领域服务：规则树信息领域、规则执行领域。通过合理的抽象实现高内聚、低耦合的模块化服务。

（1）domain/service/MallRuleServiceImpl.java：用于实现应用层接口。

```java
@Service("mallRuleService")
public class MallRuleServiceImpl implements MallRuleService {
    private Logger logger = LoggerFactory.getLogger(MallRuleServiceImpl.class);
    @Resource(name = "ruleEngineHandle")
    private EngineFilter ruleEngineHandle;
    @Override
    public EngineResult process(DecisionMatter matter) {
        try {
            return ruleEngineHandle.process(matter);
        } catch (Exception e) {
            logger.error("决策引擎执行失败", e);
            return new EngineResult(false);
        }
    }
}
```

规则树服务提供规则规律功能：

- rule 包只负责规则决策领域的处理。

- 将决策行为封装到领域模型中，外部只需要调用和处理结果。

- 扩展不同的决策引擎，统一管理。

（2）domain/service/logic/LogicFilter.java：逻辑决策定义。

```java
public interface LogicFilter {
    /**
     * 逻辑决策器
     * @param matterValue          决策值
```

```
 * @param treeNodeLineInfoList 决策节点
 * @return                     下一个节点 Id
 */
Long filter(String matterValue, List<TreeNodeLineInfo> treeNodeLineInfoList);
/**
 * 获取决策值
 *
 * @param decisionMatter 决策物料
 * @return               决策值
 */
String matterValue(DecisionMatter decisionMatter);
}
```

接口 LogicFilter 定义了两个方法：逻辑决策器（filter）和获取决策值（matterValue）。filter 方法用于过滤决策树的各个行为节点，判断下一个执行节点；matterValue 方法可以统一获取决策值，解决不同信息下决策值的不同问题，也是适配的一种体现。

（3）domain/service/engine/EngineFilter.java：引擎执行定义。

```
public interface EngineFilter {
    EngineResult process(final DecisionMatter matter) throws Exception;
}
```

接口 EngineFilter 主要定义了这棵决策树的统一入口。另外，在实现 EngineFilter 的类中，会包装一些通用信息，简化外部的调用。

（4）domain/service/engine/impl/RuleEngineHandle.java：引擎执行实现。

```
@Service("ruleEngineHandle")
public class RuleEngineHandle extends EngineBase {
    @Resource
    private IRuleRepository ruleRepository;
    @Override
    public EngineResult process(DecisionMatter matter) throws Exception {
        // 决策规则树
        TreeRuleRich treeRuleRich
            = ruleRepository.queryTreeRuleRich(matter.getTreeId());
        if (null == treeRuleRich) throw new RuntimeException("Tree Rule is null!");
        // 决策节点
        TreeNodeInfo treeNodeInfo = engineDecisionMaker(treeRuleRich, matter);
        // 决策结果
        return new EngineResult(matter.getUserId(), treeNodeInfo.getTreeId(),
            treeNodeInfo.getTreeNodeId(), treeNodeInfo.getNodeValue());
```

```
    }
}
```

在决策引擎的具体实现中，包括如下三方面：

- 获取决策规则树，每一棵决策树都有自己的决策树 ID，按需获取需要执行的决策树。

- 决策节点，这一步是在一棵规则二叉树中从根节点开始不停地向下执行，直至计算出最终的结果，这也是在组合模式中使用的设计模式。

- 返回决策结果，这里的每一步都有统一的包装。

26.3.4　infrastructure（基础层）

基础层主要实现领域层仓储定义、数据库操作是非业务属性的功能操作，在仓储实现层进行组合装配 DAO&Redis&Cache 等。

infrastructure/repository/RuleRepository.java。

```java
@Repository("ruleRepository")
public class RuleRepository implements IRuleRepository {
    @Resource(name = "ruleMysqlRepository")
    private RuleMysqlRepository ruleMysqlRepository;
    @Resource(name = "ruleCacheRepository")
    private RuleCacheRepository ruleCacheRepository;
    @Override
    public TreeRuleRich queryTreeRuleRich(Long treeId) {
        TreeRuleRich treeRuleRich = ruleCacheRepository.queryTreeRuleRich(treeId);
        if (null != treeRuleRich) return treeRuleRich;
        return ruleMysqlRepository.queryTreeRuleRich(treeId);
    }
}
```

可以看到这一层主要是对数据库的操作，对于一些查询，还可以使用 Redis 缓存优化，减少访问数据库的次数。

26.3.5　interfaces（接口层）

接口层的实现主要包括以下三点：包装应用接口对外提供 API；外部传输对象采用 DTO 类，主要为了避免内部类被污染（不断迭代的需求会在类中增加很多字段）；目前依然提供的是 HTTP 服务，如果提供的是 RPC 服务，则需要对外提供可引用 jar。

interfaces/DDDController.java。

```java
@Controller
public class DDDController {
    private Logger logger = LoggerFactory.getLogger(DDDController.class);
    @Resource
    private MallTreeService mallTreeService;
    @Resource
    private MallRuleService mallRuleService;
    /**
     * 测试接口: http://localhost:8080/api/tree/queryTreeSummaryInfo
     * 请求参数: {"treeId":10001}
     */
    @RequestMapping(path = "/api/tree/queryTreeSummaryInfo", method
        = RequestMethod.POST)
    @ResponseBody
    public ResponseEntity queryTreeSummaryInfo(@RequestBody TreeDTO request) {
        String reqStr = JSON.toJSONString(request);
        try {
            logger.info("查询规则树信息{}Begin req: {}", request.getTreeId(), reqStr);
            TreeCollect treeCollect
                = mallTreeService.queryTreeSummaryInfo(request.getTreeId());
            logger.info("查询规则树信息{}End res: {}", request.getTreeId(),
                JSON.toJSON(treeCollect));
            return new ResponseEntity<>(treeCollect, HttpStatus.OK);
        } catch (Exception e) {
            logger.error("查询规则树信息{}Error req: {}", request.getTreeId(),
                reqStr, e);
            return new ResponseEntity<>(e.getMessage(), HttpStatus.OK);
        }
    }
    /**
     * 测试接口: http://localhost:8080/api/tree/decisionRuleTree
     * 请求参数: {"treeId":10001,"userId":"xiaofuge","valMap":{"gender":"man","
age":"25"}}
     */
    @RequestMapping(path = "/api/tree/decisionRuleTree", method
        = RequestMethod.POST)
    @ResponseBody
    public ResponseEntity decisionRuleTree(@RequestBody DecisionMatterDTO request)
{
        String reqStr = JSON.toJSONString(request);
```

```
        try {
            logger.info("规则树行为信息决策{}Begin req: {}", request.getTreeId(),
                reqStr);
            DecisionMatter decisionMatter = new DecisionMatter();
            decisionMatter.setTreeId(request.getTreeId());
            decisionMatter.setUserId(request.getUserId());
            decisionMatter.setValMap(request.getValMap());
            EngineResult engineResult = mallRuleService.process(decisionMatter);
            logger.info("规则树行为信息决策{}End res: {}", request.getTreeId(),
                JSON.toJSON(engineResult));
            return new ResponseEntity<>(engineResult, HttpStatus.OK);
        } catch (Exception e) {
            logger.error("规则树行为信息决策{}Error req: {}", request.getTreeId(),
                reqStr, e);
            return new ResponseEntity<>(e.getMessage(), HttpStatus.OK);
        }
    }
}
```

这一层主要包括：判断入参、包装逻辑、封装结果、打印日志及返回结果。有两个接口，即 http://localhost:8080/api/tree/queryTreeSummaryInfo 查询决策树 queryTreeSummary-Info 和 http://localhost:8080/api/tree/decisionRuleTree 执行决策树 decisionRuleTree。

26.4　测试验证

26.4.1　初始化规则树数据和启动 SpringBoot

```
{
    "treeNodeMap": {
        "1": {
            "nodeType": 1,
            "ruleDesc": "用户性别[男/女]",
            "ruleKey": "userGender",
            "treeId": 10001,
            "treeNodeId": 1,
            "treeNodeLineInfoList": [
                {
                    "nodeIdFrom": 1,
                    "nodeIdTo": 11,
```

```json
                    "ruleLimitType": 1,
                    "ruleLimitValue": "man"
                },
                {
                    "nodeIdFrom": 1,
                    "nodeIdTo": 12,
                    "ruleLimitType": 1,
                    "ruleLimitValue": "woman"
                }
            ]
        },
        "11": {
            "nodeType": 1,
            "ruleDesc": "用户年龄",
            "ruleKey": "userAge",
            "treeId": 10001,
            "treeNodeId": 11,
            "treeNodeLineInfoList": [
                {
                    "nodeIdFrom": 11,
                    "nodeIdTo": 111,
                    "ruleLimitType": 3,
                    "ruleLimitValue": "25"
                },
                {
                    "nodeIdFrom": 11,
                    "nodeIdTo": 112,
                    "ruleLimitType": 3,
                    "ruleLimitValue": "25"
                }
            ]
        },
        "12": {
            "nodeType": 1,
            "ruleDesc": "用户年龄",
            "ruleKey": "userAge",
            "treeId": 10001,
            "treeNodeId": 12,
            "treeNodeLineInfoList": [
                {
                    "nodeIdFrom": 12,
                    "nodeIdTo": 121,
```

```
                          "ruleLimitType" : 3,
                          "ruleLimitValue" : "25"
                },
                {
                          "nodeIdFrom" : 12,
                          "nodeIdTo" : 122,
                          "ruleLimitType" : 3,
                          "ruleLimitValue" : "25"
                }
          ]
    },
    "111" : {
          "nodeType" : 2,
          "nodeValue" : "果实A",
          "treeId" : 10001,
          "treeNodeId" : 111,
          "treeNodeLineInfoList" : [ ]
    },
    "112" : {
          "nodeType" : 2,
          "nodeValue" : "果实B",
          "treeId" : 10001,
          "treeNodeId" : 112,
          "treeNodeLineInfoList" : [ ]
    },
    "121" : {
          "nodeType" : 2,
          "nodeValue" : "果实C",
          "treeId" : 10001,
          "treeNodeId" : 121,
          "treeNodeLineInfoList" : [ ]
    },
    "122" : {
          "nodeType" : 2,
          "nodeValue" : "果实D",
          "treeId" : 10001,
          "treeNodeId" : 122,
          "treeNodeLineInfoList" : [ ]
    }
},
"treeRoot" : {
    "treeId" : 10001,
```

```
        "treeName": "购物分类规则树",
        "treeRootNodeId": 1
    }
}
```

以上是测试中规则树的 JSON 结构，在数据库中可以按需调整。下面启动规则树服务。

```
  .   ____          _            __ _ _
 /\\ / ___'_ __ _ _(_)_ __  __ _ \ \ \ \
( ( )\___ | '_ | '_| | '_ \/ _` | \ \ \ \
 \\/  ___)| |_)| | | | | || (_| |  ) ) ) )
  '  |____| .__|_| |_|_| |_\__, | / / / /
 =========|_|==============|___/=/_/_/_/
 :: Spring Boot ::         (v2.0.5.RELEASE)
...
ConfigServletWebServerApplicationContext : Refreshing org.springframework.boot.web.
servlet.context.AnnotationConfigServletWebServerApplicationContext@3c4297f: startup
date [Sat Oct 19 18:22:05 CST ]; root of context hierarchy
18:22:07.756  INFO 13820 --- [main] o.s.b.w.embedded.tomcat.TomcatWebServer  : Tomcat
initialized with port(s): 8080 (http)
```

26.4.2　查询规则树信息

测试接口为 http://localhost:8080/api/tree/decisionRuleTree，请求参数为 {"treeId":
10001}。

测试结果如图 26-4 所示。

```
{
    "treeInfo": {
        "treeId": 10001,
        "treeName": "购物分类规则树",
        "treeDesc": "用于区分不同类型用户可购物范围",
        "nodeCount": 7,
        "lineCount": 6
    },
    "treeRulePointList": [
        {
            "ruleKey": "userGender",
            "ruleDesc": "用户性别[男/女]"
        },
        {
            "ruleKey": "userAge",
```

```
        "ruleDesc": "用户年龄"
    }
   ]
}
```

图 26-4

26.4.2　规则树行为信息决策

如图 26-5 所示为规则树行为信息决策，测试接口为 http://localhost:8080/api/tree/decisionRuleTree，请求参数为{ " treeId " :10001}。

```
{
    "userId" : "xiaofuge",
    "treeId" : 10001,
    "nodeId" : 112,
    "nodeValue" : "果实 B",
    "success" : true
}
```

图 26-5

26.5　本章总结

　　以上是模拟购物场景下的规则处理抽象为决策树引擎服务。另外，决策服务也可以使用 Drools 搭建。任何抽象并不一定永远适用，不要拘泥于一种形式。一些大型架构设计往往不是换一个设计模式就能彻底地提升效率，还取决于人员的整体素质，这是一个不断成长的过程。领域驱动设计的设计思想并不只是教会研发人员写代码，对于所有互联网从业者都适合学习。

第 27 章

RPC 中间件设计开发

27.1　RPC 介绍

远程过程调用协议（Remote Procedure Call Protocol，RPC）是一种通过网络从远程计算机程序上请求服务，不需要了解底层网络技术的协议。简而言之，RPC 使得程序能够像访问本地系统资源一样访问远端系统资源。比较关键的技术包括：通信协议、序列化、资源（接口）描述、服务框架、性能和语言支持等。

27.1.1　为什么要有 RPC

RPC 框架的作用很明确，就是要解决互联网应用系统的分布式部署问题，提升系统整体的吞吐量，让服务系统可以支持更多的用户在同一时间访问。例如，最直接的感受是在大促活动期间，系统需要支撑很大体量的 QPS 和 TPS。从单体应用架构、垂直应用架构再到分布式架构，都是随着互联网的快速发展逐步演变过来的。在演变过程中，RPC 也应运而生。

27.1.2　主流的 RPC 框架

1. Dubbo

Dubbo 是阿里巴巴开源的一个稳定的、高性能的服务框架，并在不断地维护升级，也越来越方便使用。

2. Thrift

Thrift 是一种接口，用于描述语言和二进制通信协议，被用来定义和创建跨语言的服务。它被当作一个远程过程调用框架使用，是由 Facebook 为解决"大规模跨语言服务开发"问题而开发的。它通过一个代码生成引擎，联合了一个软件栈，创建不同程度的、无缝的跨平台高效服务，可以使用 C#、C++（基于 POSIX 兼容系统）、Cappuccino、Cocoa、Delphi、Erlang、Go、Haskell、Java、Node.js、OCaml、Perl、PHP、Python、Ruby 和 Smalltalk。

3. gRPC

gRPC 是一个通用的、高性能的开源 RPC 框架，可以高效地连接单个数据中心或多个数据中心的服务。另外，也可以支持可插拔的负载均衡、追踪、健康检查及认证。同时，它也能应用于分布式计算的"最后一公里"，连接各种设备、手机应用、浏览器和后端服务。

27.1.3　实现 RPC 需要的技术

1. 动态代理

动态代理用于生成客户端存根、服务端存根，当调用 RPC 远程接口时，实际是调用了它的代理类，再由代理类使用 Socket 技术向远程接口发送请求信息。一般这个代理过程可以使用 JDK 提供的原生代理方式，也可以使用开源的 CGLib 代理，或是 ASM、Javassist 字节码框架插装的方式代理类。

2. 序列化和反序列化

在网络信息传输中，所有数据都会被转换为字节码进行传送。RPC 在调用的过程中，需要把接口的入参和出参通过序列化转化成字节码和反序列化为对象，也就是编码和解码操作。比较常用的开源的序列化方式有 JSON、Protobuf 等，当然也可以用 Java 自带的序列化方式，但这个过程非常耗时，所以一般不会使用。

3. NIO 通信组件

在 RPC 通信实现方案中，需要考虑并发性能问题，非常重要的一环是需要考虑 I/O 的选择。传统阻塞式的 I/O 显然是不合适的，因此需要异步 I/O，即 NIO。但实现 NIO 通信比较复杂，也容易出错，所以在 RPC 通信中一般都会选择 Netty 作为 NIO 的通信组件。

4. 注册中心

在 NIO 的通信中，接口提供方需要把接口注册到一个中心，在调用接口使用方前，需要从注册中心获取接口的提供方。拿到提供方信息后进行 Socket 连接操作，接下来就可以通信了。一般注册中心通常会选择 ZooKeeper，但也可以使用其他方式，如本章会选择使用 Redis 作为注册中心。

27.2　案例目标

本章的核心目标是要手写一个 RPC 组件，通过实现 RPC 组件中最核心的功能，并最终让两个工程引用此中间件相互通信。在这个过程中，会结合 Java、Spring 中的一些核心技术与设计模式。

在实现的过程中涉及的技术有：Java 动态代理，集成 Spring 组件开发、Bean 管理、配置文件读取，Netty 消息通信、编码期及解码器，Redis 模拟的注册中心使用方法。

27.3　Spring 自定义配置文件

27.3.1　实现介绍

本章实现的 RPC 中间件是与 Spring 结合的，一般需要把一些接口的描述信息配置到 Spring 的 XML 中。这个过程也就是把 RPC 管理的接口 Bean 和一些初始化信息交给 Spring 管理。在实现这个组件之前，需要先了解该如何让 Spring 管理配置信息。

27.3.2　工程结构

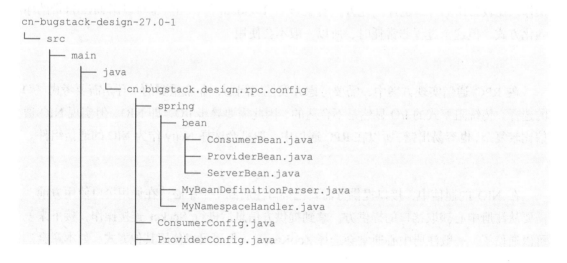

```
cn-bugstack-design-27.0-1
└── src
    ├── main
    │   ├── java
    │   │   └── cn.bugstack.design.rpc.config
    │   │       ├── spring
    │   │       │   ├── bean
    │   │       │   │   ├── ConsumerBean.java
    │   │       │   │   ├── ProviderBean.java
    │   │       │   │   └── ServerBean.java
    │   │       │   ├── MyBeanDefinitionParser.java
    │   │       │   └── MyNamespaceHandler.java
    │   │       ├── ConsumerConfig.java
    │   │       ├── ProviderConfig.java
```

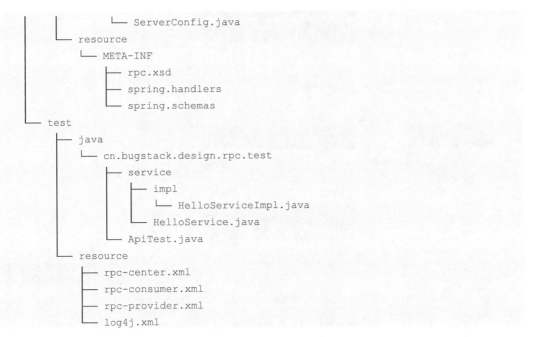

在整个 RPC 中间件的开发过程中，结合 Spring 读取配置类关系如图 27-1 所示。

以上工程结构是 RPC 实现过程中抽取出来的一部分，是在结合 Spring 后，XML 配置文件的处理方式。其中，ProviderConfig 定义生产者配置文件信息，以及对应的实现类 ProviderBean；ConsumerConfig 定义消费者配置文件信息，以及对应的实现类 ServerBean；ServerConfig 定义注册中心配置文件信息，以及对应的实现类 ServerBean。

因为整体实现是类似的，这里只演示其中一个关于 ProviderConfig 配置文件的设置方法。

27.3.3　生产者配置

1. 生产者配置定义

```java
public class ProviderConfig {
    protected String nozzle;  //接口
    protected String ref;      //映射
    protected String alias;   //别名
  // ...get/set
}
```

定义 RPC 的生产者，也就是接口提供方的属性配置，包括接口、映射和别名。

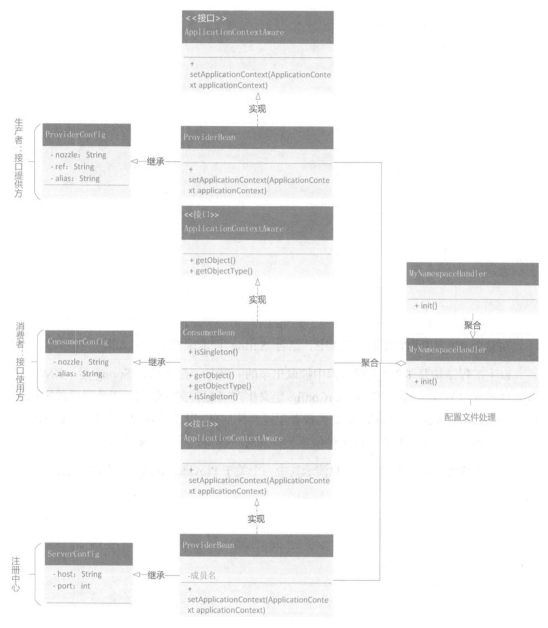

图 27-1

2. 生产者配置实现

```
public class ProviderBean extends ProviderConfig implements ApplicationContextAware {
    private Logger logger = LoggerFactory.getLogger(ProviderBean.class);
```

```
@Override
public void setApplicationContext(ApplicationContext applicationContext) throws
    BeansException {
// 后续会在这里实现将接口信息注册到注册中心

}
}
```

目前，ProviderBean 的实现很简单，只是实现了 Spring 的 ApplicationContextAware 接口，获取 ApplicationContext 。后续会在 setApplicationContext 方法中把生产者的接口信息注册到注册中心。

27.3.4　消费者配置

1. 消费者配置定义

```
public class ConsumerConfig<T> {
    protected String nozzle; //接口
    protected String alias;  //别名
    // ...get/set
}
```

定义 RPC 的消费者，也就是接口使用方的属性配置，包括接口和别名。

2. 消费者配置实现

```
public class ConsumerBean<T> extends ConsumerConfig<T> implements FactoryBean {
    @Override
    public Object getObject() throws Exception {
        // 需要实现 Sokcet 链接和信息发送
    }
    @Override
    public Class<?> getObjectType() {
        try {
            return ClassLoaderUtils.forName(nozzle);
        } catch (ClassNotFoundException e) {
            return null;
        }
    }
    @Override
    public boolean isSingleton() {
        return true;
    }
}
```

后续会在 ConsumerBean 中实现接口消息传递，也就是在 getObject()方法中实现具体信息传递的对象内容。另外，getObjectType()方法用于获取接口的对象类型，isSingleton()方法用于判断是否为单例。

27.3.5　注册中心配置

1. 注册中心配置定义

```
public class ServerConfig {
    protected String host;   //注册中心地址
    protected int port;      //注册中心端口
    // ...get/set
}
```

定义 RPC 的注册中心配置信息，包括注册中心地址和注册中心端口。实际的 RPC 属性会比较多，本书只是提供了最核心的配置。

2. 注册中心配置实现

```
public class ServerBean extends ServerConfig implements ApplicationContextAware {
    private Logger logger = LoggerFactory.getLogger(ServerBean.class);
    @Override
    public void setApplicationContext(ApplicationContext applicationContext) throws
        BeansException {
        // 需要实现注册中心启动和初始化通信服务

    }
}
```

后续会在 ServerBean 中实现注册中心启动和初始化通信服务。

27.3.6　命名空间处理器

```
public class MyNamespaceHandler extends NamespaceHandlerSupport {
    @Override
    public void init() {
        registerBeanDefinitionParser("consumer",
            new MyBeanDefinitionParser(ConsumerBean.class));
        registerBeanDefinitionParser("provider",
            new MyBeanDefinitionParser(ProviderBean.class));
        registerBeanDefinitionParser("server",
            new MyBeanDefinitionParser(ServerBean.class));
```

```
        }
    }
```

这里需要继承 Spring 的命名空间处理类 org.springframework.beans.factory.xml.Nam-espaceHandlerSupport，之后初始化注册关于 RPC 的三个配置 consumer、provider 和 server。

27.3.7　XSD 资源文件配置

1. 配置 XSD 文件

```
<!-- cn.bugstack.design.rpc.config.ServerConfig -->
<xsd:element name="server">
    <xsd:complexType>
        <xsd:complexContent>
            <xsd:extension base="beans:identifiedType">
                <xsd:attribute name="host" type="xsd:string">
                    <xsd:annotation>
                        <xsd:documentation><![CDATA[ 栈台地点 ]]></xsd:documentation>
                    </xsd:annotation>
                </xsd:attribute>
                <xsd:attribute name="port" type="xsd:string">
                    <xsd:annotation>
                        <xsd:documentation><![CDATA[ 栈台岸口 ]]></xsd:documentation>
                    </xsd:annotation>
                </xsd:attribute>
            </xsd:extension>
        </xsd:complexContent>
    </xsd:complexType>
</xsd:element>
<!-- cn.bugstack.design.rpc.config.ConsumerConfig -->
<xsd:element name="consumer">
    <xsd:complexType>
        <xsd:complexContent>
            <xsd:extension base="beans:identifiedType">
                <xsd:attribute name="nozzle" type="xsd:string">
                    <xsd:annotation>
                        <xsd:documentation><![CDATA[ 接口名称 ]]></xsd:documentation>
                    </xsd:annotation>
                </xsd:attribute>
                <xsd:attribute name="alias" type="xsd:string">
                    <xsd:annotation>
```

```
                        <xsd:documentation><![CDATA[ 服务别名分组信息 ]]> </xsd:
documentation>
                    </xsd:annotation>
                </xsd:attribute>
            </xsd:extension>
        </xsd:complexContent>
    </xsd:complexType>
</xsd:element>
<!-- cn.bugstack.design.rpc.config.ProviderConfig -->
<xsd:element name="provider">
    <xsd:complexType>
        <xsd:complexContent>
            <xsd:extension base="beans:identifiedType">
                <xsd:attribute name="nozzle" type="xsd:string">
                    <xsd:annotation>
                        <xsd:documentation><![CDATA[ 接口名称 ]]></xsd:documentation>
                    </xsd:annotation>
                </xsd:attribute>
                <xsd:attribute name="ref" type="xsd:string">
                    <xsd:annotation>
                        <xsd:documentation><![CDATA[ 接口实现类 ]]></xsd:
documentation>
                    </xsd:annotation>
                </xsd:attribute>
                <xsd:attribute name="alias" type="xsd:string">
                    <xsd:annotation>
                        <xsd:documentation><![CDATA[ 服务别名分组信息 ]]></xsd:
documentation>
                    </xsd:annotation>
                </xsd:attribute>
            </xsd:extension>
        </xsd:complexContent>
    </xsd:complexType>
</xsd:element>
```

在 XSD 描述性配置文件中，需要把 ServerConfig、ConsumerConfig 和 ProviderConfig 三个配置类中的属性字段配置进来，这样才能在 Spring 的配置中填写自己的配置。

2. handlers 配置

```
http://rpc.bugstack.cn/schema/rpc=cn.bugstack.design.rpc.config.spring.MyNamespaceHa
ndler
```

3. schemas 配置

```
http://rpc.bugstack.cn/schema/rpc/rpc.xsd=META-INF/rpc.xsd
```

以上都是为了让 rpc.xsd 文件生效的配置，是比较常规的使用方式。

27.3.8　测试验证

1. 定义测试类

```
public interface HelloService {
    void echo();
}
@Service("helloService")
public class HelloServiceImpl implements HelloService {
    @Override
    public void echo() {
        System.out.println("hi itstack demo rpc");
    }
}
```

以上是手写的一个接口 HelloService ，以及它的实现类 HelloServiceImpl。

2. 在 resources 中添加配置文件

（1）rpc-center.xml。

```
<?xml version="1.0" encoding="UTF-8"?>
<beans xmlns="http://www.springframework.org/schema/beans"
       xmlns:xsi="http://www.w3.org/2001/XMLSchema-instance" xmlns:rpc
           ="http://rpc.bugstack.cn/schema/rpc"
       xsi:schemaLocation="http://www.springframework.org/schema/beans
           http://www.springframework.org/schema/beans/spring-beans.xsd
   http://rpc.bugstack.cn/schema/rpc http://rpc.bugstack.cn/schema/rpc/rpc.xsd">
    <!-- 注册中心 -->
    <rpc:server id="rpc_center" host="127.0.0.1" port="6379"/>
</beans>
```

（2）rpc-consumer.xml。

```
<?xml version="1.0" encoding="UTF-8"?>
<beans xmlns="http://www.springframework.org/schema/beans"
       xmlns:xsi="http://www.w3.org/2001/XMLSchema-instance" xmlns:rpc
           ="http://rpc.bugstack.cn/schema/rpc"
```

```
        xsi:schemaLocation="http://www.springframework.org/schema/beans
            http://www.springframework.org/schema/beans/spring-beans.xsd
    http://rpc.bugstack.cn/schema/rpc http://rpc.bugstack.cn/schema/rpc.xsd">
        <rpc:consumer id="rpc_consumer" nozzle="cn.bugstack.design.test.service.
HelloService" alias="helloService"/>
</beans>
```

（3）rpc-provider.xml。

```
<?xml version="1.0" encoding="UTF-8"?>
<beans xmlns="http://www.springframework.org/schema/beans"
        xmlns:xsi="http://www.w3.org/2001/XMLSchema-instance" xmlns:rpc
            ="http://rpc.bugstack.cn/schema/rpc"
        xsi:schemaLocation="http://www.springframework.org/schema/beans
            http://www.springframework.org/schema/beans/spring-beans.xsd
    http://rpc.bugstack.cn/schema/rpc http://rpc.bugstack.cn/schema/rpc.xsd">
        <rpc:provider id="rpc_provider" nozzle
            ="cn.bugstack.design.demo.test.service.HelloService" ref="helloService"
            alias="helloService" />
</beans>
```

以上是在 Spring 中配置了自己定义的配置文件，接下来进行验证。

3. 读取测试

```
public static void main(String[] args) {
    String[] configs = {"rpc-center.xml", "rpc-provider.xml", "rpc-consumer.
        xml"};
    new ClassPathXmlApplicationContext(configs);
}
```

这里使用 Spring 的 ClassPathXmlApplicationContext 类读取配置文件信息。

4. 测试结果

```
服务端信息=> [注册中心地址：127.0.0.1] [注册中心端口：6379]
生产者信息=> [接口：cn.bugstack.design.demo.test.service.HelloService] [映射：helloService]
[别名：helloService]
Process finished with exit code 0
```

从测试结果可以看到，已经可以正确地读取自定义的配置信息了。这个工程的内容和代码并不多，也没有太多的逻辑，只是一些固定的模板方法使用。

27.4　Netty 通信组件

27.4.1　实现介绍

Netty 是由 JBOSS 提供的一个 Java 开源框架，现为 GitHub 上的独立项目。Netty 提供异步的、事件驱动的网络应用程序框架和工具，用于快速开发高性能、高可靠性的网络服务器和客户端程序。也就是说，Netty 是一个基于 NIO 的客户端、服务端的编程框架，使用 Netty 可以确保快速和简单地开发出一个网络应用，例如实现某种协议的客户端、服务端应用。Netty 相当于简化并流线化了网络应用的编程开发过程，例如基于 TCP 和 UDP 的 Socket 服务开发。

正是因为 Netty 有这样的性能以及使用的便利性，所以在一些 RPC 等框架中，都会使用 Netty。在本书案例中，也会使用 Netty 作为通信组件。当调用方发送消息时，会通过 Netty 将消息发送给接口提供方。

27.4.2　工程结构

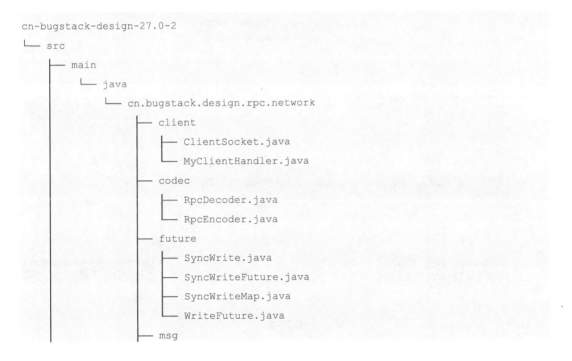

```
cn-bugstack-design-27.0-2
└── src
    ├── main
    │   └── java
    │       └── cn.bugstack.design.rpc.network
    │           ├── client
    │           │   ├── ClientSocket.java
    │           │   └── MyClientHandler.java
    │           ├── codec
    │           │   ├── RpcDecoder.java
    │           │   └── RpcEncoder.java
    │           ├── future
    │           │   ├── SyncWrite.java
    │           │   ├── SyncWriteFuture.java
    │           │   ├── SyncWriteMap.java
    │           │   └── WriteFuture.java
    │           ├── msg
```

```
                            ├── Request.java
                            └── Response.java
                    ├── server
                            ├── MyServerHandler.java
                            └── ServerSocket.java
                    └── util
                            └── SerializationUtil.java
        └── test
            └── java
                └── cn.bugstack.design.rpc.test
                    ├── client
                            └── StartClient.java
                    └── server
                            └── StartServer.java
```

RPC 中间件开发中的通信模块类关系如图 27-2 所示。

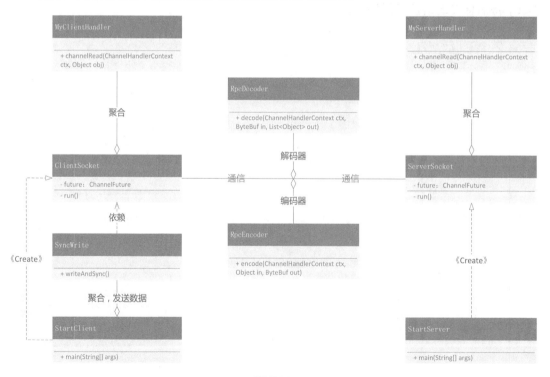

图 27-2

图 27-2 中介绍了通信过程中的类关系，具体包括：ClientSocket 是客户端通信的核心类，ServerSocket 是服务端通信的核心类，中间的 RpcDecoder、RpcEncoder 是通信过程的解码器和编码器。

接下来分别介绍每一个核心类的具体实现过程。

27.4.3　编码器类实现

```
public class RpcEncoder extends MessageToByteEncoder {
    private Class<?> genericClass;
    public RpcEncoder(Class<?> genericClass) {
        this.genericClass = genericClass;
    }
    @Override
    protected void encode(ChannelHandlerContext ctx, Object in, ByteBuf out) {
        if (genericClass.isInstance(in)) {
            byte[] data = SerializationUtil.serialize(in);
            out.writeInt(data.length);
            out.writeBytes(data);
        }
    }
}
```

编码器类 RpcEncoder 是继承自 Netty 提供的 MessageToByteEncoder 类，在这个类中需要实现 encode() 方法。这样就可以在 encode() 方法中实现自己的编码逻辑。这里使用序列化工具包把数据对象转为 byte 字节码，并写入 ByteBuf 中。

27.4.4　解码器类实现

```
public class RpcDecoder extends ByteToMessageDecoder {
    private Class<?> genericClass;
    public RpcDecoder(Class<?> genericClass) {
        this.genericClass = genericClass;
    }
    @Override
    protected void decode(ChannelHandlerContext ctx, ByteBuf in, List<Object> out) {
        if (in.readableBytes() < 4) {
            return;
        }
        in.markReaderIndex();
```

```
        int dataLength = in.readInt();
        if (in.readableBytes() < dataLength) {
            in.resetReaderIndex();
            return;
        }
        byte[] data = new byte[dataLength];
        in.readBytes(data);
        out.add(SerializationUtil.deserialize(data, genericClass));
    }
}
```

解码器类 RpcDecoder 与编码器类的实现过程正好相反，它需要继承 Netty 的类 ByteToMessageDecoder，并在 decode()方法中实现自己的解码逻辑。这部分会涉及 Netty 的一些知识。同样地，在读取字节码长度后，使用工具类 SerializationUtil 进行反序列化操作，把字节码转为传输的对象。

27.4.5 通信客户端实现

```
EventLoopGroup workerGroup = new NioEventLoopGroup();
try {
    Bootstrap b = new Bootstrap();
    b.group(workerGroup);
    b.channel(NioSocketChannel.class);
    b.option(ChannelOption.AUTO_READ, true);
    b.handler(new ChannelInitializer<SocketChannel>() {
        @Override
        public void initChannel(SocketChannel ch) throws Exception {
            ch.pipeline().addLast(
                    new RpcDecoder(Response.class),
                    new RpcEncoder(Request.class),
                    new MyClientHandler());
        }
    });
    ChannelFuture f = b.connect("127.0.0.1", 7397).sync();
    this.future = f;
    f.channel().closeFuture().sync();
} catch (InterruptedException e) {
    e.printStackTrace();
} finally {
```

```
        workerGroup.shutdownGracefully();
}
```

这部分的实现比较简单，都是 Netty 的模板方法。如果暂时不了解 Netty 也没有关系，只要按照它的模板结构实现即可。

27.4.6　通信服务端实现

```
EventLoopGroup bossGroup = new NioEventLoopGroup();
EventLoopGroup workerGroup = new NioEventLoopGroup();
try {
    ServerBootstrap b = new ServerBootstrap();
    b.group(bossGroup, workerGroup)
            .channel(NioServerSocketChannel.class)
            .option(ChannelOption.SO_BACKLOG, 128)
            .childHandler(new ChannelInitializer<SocketChannel>() {
                @Override
                public void initChannel(SocketChannel ch){
                    ch.pipeline().addLast(
                            new RpcDecoder(Request.class),
                            new RpcEncoder(Response.class),
                            new MyServerHandler());
                }
            });
    ChannelFuture f = null;
    f = b.bind(7397).sync();
    f.channel().closeFuture().sync();
} catch (InterruptedException e) {
    e.printStackTrace();
} finally {
    workerGroup.shutdownGracefully();
    bossGroup.shutdownGracefully();
}
```

同样地，Netty Server 端的实现也使用了模板方法，RpcDecoder、RpcEncoder 已经加入 Netty 通信的管道中，在通信过程中会处理对象的序列化和反序列化。

27.4.7　同步通信工具包

```
public class SyncWrite {
public Response writeAndSync(final Channel channel, final Request request, final
```

```
    long timeout) throws Exception {
        if (channel == null) {
            throw new NullPointerException("channel");
        }
        if (request == null) {
            throw new NullPointerException("request");
        }
        if (timeout <= 0) {
            throw new IllegalArgumentException("timeout <= 0");
        }
        String requestId = UUID.randomUUID().toString();
        request.setRequestId(requestId);
        WriteFuture<Response> future = new SyncWriteFuture(request.getRequestId());
        SyncWriteMap.syncKey.put(request.getRequestId(), future);
        Response response = doWriteAndSync(channel, request, timeout, future);
        SyncWriteMap.syncKey.remove(request.getRequestId());
        return response;
    }
    private Response doWriteAndSync(final Channel channel, final Request request, final
        long timeout, final WriteFuture<Response> writeFuture) throws Exception {
        channel.writeAndFlush(request).addListener(new ChannelFutureListener() {
            public void operationComplete(ChannelFuture future) throws Exception {
                writeFuture.setWriteResult(future.isSuccess());
                writeFuture.setCause(future.cause());
                //失败移除
                if (!writeFuture.isWriteSuccess()) {
                    SyncWriteMap.syncKey.remove(writeFuture.requestId());
                }
            }
        });
        Response response = writeFuture.get(timeout, TimeUnit.MILLISECONDS);
        if (response == null) {
            if (writeFuture.isTimeout()) {
                throw new TimeoutException();
            } else {
                // write exception
                throw new Exception(writeFuture.cause());
            }
        }
    }
```

```
        return response;
    }
}
```

Netty 的通信方式有点像微信或 QQ 聊天，发送一句话后，可以等待对方在任意时候回复。但在 RPC 使用中的效果不是这样，在调用一个接口传送消息时，需要在某个固定的时间把消息传递回来，否则就会超时断开。

这需要使用 Netty 中的监听模式实现，ChannelFutureListener 可以在消息传递后，在某个超时 writeFuture.get（timeout，TimeUnit.MILLISECONDS）时间内返回。如果超时，就会抛出相应的异常。

27.4.8　测试验证

1. 服务端

```
System.out.println("启动服务端开始");
new Thread(new ServerSocket()).start();
System.out.println("启动服务端完成");
```

服务端的代码比较简单，只是将 ServerSocket 实例化放入线程中启动即可，这里的默认端口是 7397。

2. 客户端

```
ClientSocket client = new ClientSocket();
new Thread(client).start();
while (true) {
    try {
        //获取 future，线程有等待处理时间
        if (null == future) {
            future = client.getFuture();
            Thread.sleep(500);
            continue;
        }
        //构建发送参数
        Request request = new Request();
        request.setResult("查询用户信息");
        SyncWrite s = new SyncWrite();
        Response response = s.writeAndSync(future.channel(), request, 1000);
```

```
        System.out.println("调用结果: " + JSON.toJSON(response));
        Thread.sleep(1000);
    } catch (Exception e) {
        e.printStackTrace();
    }
}
```

客户端的代码包含两部分，一部分是启动客户端与服务端连接，另一部分是等待连接成功后，将数据发送给服务端。

3. 测试结果

调用结果：{"param":"查询用户信息 请求成功，反馈结果请接受处理。","requestId":"1288cb04-5a2f-4489-be97-df7815205c5f"}

调用结果：{"param":"查询用户信息 请求成功，反馈结果请接受处理。","requestId":"e082b543-58ae-4656-8d36-09ae5f8848b6"}

调用结果：{"param":"查询用户信息 请求成功，反馈结果请接受处理。","requestId":"84488a78-c119-4c42-9979-7ba26f12f6ed"}

调用结果：{"param":"查询用户信息 请求成功，反馈结果请接受处理。","requestId":"87293a2a-2ce3-4129-8589-406e27812a11"}

调用结果：{"param":"查询用户信息 请求成功，反馈结果请接受处理。","requestId":"bb451e37-3d1c-41c7-b4f6-c868a21e0a44"}

Process finished with exit code -1

在分别启动服务端和客户端后，可以在客户端收到上面的打印信息，类似于 RPC 调用接口查询信息的过程。以上功能的实现是在 RPC 通信过程中，Netty 通信部分的核心逻辑实现。

27.5　RPC 功能逻辑实现

在实现 Spring 配置读取、Netty 通信包后，接下来的重点主要在于整体功能连接和注册中心的实现。主要包括的技术如下：

- 生产者在启动时需要将本地接口发布到注册中心，这里采用 Redis 作为注册中心，随机取数模拟权重。

- 客户端在启动时连接到注册中心，也就是 Redis。连接成功后，将配置的生产者方法发布到注册中心{接口+别名}。

- 当服务端配置生产者的信息后，当加载 XML 时，由中间件生成动态代理类，当发生方法调用时，则调用了代理类的方法，代理类会通过 Netty 的 future 通信方式交互数据。

27.5.1　RPC 组件整体工程结构

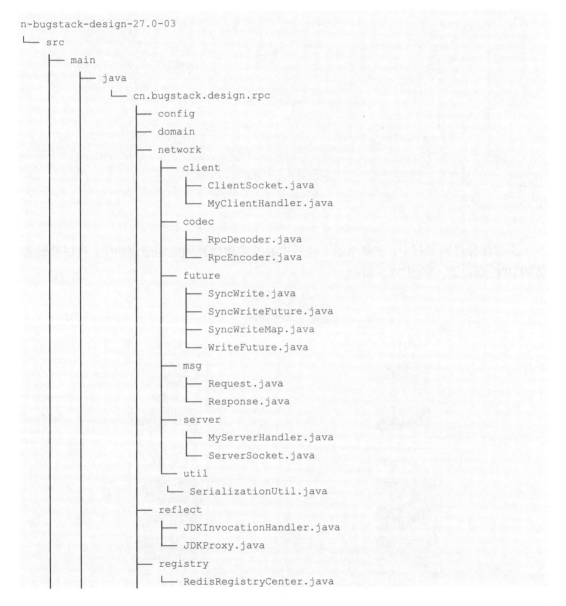

```
n-bugstack-design-27.0-03
└── src
    ├── main
    │   ├── java
    │   │   └── cn.bugstack.design.rpc
    │   │       ├── config
    │   │       ├── domain
    │   │       ├── network
    │   │       │   ├── client
    │   │       │   │   ├── ClientSocket.java
    │   │       │   │   └── MyClientHandler.java
    │   │       │   ├── codec
    │   │       │   │   ├── RpcDecoder.java
    │   │       │   │   └── RpcEncoder.java
    │   │       │   ├── future
    │   │       │   │   ├── SyncWrite.java
    │   │       │   │   ├── SyncWriteFuture.java
    │   │       │   │   ├── SyncWriteMap.java
    │   │       │   │   └── WriteFuture.java
    │   │       │   ├── msg
    │   │       │   │   ├── Request.java
    │   │       │   │   └── Response.java
    │   │       │   ├── server
    │   │       │   │   ├── MyServerHandler.java
    │   │       │   │   └── ServerSocket.java
    │   │       │   └── util
    │   │       │       └── SerializationUtil.java
    │   │       ├── reflect
    │   │       │   ├── JDKInvocationHandler.java
    │   │       │   └── JDKProxy.java
    │   │       ├── registry
    │   │       │   └── RedisRegistryCenter.java
```

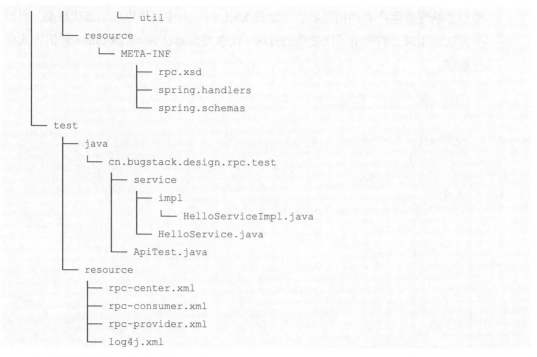

```
            └── util
    └── resource
        └── META-INF
            ├── rpc.xsd
            ├── spring.handlers
            └── spring.schemas
└── test
    ├── java
    │   └── cn.bugstack.design.rpc.test
    │       ├── service
    │       │   ├── impl
    │       │   │   └── HelloServiceImpl.java
    │       │   └── HelloService.java
    │       └── ApiTest.java
    └── resource
        ├── rpc-center.xml
        ├── rpc-consumer.xml
        ├── rpc-provider.xml
        └── log4j.xml
```

在这部分代码工程中，主要添加了注册中心的实现以及相应的通信功能，可以看到整体的 RPC 全貌了，如图 27-3 所示。

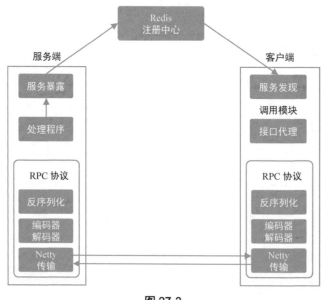

图 27-3

接下来重点关注注册中心、通信功能和反射调用功能。

27.5.2　RPC 注册中心 Redis 版

```java
public class RedisRegistryCenter {
    private static Jedis jedis;    //非切片客户端连接
    //初始化 Redis
    public static void init(String host, int port) {
        // 池基本配置
        JedisPoolConfig config = new JedisPoolConfig();
        config.setMaxIdle(5);
        config.setTestOnBorrow(false);
        JedisPool jedisPool = new JedisPool(config, host, port);
        jedis = jedisPool.getResource();
    }
    /**
     * 注册生产者
     *
     * @param nozzle 接口
     * @param alias  别名
     * @param info   信息
     * @return 注册结果
     */
    public static Long registryProvider(String nozzle, String alias, String info) {
        return jedis.sadd(nozzle + "_" + alias, info);
    }
    /**
     * 获取生产者
     * 模拟权重，随机获取
     * @param nozzle 接口名称
     */
    public static String obtainProvider(String nozzle, String alias) {
        return jedis.srandmember(nozzle + "_" + alias);
    }
    public static Jedis jedis() {
        return jedis;
    }
}
```

RPC 框架的注册中心的核心功能是记录生成的接口信息，选取合适的接口信息给消费者使用。而注册中心是可以让各方都能访问到的一个分布式中心，所以可以使用 Redis

的功能作为注册中心实现。

在实现的过程中，主要包括的功能有：初始化 Redis，后面会看到在 ServerConfig 配置中会启动 Redis；注册生产者方法，也就是注册接口的信息、名称和别名；获取生产者方法，在获取的过程中会随机获取以模拟权重，实际的 RPC 注册中心会根据接口的调用量、连接数、机器的性能和CPU 的使用率等各方面因素综合评估并选取接口。

27.5.3　Spring 注册中心配置启动 Redis 和 Netty

```
public class ServerBean extends ServerConfig implements ApplicationContextAware {
    private Logger logger = LoggerFactory.getLogger(ServerBean.class);
    @Override
    public void setApplicationContext(ApplicationContext applicationContext) throws
        BeansException {
        //启动注册中心
        logger.info("启动注册中心 ...");
        RedisRegistryCenter.init(host, port);
        logger.info("启动注册中心完成 {} {}", host, port);
        //初始化服务端
        logger.info("初始化生产端服务 ...");
        ServerSocket serverSocket = new ServerSocket(applicationContext);
        Thread thread = new Thread(serverSocket);
        thread.start();
        while (!serverSocket.isActiveSocketServer()) {
            try {
                Thread.sleep(500);
            } catch (InterruptedException ignore) {
            }
        }
        logger.info("初始化生产端服务完成 {} {}", LocalServerInfo.LOCAL_HOST,
            LocalServerInfo.LOCAL_PORT);
    }
}
```

在 ServerBean 中添加了启动注册中心、初始化服务端，有这两个功能后，整个 RPC 服务就可以与注册中心连接，便于后续把接口注册到注册中心。另外，Netty 服务端的初始化是为了有其他应用可以通过 Socket 连接到服务上。

27.5.4　接口生产者注册接口

```
public class ProviderBean extends ProviderConfig implements ApplicationContextAware
```

```
{
    private Logger logger = LoggerFactory.getLogger(ProviderBean.class);
    @Override
    public void setApplicationContext(ApplicationContext applicationContext) throws
        BeansException {
        RpcProviderConfig rpcProviderConfig = new RpcProviderConfig();
        rpcProviderConfig.setNozzle(nozzle);   // 接口
        rpcProviderConfig.setRef(ref);      // 映射
        rpcProviderConfig.setAlias(alias);    // 别名
        rpcProviderConfig.setHost(LocalServerInfo.LOCAL_HOST);   // IP
        rpcProviderConfig.setPort(LocalServerInfo.LOCAL_PORT);   // 端口
        //注册生产者
        long count = RedisRegistryCenter.registryProvider(nozzle, alias, JSON.toJSON
            String(rpcProviderConfig));
        logger.info("注册生产者：{} {} {}", nozzle, alias, count);
    }
}
```

有注册中心后，就可以把配置在 Spring 中的接口信息注册到 Redis 中。消费者也就是接口使用方，可以从配置中获取接口。以下是 Spring 中的 RPC 接口配置。

```
<rpc:provider id="rpc_provider" nozzle="cn.bugstack.design.demo.test.service.
HelloService" ref="helloService" alias="helloService" />
```

27.5.5　接口消费者选取接口

```
public class ConsumerBean<T> extends ConsumerConfig<T> implements FactoryBean {
    @Override
    public Object getObject() throws Exception {
        // 从 Redis 获取链接
        if (null == rpcProviderConfig) {
            String infoStr = RedisRegistryCenter.obtainProvider(nozzle, alias);
            rpcProviderConfig = JSON.parseObject(infoStr, RpcProviderConfig.class);
        }
        Assert.isTrue(null != rpcProviderConfig);
        //获取通信 channel
        if (null == channelFuture) {
            ClientSocket clientSocket = new ClientSocket(rpcProviderConfig.getHost(),
                rpcProviderConfig.getPort());
            new Thread(clientSocket).start();
            for (int i = 0; i < 100; i++) {
                if (null != channelFuture) break;
                Thread.sleep(500);
```

```
                channelFuture = clientSocket.getFuture();
            }
        }
        Assert.isTrue(null != channelFuture);
        Request request = new Request();
        request.setChannel(channelFuture.channel());
        request.setNozzle(nozzle);
        request.setRef(rpcProviderConfig.getRef());
        request.setAlias(alias);
        return (T) JDKProxy.getProxy(ClassLoaderUtils.forName(nozzle), request);
    }
}
```

在 ConsumerBean 的实现中主要包括以下几个核心点：一是从 Redis 实现的注册中心获取接口可以链接的接口信息（这里用随机方式模拟权重获取）；二是从注册中心获取接口信息后，通过 Netty 的客户端通信组件连接到服务端中；三是准备好所有的信息后，提供完整的代理对象，主要负责当调用 Spring 配置文件中 RPC 的接口时，实际调用的是这个代理对象中通过 Socket 发送的信息和请求回来的信息。

以下是代理对象 JDKInvocationHandler。

```
public class JDKInvocationHandler implements InvocationHandler {
    @Override
    public Object invoke(Object proxy, Method method, Object[] args) throws Throwable {
        String methodName = method.getName();
        Class[] paramTypes = method.getParameterTypes();
        // ...
        //设置参数
        request.setMethodName(methodName);
        request.setParamTypes(paramTypes);
        request.setArgs(args);
        request.setRef(request.getRef());
        Response response = new SyncWrite().writeAndSync(request.getChannel(), requ
            est, 5000);
        //异步调用
        return response.getResult();
    }
}
```

在代理对象中，主要是封装一个方法调用时的必要参数，包括方法名、入参和类型。最后，通过调用方法 SyncWrite().writeAndSync，并设置超时时间 5000ms。最终返回调用结果 return response.getResult()。

27.5.6　Socket 服务端通信

```
public class MyServerHandler extends ChannelInboundHandlerAdapter {
    private ApplicationContext applicationContext;
    MyServerHandler(ApplicationContext applicationContext) {
        this.applicationContext = applicationContext;
    }
    @Override
    public void channelRead(ChannelHandlerContext ctx, Object obj) {
        try {
            Request msg = (Request) obj;
            //调用
            Class<?> classType = ClassLoaderUtils.forName(msg.getNozzle());
            Method addMethod
                = classType.getMethod(msg.getMethodName(), msg.getParamTypes());
            Object objectBean = applicationContext.getBean(msg.getRef());
            Object result = addMethod.invoke(objectBean, msg.getArgs());
            //反馈
            Response request = new Response();
            request.setRequestId(msg.getRequestId());
            request.setResult(result);
            ctx.writeAndFlush(request);
            //释放
            ReferenceCountUtil.release(msg);
        } catch (Exception e) {
            e.printStackTrace();
        }
    }
}
```

　　RPC 在通信调用的过程中是由 Socket 处理的，在接收到接口消费者发送的请求后，通过反射调用的方式调用本地的具体方法，再把方法的具体结果封装，通过 Sokcet 传送回去。这样整个 RPC 通信的过程就完成了，既有发送、接收、代理，也有反射。

27.6　RPC 框架验证

27.6.1　启动 Redis 注册中心

　　可以从 Redis 官网下载 Redis 服务包，也可以从本书代码库资源包中获取。在 Windows

系统中，下载后可以直接通过双击 redis-server.exe 启动。

```
[65400] 31 Oct 10:58:07.225 # Warning: no config file specified, using the default config. In order to specify a config
file use E:\itstack\软件\redis\redis-server.exe /path/to/redis.conf
```

```
          _._
     _.-``__ ''-._
    _.-``    `.  `_.  ''-._           Redis 2.6.12 (00000000/0) 64 bit
  .-`` .-```.  ```\/    _.,_ ''-._
 (    '      ,       .-`  | `,    )     Running in stand alone mode
 |`-._`-...-` __...-.``-._|'` _.-'|     Port: 6379
 |    `-._   `._    /     _.-'    |     PID: 65400
  `-._    `-._  `-./  _.-'    _.-'
 |`-._`-._    `-.__.-'    _.-'_.-'|
 |    `-._`-._        _.-'_.-'    |           http://redis.io
  `-._    `-._`-.__.-'_.-'    _.-'
 |`-._`-._    `-.__.-'    _.-'_.-'|
 |    `-._`-._        _.-'_.-'    |
  `-._    `-._`-.__.-'_.-'    _.-'
      `-._    `-.__.-'    _.-'
          `-._        _.-'
              `-.__.-'
```

```
[65400] 31 Oct 10:58:07.239 # Server started, Redis version 2.6.12
[65400] 31 Oct 10:58:07.240 * The server is now ready to accept connections on port 6379
[65400] 31 Oct 11:58:08.022 * 1 changes in 3600 seconds. Saving...
[65400] 31 Oct 11:58:08.022 * cowBkgdSaveReset deleting 0 SDS and 0 obj items
[65400] 31 Oct 11:58:08.061 * DB saved on disk
[65400] 31 Oct 11:58:08.123 * Background saving terminated with success
[65400] 31 Oct 11:58:08.123 * cowBkgdSaveReset deleting 0 SDS and 0 obj items
-
```

27.6.2 定义 RPC 接口

```
cn-bugstack-design-27.0-4
└── src
    └── main
        └── java
            └── cn.bugstack.design.rpc.export
                ├── domain
                │   └── Hi.java
                └── HelloService.java
```

以上是定义的 RPC 接口描述类，一个是对象 Hi，另一个是接口类 HelloService。

1. Hi.java

```java
public class Hi {
    private String userName;
    private String sayMsg;
    // ...get/set
}
```

2. HelloService.java

```java
public interface HelloService {
    String hi();
    String say(String str);
```

```
    String sayHi(Hi hi);
}
```

在接口定义中提供了三种不同的方法：没有入参的 hi()、字符串入参的 say(String str) 及对象入参的 sayHi(Hi hi)。

27.6.3　RPC 接口提供者

```
cn-bugstack-design-27.0-5
└── src
    └── main
        ├── java
        │   └── cn.bugstack.design.rpc.provider.web
        │       └── HelloServiceImpl.java
        └── resources
            └── spring
                └── rpc-provider.xml
```

在这个工程中，主要是对接口 HelloService 的实现，以及对 RPC 框架 POM 文件的配置和 Spring 配置。

1. POM 文件

```xml
<dependency>
    <groupId>cn.bugstack.design</groupId>
    <artifactId>cn-bugstack-design-27.0-3</artifactId>
    <version>1.0-SNAPSHOT</version>
    <scope>compile</scope>
</dependency>
```

这个过程相当于应用自己的 RPC 中间件。

2. rpc-provider.xml

```xml
<!-- 注册中心 -->
<rpc:server id="rpcServer" host="127.0.0.1" port="6379" />
<!-- 接口 -->
<rpc:provider id="helloServiceRpc" nozzle="cn.bugstack.design.rpc.provider.export.
HelloService" ref="helloService" alias="Rpc" />
```

在 XML 的配置中，主要是 server、provider，用于连接注册中心及注册接口。

3. 接口实现 HelloServiceImpl

```java
@Service("helloService")
public class HelloServiceImpl implements HelloService {
```

```
@Override
public String hi() {
    return "hi itstack rpc";
}
@Override
public String say(String str) {
    return str;
}
@Override
public String sayHi(Hi hi) {
    return hi.getUserName() + " say: " + hi.getSayMsg();
}
}
```

这个类主要是对接口 HelloService 中方法的实现。

27.6.4　RPC 接口消费者

```
cn-bugstack-design-27.0-6
└── src
    ├── main
    │   ├── java
    │   └── resources
    │       └── spring
    │           └── rpc-consumer.xml
    └── test
        └── java
            └── cn.bugstack.design.rpc.consumer.test
                └── ConsumerTest.java
```

RPC 消费端的实现逻辑也非常简单，只是对 RPC 接口的调用测试。

1. POM 文件

```
<dependency>
    <groupId>cn.bugstack.design</groupId>
    <artifactId>cn-bugstack-design-27.0-3</artifactId>
    <version>1.0-SNAPSHOT</version>
    <scope>compile</scope>
</dependency>
```

这里同样需要引入 POM 文件，和平时使用 Dubbo 的方法是一样的。

2. rpc-consumer.xml

```
<!-- 注册中心 -->
<rpc:server id="consumer" host="127.0.0.1" port="6379"/>
<!-- 接口 -->
<rpc:consumer id="helloService" nozzle="cn.bugstack.design.rpc.provider.export.
HelloService" alias="Rpc"/>
```

这里的配置同样需要将 server 连接到注册中心，另外需要指定消费的接口 consumer。在接口配置消费里，接口名和别名都需要相同，否则不能调用成功。

27.6.5　测试验证

1. RPC 单元测试

```
@RunWith(SpringJUnit4ClassRunner.class)
@ContextConfiguration("/spring-config.xml")
public class ConsumerTest {
    @Resource(name = "helloService")
    private HelloService helloService;
    @Test
    public void test_rpc() {

        String hi = helloService.hi();
        System.out.println("测试结果: " + hi);
        String say = helloService.say("hello world");
        System.out.println("测试结果: " + say);
        Hi hiReq = new H1();
        hiReq.setUserName("小傅哥");
        hiReq.setSayMsg("沉淀、分享、成长，让自己和他人都能有所收获! ");
        String hiRes = helloService.sayHi(hiReq);
        System.out.println("测试结果: " + hiRes);
    }
}
```

以上是对 RPC 接口的使用，在单元测试的过程中需要启动 Redis 服务、启动接口提供方及测试。

2. 测试结果：接口提供方

```
2020-10-31 15:25:42.375 [main] INFO  cn.bugstack.design.rpc.config.spring.bean.Serve
rBean[20] - 启动注册中心 ...
2020-10-31 15:25:42.470 [main] INFO  cn.bugstack.design.rpc.config.spring.bean.Serve
```

```
rBean[22] - 完成启动注册中心 127.0.0.1 6379
2020-10-31 15:25:42.470 [main] INFO  cn.bugstack.design.rpc.config.spring.bean.Serv-
erBean[25] - 初始化生产端服务 ...
2020-10-31 15:25:46.477 [main] INFO  cn.bugstack.design.rpc.config.spring.bean.Serv-
erBean[36] - 完成初始化生产端服务 10.13.155.154 22201
2020-10-31 15:25:46.545 [main] INFO  cn.bugstack.design.rpc.config.spring.bean.Prov-
iderBean[31] - 注册生产者: cn.bugstack.design.rpc.export.HelloService Rpc 1
```

3. 测试结果：接口调用方

```
测试结果: hi bugstack rpc
测试结果: hello world
测试结果: 小傅哥 say: 沉淀、分享、成长，让自己和他人都能有所收获！
Process finished with exit code 0
```

综上，RPC 框架可以正常使用了。当然，这只是 RPC 中最核心功能的展示，很多其他重要的功能都没有体现。

27.7　本章总结

RPC 在分布式架构中是非常重要的组件，每一位开发人员都非常有必要清楚地了解其通信过程。在 RPC 框架的设计中，涉及的设计模式主要包括：工厂方法、代理模式、门面模式和中介者模式，属于把设计模式运用到中间件的开发之中。在整个中间件的开发过程中，可以学习怎样和 Spring 结合并自定义 XML，Netty 是如何通信的，接口是如何代理的，方法是如何反射调用的，注册中心是如何实现……这些都是 RPC 组件中非常重要的知识点。

第 28 章

分布式领域驱动架构设计

28.1 关于需求

从需求的提出到上线，研发只是其中的一环，还有很多其他职能人员在负责项目的推进，如业务人员、运营人员、产品经历和 UI 设计人员等。

从图 28-1 来看，左侧是职能传递部分，从业务需求提出，到产品设计、UI 设计、研发、测试、上线，最后到项目交付。每一个职能线后面，都有各自的职责内容，如以研发为核心的上下游，包括：产品的 PRD、研发过程及提交测试，在测试完成后开始上线。上线交付完成后是产品运营阶段，这时主要是运营人员开始使用，以及考核 GMV 和 ROI 等相关运营指标。

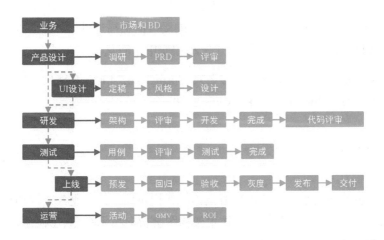

图 28-1

每一个职责、每一个阶段都有一个相对固定的流程和相应的指标约束，如产品经理要提供清晰的 PRD，研发人员要保证代码质量，测试人员要把控风险，大家共同保证项目顺利上线。在这个过程中，如果希望设计出一套合理的系统，就不能仅仅做产品的工具人，还需要清楚地知晓产品诉求和目标，最好参加一些业务讨论会。研发人员对于这些信息的获取是有益于系统设计的，也就是常说的领域驱动。

28.2　实践场景

本章前面介绍了各种场景的设计模式、DDD 四层架构和 RPC 框架的开发，在具备场景、架构及分布式 RPC 后，如何把它们结合起来使用呢？这个过程就像家里的装修，三居室和四居分别像 MVC 和 DDD，屋里的软装家具摆件像设计模式，通水走电像是 RPC 调用，最终的架构代码是否合理决定着舒适度。

对于体量很小的系统服务，一个单体部署的 MVC 应用架构足以支撑。但当系统是为了承载几十万、几百万甚至更高规模的用户体量时，简单的单体应用将很难支撑。不只是系统体量无法支撑，甚至按照需求的迭代速度来讲，也很难快速实现。最后，系统变得难以维护和扩展，所以使得架构设计会不断地迭代变化，因此采用分布式的设计越来越普遍。

在介绍 DDD 四层架构时，有人可能会问，它应该怎么将多层的 RPC 扩容进去呢？因为 RPC 层的使用需要接口描述，也就是需要额外的一层提供接口包信息。本章把这两项内容整合起来，搭建出分布式架构，主要内容如下：在分布式框架下定义父类文件，统一版本标准；RPC 框架的使用过程需要对外提供接口信息描述性 Jar 包，结合领域驱动设计进行定义；尝试使用 Dubbo 的广播模式发布和使用，简化系统调试。

依赖的技术包括：JDK1.8、Maven 3.2.3、Spring 4.3.24.RELEASE + MyBatis 3.3.0、MySQL 5.6 + DBCP2、Dubbo 2.6.6 和 Redis 2.9.0。

28.3　架构设计

站在研发人员的视角来看，需要知道整体的架构布局，分为业务架构和技术架构。业务架构图会偏向整体系统的支撑关系。技术架构图会偏向技术视角，例如该使用哪些技术支撑系统，如图 28-2 所示为技术架构图。

图 28-2

技术架构图涵盖了整体的技术实现方案，包括的服务有：网关、数据的存储、运行环境和支撑系统。而中间的蓝色区域是本章的重点实现内容，主要包括：

- 建立父类工程，定义 POM 文件和基本的通信码；

- 实现其中的一个子系统，这里还不会拆分为四个工程，只有当系统非常大时才会拆分；

- 调用 RPC 接口进行测试，关于网关的部分，一般是由 RPC 接口转换成 HTTP 而来的，这部分不在这里体现。

接下来开始搭建这部分工程架构。

28.4 父类工程

28.4.1 工程结构

```
cn-bugstack-design-frame-parent
├── cn-bugstack-design-frame-parent-common
│   ├── src
```

```
            └── main
                └── java
                    └── cn.bugstack.design.frame.parent.common
                        ├── constants
                        │   └── Constants.java
                        └── domain
                            ├── PageRequest.java
                            └── Result.java
        └── pom.xml
    └── pom.xml
```

　　虽然也可以不定义父类工程，但是随着系统流量的增加和复杂度的提高，会越来越难以维护和升级版本。定义通用的 common 会使各个服务工程都有统一的异常枚举、分页类和返回对象等。定义 POM 配置，协调各个组件版本保持统一：减少 jar 冲突、维护统一版本和方便升级。

28.4.2　POM 文件定义

```xml
<properties>
    <!-- Base -->
    <jdk.version>1.8</jdk.version>
    <sourceEncoding>UTF-8</sourceEncoding>
    <!-- Spring -->
    <spring.version>4.3.24.RELEASE</spring.version>
    <servlet-api.version>2.5</servlet-api.version>
    <spring.redis.version>1.8.4.RELEASE</spring.redis.version>
    <!-- DB: mysql、mybatis-->
    <mysql.version>5.1.20</mysql.version>
    <mybatis.version>3.3.0</mybatis.version>
    <mybatis_spring.version>1.2.3</mybatis_spring.version>
    <!-- JSON -->
    <fastjson.version>1.2.60</fastjson.version>
    <jackson.version>2.5.4</jackson.version>
    <!-- Junit -->
    <junit.version>4.12</junit.version>
    <!-- Common -->
    <commons-dbcp2.version>2.6.0</commons-dbcp2.version>
    <commons-lang3.version>3.8.1</commons-lang3.version>
    <!-- 日志 -->
    <slf4j.version>1.7.7</slf4j.version>
```

```
<logback.version>1.0.9</logback.version>
<!-- 其他服务 -->
<dubbo.version>2.6.6</dubbo.version>
<zookeeper.version>3.4.14</zookeeper.version>
<netty.version>4.1.36.Final</netty.version>
<redis.version>2.9.0</redis.version>
<scheduler.version>2.3.2</scheduler.version>
</properties>
```

　　在 POM 定义中，已经定义好了各个包的版本，这样就能很好地避免冲突及开发过程中的一些麻烦。

28.4.3　错误码定义

```java
public class Constants {
    public enum ResponseCode {
        SUCCESS("0000", "成功"),
        UN_ERROR("0001","未知失败"),
        ILLEGAL_PARAMETER("0002","非法参数"),
        INDEX_DUP("0003","主键冲突");
        private String code;
        private String info;
        ResponseCode(String code, String info) {
            this.code = code;
            this.info = info;
        }
        public String getCode() {
            return code;
        }
        public String getInfo() {
            return info;
        }
    }
}
```

　　错误码的定义是非常关键的，尤其是通用的错误码，比如：成功、未知失败、非法参数和主键冲突等。如果没有定义统一的标准，没有一个标准的错误码，那么各个系统会开发自己的错误码，最终导致双方系统在互相调用时出现错误匹配的问题。

28.5 分布式框架

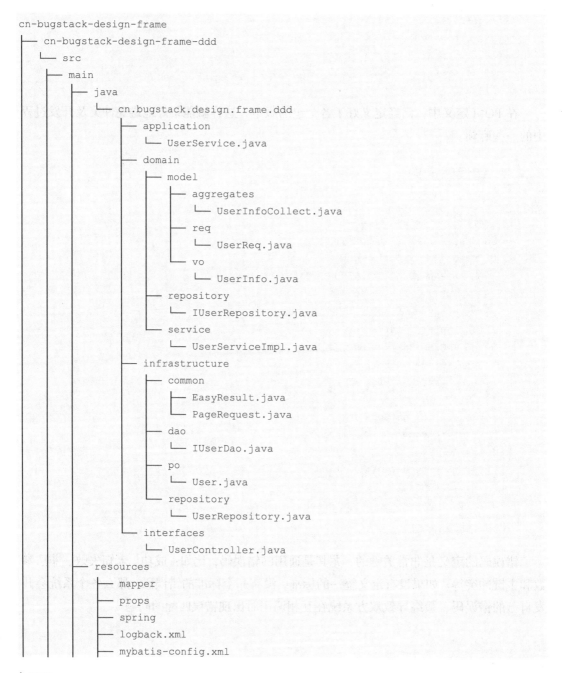

```
cn-bugstack-design-frame
├── cn-bugstack-design-frame-ddd
│   └── src
│       ├── main
│       │   ├── java
│       │   │   └── cn.bugstack.design.frame.ddd
│       │   │       ├── application
│       │   │       │   └── UserService.java
│       │   │       ├── domain
│       │   │       │   ├── model
│       │   │       │   │   ├── aggregates
│       │   │       │   │   │   └── UserInfoCollect.java
│       │   │       │   │   ├── req
│       │   │       │   │   │   └── UserReq.java
│       │   │       │   │   └── vo
│       │   │       │   │       └── UserInfo.java
│       │   │       │   ├── repository
│       │   │       │   │   └── IUserRepository.java
│       │   │       │   └── service
│       │   │       │       └── UserServiceImpl.java
│       │   │       ├── infrastructure
│       │   │       │   ├── common
│       │   │       │   │   ├── EasyResult.java
│       │   │       │   │   └── PageRequest.java
│       │   │       │   ├── dao
│       │   │       │   │   └── IUserDao.java
│       │   │       │   ├── po
│       │   │       │   │   └── User.java
│       │   │       │   └── repository
│       │   │       │       └── UserRepository.java
│       │   │       └── interfaces
│       │   │           └── UserController.java
│       │   └── resources
│       │       ├── mapper
│       │       ├── props
│       │       ├── spring
│       │       ├── logback.xml
│       │       ├── mybatis-config.xml
```

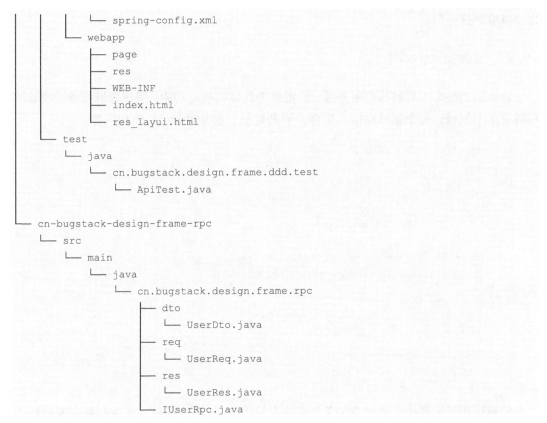

```
            └── spring-config.xml
        └── webapp
            ├── page
            ├── res
            ├── WEB-INF
            ├── index.html
            └── res_layui.html
    └── test
        └── java
            └── cn.bugstack.design.frame.ddd.test
                └── ApiTest.java
└── cn-bugstack-design-frame-rpc
    └── src
        └── main
            └── java
                └── cn.bugstack.design.frame.rpc
                    ├── dto
                    │   └── UserDto.java
                    ├── req
                    │   └── UserReq.java
                    ├── res
                    │   └── UserRes.java
                    └── IUserRpc.java
```

在上面的分布式工程结构中，除了四层架构 application、domain、infrastructure 和 interfaces，还有单独的 RPC 层，主要的作用是定义接口描述，只有这样，外部调用方才可以非常方便地引用该接口。

另外，RPC 层接口的定义最终需要由 DDD 四层架构中的 interfaces 层做具体的实现。

28.5.1　application（应用层）

应用层是比较薄的一层，不用于具体逻辑开发。本工程只包括服务的定义，具体逻辑由领域层实现。以下是 UserService.java 和服务定义。

```java
public interface UserService {
    UserInfoCollect queryUserInfoList(UserReq req);
}
```

这里只需要定义接口，具体由领域层实现。如果有一些简单的服务接口需要组合使用，也可以放到这一层。

28.5.2　domain（领域层）

领域层是整个工程的核心服务层，负责处理具体的核心功能，完成领域服务。领域层可以有多个领域，每个领域包括：聚合、请求对象、业务对象、仓储和服务。

1. UserServiceImpl.java 和服务实现

```
@Service("userService")
public class UserServiceImpl implements UserService {
    @Resource(name = "userRepository")
    private IUserRepository userRepository;
    @Override
    public UserInfoCollect queryUserInfoList(UserReq req) {
        return userRepository.queryUserInfoList(req);
    }
}
```

2. IUserRepository.java 和仓库定义

```
public interface IUserRepository {
    UserInfoCollect queryUserInfoList(UserReq req);
}
```

领域层用于实现接口功能及定义仓库数据使用，也就是由基础层实现对数据库的使用。

28.5.3　infrastructure（基础层）

基础层实现领域层的仓储定义，数据库操作为非业务属性的功能操作，在仓储实现层进行组合装配 DAO、Redis 和 Cache 等。

以下是 UserDBRepository.java 和仓库实现。

```
@Repository("userDBRepository")
public class UserDBRepository implements IUserRepository {
    @Resource
    private IUserDao userDao;
    @Resource
    private Redis redis;
    @Override
    public UserInfoCollect queryUserInfoList(UserReq req) {
        Long count = userDao.queryUserInfoCount(req);
```

```
    List<User> userList = userDao.queryUserInfoList(req);
    List<UserInfo> userInfoList = new ArrayList<>();
    userList.forEach(user -> {
        UserInfo userInfo = new UserInfo();
        userInfo.setUserId(user.getId());
        userInfo.setName(user.getName());
        userInfo.setAge(user.getAge());
        userInfo.setAddress(user.getAddress());
        userInfo.setEntryTime(user.getEntryTime());
        userInfo.setStatus(user.getStatus());
        userInfoList.add(userInfo);
    });
    UserInfoCollect userInfoCollect = new UserInfoCollect(count, userInfoList);
    if (StringUtils.isNoneBlank(req.getName())) {
        redis.set(req.getName(), JSON.toJSONString(userInfoCollect));
    }
    return userInfoCollect;
    }
}
```

这一层是对数据库层的封装和使用，以及提供相应的不具备业务含义的工具类。

28.5.4　interfaces（接口层）

接口层的主要作用有三点：实现 RPC 定义接口，对外提供 API，这一层比较简单，只需要使用接口即可；如果是对外部提供服务接口，那么可以使用 DTO 方式转换，避免污染到业务类；assembler 是对 DTO 对象的转换类，可以封装得更加精致。

以下是 UserRpc.java 和 RPC 接口实现。

```
@Service("userRpc")
public class UserRpc implements IUserRpc {
    @Resource
    private UserService userService;
    @Override
    public UserRes queryUserInfoList(UserReq req) {
        UserInfoCollect userInfoCollect = userService.queryUserInfoList(UserAssembler.
buildUserReq(req));
        return UserAssembler.buildUserInfoCollect(userInfoCollect);
    }
}
```

这一层是对定义的 RPC 接口的实现，以及相应领域层服务的调用。另外，需要注意的是，这里还使用了 DTO 类，能更好地避免污染到业务类。

28.5.5　RPC 对外提供服务层

服务接口定义 RPC 框架需要对外提供接口描述 jar 包，因此单独提取出来是最方便处理的。不要让这一层引用其他层的逻辑代码。

以下是 IUserRpc.java 和接口定义。这一层用来描述接口定义，也就是提供 jar 包供调用方使用。

```java
public interface IUserRpc {
    UserRes queryUserInfoList(UserReq req);
}
```

28.5.6　父类 POM 使用

```xml
<parent>
    <groupId>cn.bustack</groupId>
    <artifactId>cn-bugstack-design-frame-parent</artifactId>
    <version>1.0-SNAPSHOT</version>
</parent>
<groupId>cn.bugstack</groupId>
<artifactId>cn-bugstack-design-frame</artifactId>
<version>1.0-SNAPSHOT</version>
<dependencyManagement>
    <dependencies>
        <dependency>
            <groupId>cn.bustack</groupId>
            <artifactId>cn-bugstack-design-frame-parent-common</arti
            <version>1.0-SNAPSHOT</version>
        </dependency>
        <dependency>
            <groupId>cn.bustack</groupId>
            <artifactId>cn-bugstack-design-frame-rpc</artifactId>
            <version>1.0-SNAPSHOT</version>
        </dependency>
    </dependencies>
</dependencyManagement>
```

在各自业务工程的 POM 文件中，会引入父类的 POM 文件，这样在后面的使用过程中，就会按照统一的 Jar 包的标准进行开发，避免冲突。

28.5.7　Dubbo 配置信息

Dubbo 2.6.x 版本可以使用广播的方式暴露服务，省去了 Zookeeper 注册中心。对于一些中小型服务来讲，更加方便。

```
<!-- 提供方应用信息，用于计算依赖关系 -->
<dubbo:application name="cn-bugstack-design-frame" />
<!-- 使用 multicast 广播注册中心暴露服务地址 -->
<dubbo:registry address="multicast://224.5.6.7:1234" />
<!-- 用 Dubbo 协议在 20880 端口暴露服务 -->
<dubbo:protocol name="dubbo" port="20880" />
<!-- 声明需要暴露的服务接口 -->
<dubbo:service interface="cn.bugstack.design.frame.rpc.IUserRpc" ref="userRpc" />
```

Dubbo 的配置主要包括应用方名称、广播暴露服务、端口及提供的接口。提供接口的配置就是定义的 RPC 包中的接口信息。

28.5.8　数据库表初始化

```
DROP TABLE user;
CREATE TABLE user ( id bigint(11) NOT NULL AUTO_INCREMENT, name varchar(32), age int
(4), address varchar(128), entryTime datetime, remark varchar(64), createTime dateti
me, updateTime datetime, status int(4) DEFAULT '0', PRIMARY KEY (id), INDEX idx_name
(name) ) ENGINE=InnoDB DEFAULT CHARSET=utf8;
insert into user (id, name, age, address, entryTime, remark, createTime, updateTime,
 status) values (1, '水水', 18, '吉林省榆树市黑林镇尹家村5组', '2019-12-22 00:00:00', '无
', '2019-12-22 00:00:00', '2019-12-22 00:00:00', 0);
insert into user (id, name, age, address, entryTime, remark, createTime, updateTime,
 status) values (2, '豆豆', 18, '辽宁省沈阳市清河湾司马道407路', '2019-12-22 00:00:00', '
无', '2019-12-22 00:00:00', '2019-12-22 00:00:00', 1);
insert into user (id, name, age, address, entryTime, remark, createTime, updateTime,
 status) values (3, '花花', 19, '辽宁省沈阳市清河湾司马道407路', '2019-12-22 00:00:00', '
无', '2019-12-22 00:00:00', '2019-12-22 00:00:00', 0);
```

在 MySQL 中，按照库表信息直接初始化即可。

28.5.9　RPC 测试工程

这一层就很简单了，添加 Dubbo 配置，引用 RPC 接口定义 POM，调用服务端接口并

返回数据即可。

1. pom.xml 引用 RPC 定义接口

```xml
<parent>
    <groupId>cn.bustack</groupId>
    <artifactId>cn-bugstack-design-frame-parent</artifactId>
    <version>1.0-SNAPSHOT</version>
</parent>
<dependency>
    <groupId>cn.bugstack</groupId>
    <artifactId>cn-bugstack-design-frame-rpc</artifactId>
    <version>1.0-SNAPSHOT</version>
</dependency>
```

在测试工程中同样引用父类信息和 RPC 包。

2. spring-config-dubbo-consumer.xml 和 dubbo 配置

```xml
<!-- 消费方应用名，用于计算依赖关系，不是匹配条件，不要与提供方一样 -->
<dubbo:application name="cn-bugstack-design-frame" />
<!-- 使用 multicast 广播注册中心暴露发现服务地址 -->
<dubbo:registry address="multicast://224.5.6.7:1234" />
<!-- 生成远程服务代理，可以和本地 bean 一样使用 demoService -->
<dubbo:reference id="userRpc" interface="cn.bugstack.design.frame.rpc.IUserRpc" />
```

在 Dubbo 的配置中，主要是服务暴露地址和接口信息。

3. ApiTest.java 和单元测试类

```java
@RunWith(SpringJUnit4ClassRunner.class)
@ContextConfiguration("classpath:spring-config.xml")
public class ApiTest {
    private Logger logger = LoggerFactory.getLogger(ApiTest.class);
    @Resource
    private IUserRpc userRpc;
    @Test
    public void test_queryUserInfoList() {
        UserReq req = new UserReq();
        req.setName("豆豆");
        req.setPage("1", "5");
        UserRes res = userRpc.queryUserInfoList(req);
        logger.info("\r\n测试结果 req: {} res: {}", JSON.toJSONString(req),
            JSON.toJSONString(res));
```

```
    }
}
```

在这个测试工程中，通过单元测试的方式调用远程 RPC 接口。

28.5.10　测试验证

启动 Redis 配置服务(可以下载 Windows 版本)，本案例使用的是 Redis。在 Tomcat 中，启动 cn-bugstack-design-frame 的 war 包。启动单元测试，调用 cn-bugstack-design-frame-test。

测试结果如下所示。

```
2020-10-29 09:20:43.268 [DubboMulticastRegistryReceiver] INFO  com.alibaba.dubbo.reg
istry.multicast.MulticastRegistry[387] - [DUBBO] Notify urls for subscribe url cons
umer://127.0.0.1/cn.bugstack.design.frame.rpcIUserRpc?application=cn-bugstack-demo-f
rame-dcs-test&category=providers,configurators,routers&dubbo=2.0.2&interface=cn.bugs
tack.design.frame.rpcIUserRpc&methods=queryUserInfoList&pid=14416&revision=1.0.0-SNA
PSHOT&side=consumer&timestamp=1577582442523, urls: [dubbo://127.0.0.1:20880/cn.bugst
ack.design.frame.rpcIUserRpc?anyhost=true&application=cn-bugstack-demo-frame-dcs&bea
n.name=cn.bugstack.design.frame.rpcIUserRpc&dubbo=2.0.2&generic=false&interface=cn.b
ugstack.design.frame.rpcIUserRpc&methods=queryUserInfoList&pid=15048&revision=1.0.0-
SNAPSHOT&side=provider&timestamp=1577582403854], dubbo version: 2.6.6, current host: 1
27.0.0.1
2020-10-29 09:20:43.397 [DubboMulticastRegistryReceiver] INFO  com.alibaba.dubbo.rem
oting.transport.AbstractClient[282] - [DUBBO] Successed connect to server /127.0.0.
1:20880 from NettyClient 127.0.0.1 using dubbo version 2.6.6, channel is NettyChanne
l [channel=[id: 0x82d694ae, L:/127.0.0.1:65193 - R:/127.0.0.1:20880]], dubbo version
: 2.6.6, current host: 127.0.0.1
2020-10-29 09:20:43.398 [DubboMulticastRegistryReceiver] INFO  com.alibaba.dubbo.rem
oting.transport.AbstractClient[91] - [DUBBO] Start NettyClient JRA1W11T0247/127.0.0.1
connect to the server /127.0.0.1:20880, dubbo version: 2.6.6, current host: 127.0.0.1
2020-10-29 09:20:43.449 [main] INFO  com.alibaba.dubbo.registry.multicast.MulticastR
egistry[387] - [DUBBO] Notify urls for subscribe url consumer://127.0.0.1/cn.bugsta
ck.design.frame.rpcIUserRpc?application=cn-bugstack-demo-frame-dcs-test&category=pro
viders,configurators,routers&dubbo=2.0.2&interface=cn.bugstack.design.frame.rpcIUser
Rpc&methods=queryUserInfoList&pid=14416&revision=1.0.0-SNAPSHOT&side=consumer&timest
amp=1577582442523, urls: [dubbo://127.0.0.1:20880/cn.bugstack.design.frame.rpcIUserR
pc?anyhost=true&application=cn-bugstack-demo-frame-dcs&bean.name=cn.bugstack.design.
frame.rpcIUserRpc&dubbo=2.0.2&generic=false&interface=cn.bugstack.design.frame.rpcIU
serRpc&methods=queryUserInfoList&pid=15048&revision=1.0.0-SNAPSHOT&side=provider&tim
estamp=1577582403854], dubbo version: 2.6.6, current host: 127.0.0.1
```

```
2020-10-29 09:20:43.454 [main] INFO  com.alibaba.dubbo.config.AbstractConfig[429] -
[DUBBO] Refer dubbo service cn.bugstack.design.frame.rpcIUserRpc from url multicast:
//224.5.6.7:1234/com.alibaba.dubbo.registry.RegistryService?anyhost=true&application
=cn-bugstack-demo-frame-dcs-test&bean.name=cn.bugstack.design.frame.rpcIUserRpc&chec
k=false&dubbo=2.0.2&generic=false&interface=cn.bugstack.design.frame.rpcIUserRpc&met
hods=queryUserInfoList&pid=14416&register.ip=127.0.0.1&remote.timestamp=157758240385
4&revision=1.0.0-SNAPSHOT&side=consumer&timestamp=1577582442523, dubbo version: 2.6.
6, current host: 127.0.0.1
十二月 29, 2020 9:20:43 上午 org.springframework.web.servlet.mvc.method.annotation.
RequestMappingHandlerMapping register
信息: Mapped "{[/api/user/queryUserInfoList],methods=[GET]}" onto public cn.bugstack.
design.frame.rpcres.UserRes cn.bugstack.design.controller.UserController.queryUserIn
foList(java.lang.String,java.lang.String,java.lang.String)
十二月 29, 2020 9:20:43 上午 org.springframework.web.servlet.mvc.method.annotation.
RequestMappingHandlerAdapter initControllerAdviceCache
信息: Looking for @ControllerAdvice: org.springframework.context.support.GenericApp
licationContext@4f51b3e0: startup date [Sun Dec 29 09:20:41 CST 2020]; root of conte
xt hierarchy
十二月 29, 2020 9:20:43 上午 org.springframework.web.servlet.mvc.method.annotation.
RequestMappingHandlerAdapter initControllerAdviceCache
信息: Looking for @ControllerAdvice: org.springframework.context.support.GenericApp
licationContext@4f51b3e0: startup date [Sun Dec 29 09:20:41 CST 2020]; root of conte
xt hierarchy
十二月 29, 2020 9:20:44 上午 org.springframework.web.servlet.handler.SimpleUrlHandler
Mapping registerHandler
信息: Mapped URL path [/**] onto handler 'org.springframework.web.servlet.resource.
DefaultServletHttpRequestHandler#0'
2020-10-29 09:20:45.157 [main] INFO  cn.bugstack.design.test.ApiTest[31]
测试结果 req: {"name":"豆豆","pageEnd":5,"pageStart":0} res: {"count":1,"
list":[{"name":"豆豆","status":1}],"result":{"code":"0000","info":"成功"}}
十二月 29, 2020 9:20:45 上午 org.springframework.context.support.GenericApplication
Context doClose
信息: Closing org.springframework.context.support.GenericApplicationContext@4f51b3e0:
startup date [Sun Dec 29 09:20:41 CST 2020]; root of context hierarchy
2020-10-29 09:20:45.159 [DubboShutdownHook] INFO  com.alibaba.dubbo.config.DubboShut
downHook[56] -  [DUBBO] Run shutdown hook now., dubbo version: 2.6.6, current host:
127.0.0.1
2020-10-29 09:20:45.160 [Thread-1] INFO  com.alibaba.dubbo.registry.support.Abstract
RegistryFactory[64] -  [DUBBO] Close all registries [multicast://224.5.6.7:1234/com.
alibaba.dubbo.registry.RegistryService?application=cn-bugstack-demo-frame-dcs-test&d
ubbo=2.0.2&interface=com.alibaba.dubbo.registry.RegistryService&pid=14416&timestamp=
1577582442547], dubbo version: 2.6.6, current host: 127.0.0.1
```

　　从测试结果来看，架构程序已经可以正常运行了，按照这个架构模式，可以进行分布式的部署。另外，cn-bugstack-design-frame 的工程只有一个，如果业务体量很大，可以按照业务模块拆分，也可以按照一个工程拆分为基础工程、业务工程、异步工程和任务工程。其中，基础工程连接数据库提供原子服务，业务工程主要负责开发业务流程，异步工程主要接收 MQ 消息，任务工程主要负责承接分布式定时任务，以及运营工程和前端 API。一般前端 API 工程可以理解为网关接口，有些组件可以直接把 RPC 接口转换为统一标准的网关 HTTP 接口。

28.6　本章总结

　　与 MVC 结构相比，DDD 四层架构只是结构上的改变，但并不是 DDD 的具体展示。因为 DDD 以各自的领域为基础，领域专家构建出领域服务。使用四层架构是为了更好地承接这种领域驱动开发。DDD 不只可以与 Dubbo 结合，还可以与 SpringBoot、SpringCloud 结合，SpringCloud 也同样提供了 RPC 接口，因为它是以 HTTP 方式提供的，所以可以更加简单，不需要额外提供 RPC 层对外提供接口描述。架构设计需要与实际的产品和业务结合，同时再了解一些运营知识和策略，就可以更好地设计出符合实际需求且满足扩展要求的架构。